衔尾蛇书系 · 认知科学前沿典藏

未来心智

Future Minds

The Rise of Intelligence, from the Big Bang to the End of the Universe

人类与科技的共同进化

[美] 理查德·扬克（Richard Yonck）_ 著
刘寅龙 徐鸿铎 _ 译

在《未来心智：人类与科技的共同进化》一书中，理查德·扬克挑战了我们关于智能的假设——它是什么，它是如何存在的，它在地球上乃至整个宇宙生命发展中的地位。从大爆炸到现在及以后的140亿年的历史来看，他利用物理学和复杂性理论的最新发展来探索以下问题：为什么不断增加的复杂性会产生生命、智能和文明？在这个世纪，它将如何成长并改变科技和人类？当我们从这个星球向外扩张时，会发现其他形式的智能吗？还是会得出结论说我们注定是孤独的？不管怎么看，智慧宇宙的本质正成为人类关注的中心。

《未来心智：人类与科技的共同进化》一书通过三个部分进行了阐述。第一部分“远古时代”涵盖了从“大爆炸”到20世纪的宇宙史，讲述了宇宙法则如何推动复杂性、生命和智慧的发展与进化，以及对未来造成的影响。第二部分“21世纪”探究了人工智能、增强人类智能及其他相关领域的现有发展水平和未来趋势。最后一部分“深远未来”根据上述发展和趋势，对宇宙剩下的百万亿年甚至更长时间进行了推测。

Future Minds: The Rise of Intelligence, from the Big Bang to the End of the Universe

By Richard Yonck

ISBN: 9781948924382

北京市版权局著作权合同登记　图字：01-2020-5862号。

图书在版编目（CIP）数据

未来心智：人类与科技的共同进化／（美）理查德·扬克（Richard Yonck）著；刘寅龙，徐鸿铎译. —北京：机械工业出版社，2023.11

书名原文：Future Minds: The Rise of Intelligence, from the Big Bang to the End of the Universe

ISBN 978-7-111-74103-9

Ⅰ.①未…　Ⅱ.①理…②刘…③徐…　Ⅲ.①技术史-世界　Ⅳ.①N091

中国国家版本馆CIP数据核字（2023）第201576号

机械工业出版社（北京市百万庄大街22号　邮政编码100037）

策划编辑：李新妞　　责任编辑：李新妞　廖　岩

责任校对：王小童　陈　越　　责任印制：张　博

北京联兴盛业印刷股份有限公司印刷

2024年1月第1版第1次印刷

160mm×235mm·22印张·3插页·290千字

标准书号：ISBN 978-7-111-74103-9

定价：99.00元

电话服务　　网络服务

客服电话：010-88361066　　机　工　官　网：www.cmpbook.com

010-88379833　　机　工　官　博：weibo.com/cmp1952

010-68326294　　金　书　网：www.golden-book.com

封底无防伪标均为盗版　　机工教育服务网：www.cmpedu.com

谨以此书献给我在宇宙中

最钟爱的智慧之源——我的妻子，亚历克斯

“现在”绝不只是一瞬间。“漫长的现在”就是我们收获过去劳作的果实、为未来播撒种子的那一刻。

——布赖恩·伊诺（Brian Eno），英国音乐家兼视觉艺术家

序　言

我们都是时间的过客

诸多要素让人类智慧独一无二——我们会使用语言和工具，我们能把知识和思维转化为完整的科学理论或思想体系；我们拥有精巧的运动技能，以至于我们可以把握从肥皂泡到大铁锤之类的所有物件。但是在所有这些神奇的能力中，没有什么比穿越时空的能力更不可思议。这或许是上苍赐予人类最伟大的礼物，无论从哪个方面说，它都让我们成为人类：一个拥有时间的智者群，一个与时间同行的物种。

各位可能觉得我在玩文字游戏，因为从传统观念看，科学始终在告诉我们，与时间同行是不可能的。但是从通俗意义上理解，一切事物都在沿着时间坐标同步移动。无论是一块石头、一匹木马、还是一名摇滚明星，整个宇宙都在以相同的节奏和步幅，经历着每一秒、每一分钟和每一小时。万物皆如此，始终如一，从无例外——永远都要循着时间的节拍，朝着同一方向和谐前行。

但这完全不是我想表达的意思。在我看来，我们人类本身就是名副其实的时间旅行者，从过去飞到现在，再飞向未来，就像蝴蝶从一朵花轻盈优雅地飞到另一朵花。这种惊人的能力是思想赠予我们的礼物。有了这种能力，我们能轻而易举地从一个时刻转移到另一个时刻，因为太过于轻松，以至于我们很少意识到这种能力的伟大之处。

有的时候，我们似乎已变成这种能力的奴隶，而不是主人。在枯燥乏味的商务会议上，或许会突然出现那么一刻，我们的思想回到几十年前童年时代的某个片段。或是走在大街上的时候，我们的思绪在漫不经心之间便回到当天早些时候的一次谈话。条件并不重要，重要的是结果。思想让我们超越宇宙的物理规律，让我们毫不费力地在这个时间景观中徜徉漫游，循着记忆力和想象力的指引，造访任何一个地方，或是任何一个时刻。

这是一种惊人的能力——也是我们人类独有的时间旅行能力。它让我们得以从逝去的时光中汲取营养，在学习中继续成长，并尝试着去预见未来。但最重要的或许在于，它让我们有可能通过努力去创建一个梦想中的未来——这个理想中的未来，就是我们渴望生活的地方。

这就引导我们触及本书的核心话题——人类智能的未来，因此，这是一本来自时间旅行者的书，也是一本为时间旅行者而作的书。对本书作者而言，这是一个阐述“大历史”视角（这至少是我暂时的认识）的机会——跨越数百万甚至数十亿年，去讲述一个令人无比震撼的故事。我一生都在以这种方式进行着时间旅行，这也为我提供了一个分享人生旅程的机会，和所有人一起在日趋智能化的新世界里漫游，共同体验它的壮丽与神奇。

如果这是接受这个视角的唯一理由，那么，我们的故事或许只是一篇游记而已，但我真心希望并非如此。幸运的是，本书为我们提供了一个机会，帮助我们从最宽泛的角度，去认识和对待智能，超越宇宙边界，居高望远，纵览古今，去审视和探究这个概念。

为创建这种“时间旅行观”，《未来心智：人类与科技的共同进化》一书通过三个部分进行了阐述。第一部分“远古时代”涵盖了从“大爆炸”到 20 世纪的宇宙史，讲述了宇宙法则如何推动复杂性、生命和智慧的发展与进化，以及对未来造成的影响。第二部分“21 世纪”探究了人工智能、增强人类智能及其他相关领域的现有发展水平和未来趋势。最后一部分“深远未来”根据上述发展和趋势，对宇宙剩下的百万亿年甚至更长时间进行了推测。(我当然不希望漏掉每一个时代!)

当然，肯定会有人对其中的某些甚至大多数观点提出异议。但我仍认为，即便是处于当下人类的进化阶段，我们仍有必要重新解释和定义智能这个所谓的“手提箱词”。[一]早在笛卡尔提出“我思故我在”的传世哲学之前，人们就已经在考虑思维和体验的本质，并试图理解我们所说的智能和意识到底是什么。虽然本书还无法为这个延续数千年的命题、反思和猜想提供一个精确答案，但它至少可以推动我们展开更深刻的讨论。

我最后想强调的是，这不只是一次寻常之旅，更是一场深刻挖掘人性根源之旅。不管我们认为智能的起源有多么遥远，但终归是最远古的先人引导我们走到今天，并继续奔赴明天。同样，不管我们所说的“智能”将如何发展，但至少在这个宇宙的小口袋，我们每个人在推动人类智能的进程中都各有所用、各司其职。没有人知道未来会走向何处。或许我们注定要成为智能未来的一部分。但即便如此，我们也应该反问自己：未来的发展是否会无限延展，以至于人类大脑穿越所有时空的非凡能力也无力企及？或许，我们可以从爱因斯坦的传世名言中找到感悟：“逻辑能把你从 A 带到 B，而想象力能把我们带到任何地方。”[二]

[一] 马文·明斯基（Marvin Minsky）把很多与智能有关且容易混淆的词汇统称为“手提箱词”，譬如“智能”“认知”“记忆”和“直觉”等词，它们反映了很多隐藏在这个“手提箱”中的潜在认知机理，因此，只要我们仍拘泥于这些词汇本身的细枝末节，对智能的认知就会受到语言的限制。

[二] 尽管这句话的出处难以证实，但是在 1929 年接受《周六晚间邮报》(*Saturday Evening Post*）采访时，爱因斯坦确实说过类似的话：“知识是有限的，而想象力则是无限的。”

目　录

FUTURE
MINDS

第一部分

远古时代

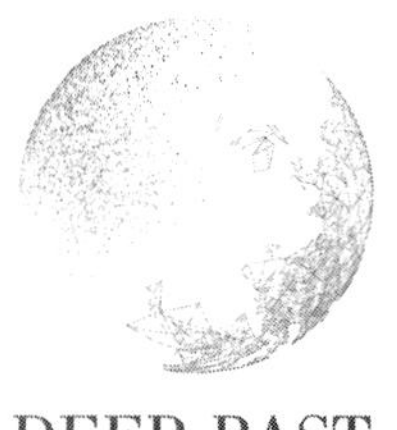

DEEP PAST

第一章
宇宙中的智能：但他们到底藏身何处呢？

“仅仅在我们的银河系中，存在科技文明的星球数量就应该达到数百万。”

——卡尔·萨根（Carl Sagan），宇宙学家、天体物理学家及科普作家

“但他们到底藏身何处呢？”

——恩里科·费米（Enrico Fermi），物理学家、诺贝尔奖获得者

在我还是个小男孩的时候，就经常梦想着遨游太空，穿越小行星场、日珥和那些有一天会成为无数新恒星诞生地的发光星云。在第一批宇航员踏上月球之前的很多年，在位于西雅图最北部的家中，每当夜深，家人都已入睡时，我的思绪就已经起飞。（那个时候当然还没有微软和亚马逊，只有西雅图木材厂、商业造船厂和当地的唯一工业巨头——波音公司。）

我的飞船从卧室起飞，翱翔在夜空中。就在迅速离开我们的星球时，放眼望去，深邃的视野中是满天星斗。在绕月球飞行几圈获得进一步加速之后，我会如弹弓般飞向木星，有时也会选择土星，我需要从这些巨大的气态行星身上得到类似地球引力的力量，但这些引力远远大于我们的地球引力。马上，我又开始飞向距离我们最近的恒星邻居之一、临近南门二（也称为半人马座阿尔法星）的天仓五（Tau Ceti），人们还给它赋予了一个非常有诗意的名称——波江座第五恒星（Epsilon Eridani）。由于某种奇异但已被遗忘的动力，我的飞船可以不断加速，

并最终以超光速接近目的地。

宇宙无比浩瀚、瑰丽壮阔、绚丽多彩，远比我在图书馆借阅书籍中的描述更加优美神奇。通过这些书籍，我可以坐在舒适温馨的家中，学习和探索我们的外星后花园。NASA 分享了来自休斯敦和卡纳维拉尔角的控制室的视频，这些充满颗粒感的黑白录像为书籍提供了最有益的补充。不过，出于某些令人不忍回忆的原因，卡纳维拉尔角最近被更名为肯尼迪角。早在家用录像机出现之前，我就已开始使用小巧的柯达“126 Instamatic”对着电视屏幕拍照，这款精致的相机其实正体现了现代技术进步的一个重要标志——小型化。

虽然我的外星旅行并不是每天晚上都会发生，但是躺在床上的时候，只要想起白天在书中看到的那些陌生而神秘的现象或形态，我就会不由自主地开启我的星际旅行。尽管距离遥远（原本以为是自己可以把握的事情，但至今才终于明白，我根本就无力掌握），但我的超级飞船还是轻而易举地把我一路带到宇宙边缘。那个时候，CMB（宇宙微波背景辐射）还没有进入我们的教科书或是图书馆的书架，而且“大爆炸”理论因为胜过稳态理论而得到普遍接受，也是多年之后的事情。因此，还算幸运的是，我的飞船发动机不会因为这些无比重要的理论而受到束缚。

我的这些“旅行”始终伴随着一个非常明显的现象——宇宙中似乎并不存在其他形态的智能生命。当时的大多数正统天文学和宇宙学书籍，明显对这个概念进行过严格“消毒”，就像照片和信息在重返地球大气层时会经过一次高度净化。出版机构始终信誓旦旦地宣称，他们只接受依据充分的严肃科学，至于有关其他星球存在生命的任何胡思乱想，那应该属于漫画书、低俗科幻小说或是《星际迷航》(*Star Trek*)[㊀]

㊀ 1966 年 9 月 6 日到 1969 年 6 月 3 日期间播出的《星际迷航原版系列》(*Star Trek TOS*)。

关心的话题。

当然，在20世纪60年代中期，《星际迷航》无疑是促使我对外太空神往憧憬的另一个重要因素。在它所描绘的宇宙世界中，形形色色的生命形态无处不在——从飞船偏导防护盾的下面望过去，我们会发现，几乎每个外星人都是双足的类人动物，他们经常会说一口流利的中西部英语，有时也可能是伦敦口音。尽管没有任何迹象表明存在某种通用的语言翻译器，但他们似乎在偷偷告诉我们：当我们在地球以外蹒跚地迈出第一步时，我们会发现，在这个冰冷广袤的宇宙中，地球人类或许是我们唯一可以找到的智慧存在。因此，在我的深夜漫游中，偶尔会幻想到与身材高大、举止优雅的鲸鱼座人（Tau Cetian）展开一番对话。但更有可能的是，我独自一人穿越黑暗幽深、毫无生机的虚无时空。我的感官没有探测到任何生物信号。

随着太空竞赛的加剧，另一个事实也豁然明朗——在月球的背面，同样没有任何外星人在躲避我们，这里既没有觊觎地球并等待随时入侵的外星人，当然也不会盼来我梦想已久的情景——来自银河系其他星球的旅行车在等着我们，在见到我们的第一时间，他们喜形于色地跳下来，用整个宇宙都能听得懂的话大声呼喊“太好了！”，然后，邀请我们去参观那个无比广大、日益包容的宇宙俱乐部。

随着时间的流逝，从无线电的静默、到月球上死气沉沉的岩石、再到火星毫无营养的尘土，我们在宇宙中没有找到任何可以证实生命存在的迹象。至于到底有无地外文明，似乎只能进一步验证，恩里科·费米或许是正确的。这位意大利裔美国物理学家曾因开发第一座核反应堆而被后人牢记，而且又因此获得1938年诺贝尔物理学奖。

这就出现了十多年后的一段传闻：当时，正在洛斯阿拉莫斯国家实验室（Los Alamos National Laboratory）工作的费米和其他几位同事共进午餐。当然，这些同事无一不是世界顶级科学家，其中包括被称为“氢弹之父”的爱德华·泰勒（Edward Teller）、“曼哈顿计划”参与者埃米尔·科诺平斯基（Emil Konopinski）和劳伦斯利弗莫尔国家实验室首任负责人赫伯特·约克（Herbert York）。席间，他们的话题转向外星生命。当时，几则有关不明飞行物（UFO）的报道和动画片促使人们猜测存在外星人的概率。据说，在谈到这个问题时，费米深思了很长时间，才回答说：**“但他们到底藏身何处呢？”**[一]

尽管他的问题会被人们视为幽默之词，但这个问题显然以最简洁的方式表述了一个困扰后人的经典问题——“费米悖论”（Fermi paradox，即，从理论上说，地外文明存在的概率极大，但我们却没有得到任何证据）。按照费米及其他科学家的计算，如果宇宙确实充满各种形态的非地生命，那么，我们为什么仍没有被它们发现，或是取得其他能证明它们存在的证据呢？

1961年，天文学家、天体物理学家弗兰克·德雷克（Frank Drake）对这些计算进行了正式归纳，并归集为以其命名的“德雷克方程”（Drake equation），[二]用以推断银河系中除地球以外的生命体分布情况：

$$N = R_* \times f_p \times n_e \times f_l \times f_i \times f_c \times L$$

其中：

N = 银河系中能够被人类所探测到的地外文明总数；

R_* = 银河系中平均每年诞生的恒星数量；

f_p = 拥有行星的恒星在全部恒星中所占的比例；

n_e = 每颗恒星拥有的可支撑生命存在的平均行星数量；

[一] 对发生在1950年夏季的这次午餐对话，物理学家埃里克·琼斯在1985年整理并出版了回忆录《他们到底藏身何处呢？——对费米问题的解释》。他在书中指出，在回忆起费米这个流传至今的问题时，科诺平斯基、泰勒和约克有不同的表述。Eric. M. Jones, “‘Where Is Everybody?’ An Account of Fermi's Question”, Los Alamos National Laboratory, March 1, 1985。

[二] 德雷克曾表示，这个方程式的目的不在于计算外星文明的数量，而是为了激发人们对地外文明的存在范围及其可能性展开讨论。

f_l = 在这些有可能支持生命存在的行星中，某个时点能孕育出生命的行星比例；

f_i = 在 f_l 所对应的行星中，继续演化出高等智慧生命的行星比例；

f_c = 在 f_i 所对应的行星中，继续演化出更高级技术并向太空发射信号以表明其存在的文明比例；

L = f_c 所对应的文明释放出可探测信号的时间长度（相当于这种文明的存续期）。

按照这些计算及其他研究，很多人认为，仅在地球所处的银河系中，就应存在着数百万个文明，但这显然无法解释费米对这个问题的质疑。如果真是这样的话，那么，这些外星人到底藏身何处呢？既然如此，这些假想的文明在发展到一定程度后，是否会自我毁灭？当然，也可能是外星人觉得地球的文明还不够成熟，因此还没有准备好迎接我们；或许他们只是故意躲起来，避免遭遇某种形式的监测，只不过愚蠢的人类还没有意识到，不要主动去寻找这些信号；抑或存在某种未知的物理法则，导致不同文明之间无法跨越如此遥远的距离进行通信或旅行？

不管原因何在，有一点是显而易见的——即使地球之外确实存在智能生命，也注定会比很多人所设想的少得多，或是要沉默得多。当然，肯定不会像我小时候想象得那么多。的确，即便是距离地球最近的宇宙邻居，也遥远得无比惊人；同样远远超越我儿时的想象。但我们至少应该偶尔瞥见一点地外文明的蛛丝马迹，或是能让我们感觉到，我们并非宇宙中绝无仅有的异常存在。否则，我们难道不是很孤单吗？如果接受我们在宇宙中的存在具有唯一性，那么，我们岂不是直接否认了从统计学角度保证在我们这个星球之外还有其他生命存在的平庸原则（mediocrity principle）[㊀]

㊀ 平庸原则是指任何随机选择的事物都有可能属于常见的事物类别，而非难得一见的稀缺类别。换句话说，可以这样理解这个原则的基本含义：我们人类没有任何特殊之处。按照这个原理，我们应在宇宙中发现很多与人类相近的智慧型生命。

呢？因此，经过如此长时间的思考，我们直到现在才发现，人类确确实实居于宇宙的中心，是宇宙唯一有意识的生命，因此也是唯一会感到极端孤独的生命，这是不是有点讽刺意味呢？

尽管这或许有点让我们难堪，但可能性依旧微乎其微。尤其是在当下阶段，我们几乎还未认真审视过这个宇宙的后花园。考虑到宇宙浩瀚无垠，因此，在未来相当长的一段时间内，寻找外星生命可能依旧是一个无比巨大的挑战。

由于维护人类存在的唯一性以及所谓“宇宙例外论”所需要的条件苛刻而众多，因此，面对如此之多相互矛盾的证据，我们唯一需要做的，就是运用“奥卡姆剃刀”（如果对同一事物存在多个假设，应采用更简单或是可证伪的假设）。我们需要反问自己，更合理的解释应该是什么。更重要的是，我们可能需要重新审视这个问题本身。

我们正在迅速接近某个临界点——我们将会看到，这个星球已开始酝酿更多类型的新型智能。有些智能以生物形态存在，有些智能体现为硅基形态，还有些可能表现为两者的混合体，当然，还有一些或许会采取我们尚未想象到的形态。虽然这会引发诸多变化，但一个几乎可以肯定的基本结论是：我们注定会进一步理解自己在宇宙中的地位和发展目标。虽然很多人笃信，生命和智慧应该是宇宙中的普遍现象，但我们显然还无法验证这一点。事实上，如果否定这个观点，必定会促使我们对人类在进化里程中占据的位置进行深刻反省。

不过，也可能是我们没有站在正确的地点，或是没有采取合理的寻找方式。或许我们正在寻找的东西就隐藏在眼前，只是我们还浑然不知。或许我们需要重新考虑这个问题本身，以便在浩瀚无边、交错纷繁的宇宙中，找到我们希望看到的事物。

要重新审视我们应如何理解地球乃至整个宇宙的智慧，或许需要我们这样考虑：我们始终以完全的错误方式思考智慧的可能性有多大。人们往往认为，地外生命肯定会完全不同于地球生命，但迄今为止，大多数假设的文明世界似乎都出自于与我们并无太大差异的生物，而且具有相似的进化起源、技术发展历程、情感动机和感觉（包括感觉器官和相关的认知过程）。但这只是一个狭隘的定义；它甚至无法合理表述不同人群之间的差异。举一个简单的例子，假设我们在观察某个外星球，那么，在这个星球上，要找到一种具有高度同理心、社会进步而且不会使用工具的透明水母状生物，可能性会有多大呢？按很多指标衡量，这些居民可能拥有极高的智慧，但某些因素导致它们难以被外部文明所发现，即便是运行在这个星球轨道上的太空探测器，更不用说还在银河系途中飞行的遥感器。

另一个例子就是遍布全球的节点根系，它同样催生出一种认知活跃的高级智能，但这个网络的运行速度远远慢于人类大脑。基于人类自身的进化，我们当然可以把这个网络称为植物或者真菌，但这无疑是对它们特殊遗传背景的误读。这种智能或许以某种方式保留着对这个星球的记忆，尽管这些记忆的形成既没有内在意识，也没有外部动机，但它们不仅覆盖整个地球，而且可以追溯到数千年乃至数百万年之前。这个观点出自美国科幻文学作家厄修拉·勒古恩（Ursula K. Le Guin）。

另一方面，如果我们把机器视为未来触及新智能的机会和桥梁，那么，我们可能会发现，它们并不会像我们预想的那么人性化。诚然，它们可能会以类似人类的声音进行交流，而且最终会形成与人类无法区分的面孔。但随着时间的推移，它们可能会形成明显不同于人类的内在世界、动机和目标。

被视为高级甚至“更高”级的智能，并不需要一定具有与人类智能相近的特征。从很多角度看，某种智能可能缺乏我们认为人类智能所应具备的若干重要品质，但在其他方面却有可能远远优于我们。在这种情况下，哪个智能是更先进的智能呢？到底应该按谁的观点，或者说按哪个标准做比较呢？更重要的是，在一个新型智能快速发展的时代，这样的比较是否合理、是否有效呢？

归根结底，这种猜测的目的是为探索智能的本质及未来奠定基础。有的时候，我们可以轻而易举地把看到的任何事物定义为智能。有的时候，我们也经常会遇到不会被视为智能的事物，但如果换一个视角看，它们或许在其他方面又远远领先于人类。正因为如此，在智能这个问题上，我们首先需要质疑我们对智能的假设。

或许可以采用很多方法解读和定义这些差异，尤其是那些摆脱文化、物种甚至形态制约的方法。在这个铺垫性部分中，我们将探讨产生智能的物理规律、条件和动力，以确定那些不受形式限制的普遍性智能发展要素。在理想的情况下，这当然可以帮助我们更好地理解和识别一切潜在形式的智能——无论是地球人，还是外星人，也不管是生物性智能，还是纯技术性智能，抑或是我们尚未经历甚至从未想象到的智能之源。

在开启这段漫长而曲折的智慧寻根之旅时，我们不妨首先反问一个貌似简单但却至关重要的问题。

智能是什么？

我们人类真的比蚂蚁更聪明吗？我敢打赌，大多数严肃对待这个问题的人，都会脱口而出："当然是。"那么，我们不妨再考虑一下："聪明的标准是什么呢？"于是，这个问题似乎开始变得更有趣。很多人可能会指出人类物种所拥有的各种工具利用能力，以及据此取得的诸多成就。还有人会提到人类对语言句法的掌握，或是创作十四行诗和咏叹调的能力。当然，这个赞美人类高超智慧的清单，注定不胜枚举。

现在，不妨假设你是一只蚂蚁。请原谅我在这里使用拟人手法。作为一只蚂蚁，你当然要从蚂蚁的视角回答同样问题：尽管这些笨手笨脚的秃头猿类（人类）难得一见，但它们往往会在无意间摧毁你的坚硬堡垒。对你来说，这些拥有迷宫般通道和房间的地下宫殿，就是你最擅长的十四行诗和咏叹调（优势）。强大的下颌骨和多节腿是你的制胜法宝，你随时可以让它们发挥威力。从笨拙的挖掘动作中，你可以明显看得出，这些猿类根本就不理解你用来与其他同类共享信息的信息素和低共振语言。此外，蚂蚁已经在这个星球上生存了一亿多年。相比之下，这些愚蠢的畜生昨天才姗姗来迟。

显然，这个例子会让这些勤劳耕作的昆虫绞尽脑汁，但是，如果我们颠倒一下这个情景，结果会如何呢？你是一个人类，你的职业是宇航员。现在，你的任务是评估一组岩石，它们取自相邻星系一个没有生命存在的小行星。对没有专业知识的人来说，这些石头看起来很像是普通的玄武岩，除了来源地之外，它们在外观上没有显示出任何不同寻常之处。它们不过是一些普普通通、毫无特色的岩石。

但是，就在根据协议把这些岩石样本送到你的宇宙飞船上之后，情况马上就发生了变化，显而易见，你犯了一个非常严重的错误。由于飞船的运行轨道远离太阳系，使得这颗小行星几乎没有大气层，因此，它的环境温度仅比绝对零度高 40 摄氏度左右。一旦把样品放进飞船外部的储存箱，负 100 摄氏度（绝对零度以上 173 摄氏度）的温度对这批样本而言过于闷热。于是，这些岩石开始发光，并迅速开始震动。在你的船员还没有来得及做出反应之时，这些石头的威力已不可控制，它们在几分之一秒的时间内便释放出无比巨大的能量，以至于它会毁灭整个太阳系。当然，你的飞船和伙伴也不能幸免于难。

实际上，这些石头并不是毫无智慧的哑岩，而是一种纯计算物质（computronium）——所谓的计算物质，是指假设的智能性物质，它可以通过程序实现每个原子的计算能力最大化。每一块石头的中心都是一个迷你黑洞，它们的重力通量（gravitational flux）形成了一个已持续十亿年的能量源。但由于废热大多被可逆计算过程所限制，避免了岩石强大的计算能力产生超新星级的温度。而残留余热则被这个明显无生命世界的高级均衡环境所辐射掉。

那么，这些石头在计算什么呢？只不过是10亿年前曾在那里创建这些石头的1万多亿虚拟居民的生活与现实。要否定这些虚拟生活存在过的事实，只能表明我们人类对智能的认识依旧原始而肤浅。这里曾是宇宙中最早的文明之一。在建立这个虚拟社会时，他们的光锥内（他们可观察到的宇宙空间）还不存在其他生命或智慧的迹象。因此，我们可以认为，在当时那个时刻，遭遇可承载文明的计算物质的风险达到最小化——这种风险几乎可以相当于地球与小行星发生碰撞的概率。或许说，假如人类探索者注意到其他异常现象——比如说，在系统的这个局部，所有小行星和流星均偏离历史路径，那么，他们就会认为，这种智能长期存在于此并非偶然，而是有其目的。然而，它们早已经毁灭了自己，那拥有10亿年文明的1万亿公民。

那么，智能到底为何物呢？这个问题似乎简单得无须回答。智能就是我们进行全面、深入和探索性思考的能力。它让我们有能力做出决定，也是帮助我们解决问题的工具。

但智能所涉及的诸多方面却与此无关。我们可以享受深红色玫瑰带来的愉悦，也会因为酸臭的气味而感到恶心。我们可以被日落的温馨或是音乐的美妙而感动，也会在婴儿的咿呀学语声中找到快乐。智能让我们有能力明辨是非，创造艺术作品，思考宇宙的神奇。

智能可以让我们思考智能的本质。但这样的描述显然过于泛泛和肤浅，甚至无法覆盖智能的若干表象。实际上，还有表现为无数种形态或过程的智能尚未被我们所识别。

今天，我们发现，越来越多的人已开始把智能的覆盖方面扩展到人类智能以外。比如说，很多生物学家和认知学者认为，某些动物也能和我们一样体验世界上发生的各种现象，尽管这些体验不具有意识性，但依旧可以认为，它们拥有一定程度的智能。另一方面，大量技术研究人员和专家认为，随着时间的推移，有朝一日，执行某些类型人工智能的计算机完全有可能具备人类的某些特征。

对此，可以回顾美国哲学家托马斯·内格尔（Thomas Nagel）在1974年发表的论文《做一只蝙蝠是什么感觉？》[㊀]。虽然这篇论文的基本主题是意识的不可还原性，但也对准确传递和分享主观现象的不可能性提供了有力证据。按这个逻辑，任何实体的内在世界，尤其是其他物种的内在世界，对我们人类而言几乎都是不可知的。由于人类智能的很多方面与我们的主观认知世界密切相关，因此，这不仅会带来理解上的障碍，也会造成识别上的束缚。

但现实情况是，即使在地球这个有限的缩影中，也可能存在我们永远都无法完全理解，甚至难以识别的各种智能。这背后的原因或许在于我们看待智能的视角和方式。查看大多数文献对智能的定义，我们会发现，这些定义大多强调推理、抽象思维及其他“更高”级的认知功能。我们不妨看看《哥伦比亚百科全书》（*Columbia Encyclopedia*）第6版对智能（intelligence）这个词汇的定义：

> 智能是一种表现为计算、推理、感知关系和类比、快速学习、存储和检索信息、流利使用语言、分类、概括以及适应新环境的基本心智能力。

按照这个定义，智能仅限于与抽象及分析思维过程直接相关的范畴。此外，这样的定义几乎将所有非人类动物排除在智能生物范围之外。显然，很多从事动物心理研究的专业人士会对此提出异议。正如内格尔指出的那样，如果直接尝试去定义蝙蝠的智能是什么样子，显然是鲁莽的。因此，我们应进一步扩大这个定义的覆盖范围，至少应该将某

㊀ Thomas Nagel, "What Is It Like to Be a Bat?" *The Philosophical Review* 83: 4 (1974), 435-450, doi: 10.2307/2183914。

些甚至所有动物纳入智能生物的范畴。尽管动物不能做微积分计算，更不用说发明微积分定律，但很多物种确实在以自己的方式利用智能，解决现实问题，使用生存工具，体验它们自己的世界。

就像蝙蝠会通过回声进行定位一样，很多动物在某些方面拥有超越人类的智能。因此，如下的说法或许更接近于我们试图解读的目标。它的正式名称是《关于动物意识的剑桥宣言》（*The Cambridge Declaration on Consciousness*）。2012 年，来自世界各地的著名认知神经科学家、药理学家、神经生理学家、神经解剖学家和计算神经科学家聚集在剑桥大学，共同制定签署了这项宣言。

> 没有大脑新皮质并不代表生物体不会形成和体验自己的意识状态。各种证据几乎无一例外地指出，非人类动物同样拥有构成意识所需要的神经结构、神经化学以及神经生理基础物质，并展现出有意图的行为。因此，现有证据已充分显示，能产生意识的神经基础物质并非人类所独有。非人类动物，包括所有的哺乳类动物、鸟类以及章鱼等其他生物，也拥有这种神经基础物质。

因为依旧缺乏最直接的证据，使得这项宣言只差一步，就直接得出其他动物也具有意识的结论。尽管如此，这确实已经让举证责任转向了另外一方。尽管我们讨论的是相对意识而言的智能，但我们似乎完全有理由认为，任何拥有体验意识能力的事物，注定也拥有某种程度的智能。如果我们把意识视为通过内在思维对内部及外部事件和经验做出的反应，那么，即使按更严格的定义，也应该把这种反应视为一种智能形式。但反过来却未必成立。也就是说，构成意识的任何内在要素，未必是成为智能所需要的必要条件。在现实中，我们可能会发现，在动物王国中，很多成员并不具备我们所定义的意识能力，但它们仍表现出一定程度的智能。因此，我们似乎有必要扩大智能定义的覆盖范围，以便接纳非人类的智能甚至是没有意识能力的智慧。

这就把话题引入非生物智能。尽管我们仍可以认为，非生物系统无法实现任何真正意义上的意识，也无法体验到我们所说的情绪感觉，但这并不妨碍它们采取可体现智能的行为。很多人工智能科学家给出的定义，都有助于拓宽我们对智能的认识。

“智能就是为实现既定目标而以最优方式利用时间等有限资源的能力。”

——雷·库兹韦尔（Ray Kurzweil），谷歌工程总监，知名人工智能专家

“任何能在多种环境下通过适应性行为达到目标的系统……都可以视为具有智能。”

——戴维·福格尔（David Fogel），洛克希德·马丁公司，人工智能工程师

“可以把智能定义为在复杂环境中利用有限资源达到复杂目标的能力。”

——本·戈策尔（Ben Goertzel），人工智能专家，汉森机器人技术公司（Hanson Robotics）首席科学家

此外，戈策尔还进一步指出，按照他的定义，“很多原本被视为不具有智能的事物，实际上都有可能在一定程度上拥有智能”。从这个观点出发，我们似乎正在不断接近一个近乎完全包容的定义。尽管这项调查越来越多地表明，智能的大多数方面均呈现出循序渐进的状态，换句话说，它们有程度之分；但是在现实中，我们似乎依旧以非此即彼的二进制方式对待这个问题。为了对智能做出尽可能完整详尽的定义，人工智能研究人员沙恩·莱格（Shane Legg）和马库斯·赫特（Marcus Hutter）多方收集资料，对各种不同观点进行了归纳和总结。[一]因此，他

[一] Shane Legg and Marcus Hutter, “A Collection of Definitions of Intelligence,” *ArXiv. org*, June 25, 2007, arxiv. org/abs/0706. 3639。

们的资料也被大多数人视为针对智能定义最详尽的汇总。但即便如此，他们仍认为，这些特征不够完善，并在此基础上对智能给出了更宽泛的定义。他们这么做的目的，就是开发出一套通用性智能测试标准，从而在摆脱环境与形式约束的前提下，更好地识别和测量智能。

> “智能衡量了一种载体在不同环境中达到目标的能力。”
>
> ——沙恩·莱格，机器学习研究员；马库斯·赫特，人工智能计算机科学家

在这里，莱格和赫特使用的词汇是“载体”（agent），指代任何生物性、技术性、地外或其他形态的实体。近年来，他们与其他研究人员致力于为各种水平、类型或基底（构建某种事物所依赖的底层结构基础：如蛋白质、神经元或硅材料微型芯片等）的智能形式设计统一衡量方法。按照理想的模式，通用的智能测试方法应适用于任何形态的智能载体，也就是说，它不仅要考虑任何程度的智能水平，还要考虑某种智能载体的形式、结构、基础和能力。[㊀]按照这样的定义方式，尽管机器或许尚未达到真正的智能阶段，但这一天正在迅速逼近。而在这个过程中，测量和评估智能的水平及标志，无疑将为我们带来可观的数据和启发。

尽管莱格和赫特扩展了智能的内涵，但仍要依赖高度人性化的假设。比如说，尽管可以对“达到目标”进行泛泛的解释，但它显然带有明显的人性化意境。

对此，著名物理学家斯蒂芬·霍金（Stephen Hawking）采取了更为宽泛的观点。

㊀ Shane Legg and Marcus Hutter, “Universal Intelligence: A Definition of Machine Intelligence,” *Minds and Machines* 17: 4, (2007), 391 – 444. doi: 10.1007/s11023 – 007 – 9079 – x. Richard Yonck, “Toward a Standard Metric of Machine Intelligence,” *World Futures Review* 4, no. 2 (2012), 61 – 70. doi: 10.1177/194675671200400210。

“智慧就是适应变化的能力。”

——斯蒂芬·霍金，理论物理学家，宇宙学家

这似乎让我们感觉到，我们正在消除以人为本的偏见，并在价值和行为的预期方面不断取得进展。因此，在这些纷繁多样的智能定义背后，存在唯一的关键性前提。但这样的定义是否过于泛泛？我们是不是把这扇门敞得太大？水银温度计也能适应温度的变化，但我们不能因此就认为它拥有智能。

但是在关闭这扇新敞开的大门之前，不妨考虑一下“大历史”中的某些最新趋势，这或许会为我们提供一种不同方式去看待事物。作为一门相对严谨的学术科学，“大历史”把人类历史置于宇宙的历史中进行考察，从而在以“大爆炸”为起点的更大时间框架内构建历史，对宇宙进行探索和发现。“大历史项目”（Big History Project）的创始人大卫·克里斯蒂安（David Christian）认为：“‘大历史’的目的，就是向我们展示人类复杂性与脆弱性的本质及其面临的危险，但它也让我们认识到集体学习的力量。”历史提供的视角，不仅可以让我们对这个世界和宇宙获得新的见解，而且也会像我们将要看到的那样，为我们面临的诸多挑战揭示潜在解决方案。

从这个跨学科思维流派的某些想法出发，自然界的很多进程或许远比我们的传统认知更复杂。宇宙论与恒星的进化过程，与行星的发育、生命的起源和进化以及人类、社会和技术发展存在很多共性，它们不仅相互关联，甚至存在类似的基本过程。此外，组织性和复杂性不断增强的趋势，也掩盖了我们对宇宙非人性化本质的假设。

那么，宇宙的这些不同维度，为什么会以这种相互关联的方式实现自我组织呢？更重要的或许在于，它为什么会进行自我组织呢？在自然界中，哪些未知领域促使它沿着背离热力学第二定律的方向稳步发展呢？[该定律认为，孤立系统的总混乱度（即“熵”）不会随着时间的推移而减少，而是自发、不可逆地朝向熵最大化状态演进，也被称为熵

增定律。]

当然，这些趋势并没有真正违背热力学基本定律。但考虑到熵的本质——随着时间的推移，所有事物都存在不断损耗并最终丧失固有基本结构的趋势，因此，似乎存在某种与该趋势相悖的力量。这就像是一片漂浮在河流上的落叶，除了偶然出现的随机运动之外，它始终会逆流而上，并一直漂流到河流的源头。毫无疑问，这完全有悖于我们所预期的行为。

尽管我们将在后续章节中讨论熵的话题，但即便是现在，我们就可以认为，包括宇宙本身在内的所有事物，都会不可避免地趋于衰落，并逐渐变得更无序。所有不能从外部取得额外能量的孤立系统，最终都会遭遇这种衰落。自然界呈现的这种必然性，被定义为热力学第二定律。正因为这个定律，无论多么巧妙和完美的设计，都不可能造就真正的永动机。

但这个定律带来的另一个结果，会让人们感觉有悖直觉：局部复杂性增加的趋势。按照所谓的“因果熵力”（causal entropic forcing）概念，来自热力学的动力可能会造成涌现现象（emergent phenomena，即，在某个变量增加到特定临界值时才会出现的现象，或者说，事物的整体具有一些属性，而这些属性并不存在于构成整体的单元，而是通过单元相互作用而产生的），进而形成复杂性更大的区域。这个过程会造成局部熵的减少，但与此同时，会带来总体熵的增加。需要强调的是，从定义出发，这些涌现组织并不孤立，而是利用了来自外部的能量。因此，这个过程并未打破热力学定律。

物理学家和数学家亚历山大·威斯纳－格罗斯（Alexander Wissner-Gross）开发了一系列数学计算机模拟模型。这些模拟方法表明，因果熵力[㊀]

㊀ A. D. Wissner-Gross and C. E. Freer，“Causal Entropic Forces，” *Physical Review Letters* 110，no. 16（2013），doi：10.1103/physrevlett.110.168702。

的概念完全适用于不断发展的计算机模拟技术，并揭示出一种完全不同于传统观点的自然观。根据这些研究成果，威斯纳－格罗斯提出以因果熵力表示的智能计算公式，$F = T \nabla S\tau$。威斯纳－格罗斯用通俗简练的语言，对这个定义智能的方程式进行了解读：

“智能的作用就是实现未来行动自由的最大化。”

——亚历山大·威斯纳－格罗斯，物理学家和数学家

“未来行动自由”（future freedom of action）这个词似乎有点令人生畏，这不仅仅因为它是热力学和熵带来的另一个结果。从现实出发，时间旅行显然是一次不可逆的单程旅行，至少按目前物理学的解释，在现实中，我们不可能穿越时间回到过去。因此，关于某个事物是否会增加“未来行动自由”，根本就无据可查、无证可循。但是，如果有大量变体试图占据某个特定的机会空间，那么，我们事后总会发现那个最有可能实现未来行动自由最大化的变体——我们当然不必回到那个时刻去验证这个讯息。在某种程度上，这就等同于进化的概念（或是与进化相关），在无意之间，循序渐进地从一种结构或物种演进到另一种结构或物种。

本章提到的这些定义从不同侧面揭示了智能的本质，尽管有些定义过于宽泛，有些略显狭隘。但是按照最后一个定义，我们会突然意识到，宇宙中实际上充斥着各种各样、形形色色的智能。或者更准确地说，宇宙的不同特征和方面始终在以这种方式不断优化，从而进入复杂性更高的新状态。在拥有近138亿年历史的宇宙中，我们这个星球只是其中丝毫不起眼的一个角落，尽管这个角落已诞生出认知和意识，但放眼未来，谁能知道，这种优化将来会演变为哪种形式呢?

尽管并非必要，但我还是要明确指出，质子、恒星和RNA（核糖核酸）本身确实不会思考。或许是为了对智能做出更具体的定义，但在不经意间导致我们把注意力集中到错误的方面，结果是只见树木、不见森林。如果改变视角，不再把智能仅仅视为认知能力，而是把它看作广义

上的优化过程，那么，我们最终就会以不同的眼光去看待宇宙。

从这个角度看，只要有足够开放的空间或时间，就会有不同的力、过程、生命形式和智能在转化的各个阶段浮现出来。在处于高熵状态的领域，足够的时间和能量差推动了大量非正式试验的出现，从而为新（能量、物质、生命、智能）形态的涌现并成为常态创造了机会。这个过程可以解释我们的宇宙如何为生命的存在创造了完美条件，最终打造出智能与意识，并在未来展现出复杂性更高、行动自由最大化的状态。

生命和智能的诞生过程与我们人类直接相关，而且一直可以追溯到宇宙的起源。但要更全面地考虑这个观点，我们还需回到万物之源。幸运的是，我少年时拥有的宇宙飞船已在最近几十年完成了重大升级，让我们有机会重返宇宙起源的那一刻。

第二章
万物之源

"量子力学定律始终是无中生有的源泉，这的确非常有趣。"

——劳伦斯·M.克劳斯（Lawrence M. Krauss），理论物理学家、宇宙学家、作家

我们似乎有理由认为，对智能起源的任何探索都应起步于万物的起源。在宇宙建立起不可动摇的固有定律那一刻，各种力量相互作用，最终创造出我们今天所知道和看到的宇宙。考虑到这一切似乎与我们对智能的传统认识相去甚远，因此，本书前几个章节旨在探索宇宙的某些基本过程，正是这些过程，造就了越来越复杂的局部性趋势，并最终导致智能的出现。

于是，我们会发现，在遥远的过去——137.79亿年前的那一刻，我们蜷缩在年轻时无比信赖的飞船中（但自此以后已完成了重大升级），漂浮在宇宙起源的那一刻，漫游在空间与非空间、存在与非存在、当下及未来的能量和物质之间。

这是宇宙起点的零时刻，在这个时刻，宇宙尚未真正形成。因此，我们当然无法知晓万物是如何开始的。此时可能是一个拥有接近无限热量和密度的时间、空间和瞬点，至于它的起源，至今仍是一个谜。

或者说，这至少是一种可能的版本。20世纪早期，人们发现，宇宙依旧在继续膨胀。按这个逻辑，如果把这种膨胀过程倒退到足够遥远的年代之前，那么，我们就会回归那个密度和热度无限大的起源时刻。但如果真是这样的话，这个超热、超大质量的奇点到底从何而来呢？

虽然这个引力奇点（gravitational singularity）与其他被称为"黑洞"

的奇点有很多共同之处，但很难说它们之间的相似度到底有多大。比如说，每个奇点都可能拥有无限大的密度，以至于可以形成无数颠覆物理定律的极端性条件。但是，尽管所有黑洞都需要存在于一定的空间中，但显然不可能存在可容纳“宇宙大爆炸”这个奇点的空间。由于不存在我们所说的外部空间，因而也就不存在所谓的基准参考点。因此，尽管理论并不否定这种可能性，但我们显然无法确认，这个密度无限大的点是如何出现的。

关于“大爆炸”起源的另一个最新理论是，一切事物都是从无到有而出现的。虽然这个观点有点难以接受，但越来越多的证据表明，这很可能就是事物发生和出现的真实方式。我们大多数人认为“无”是什么都没有。不过，物理学家会告诉我们，“无”可能比我们想象的更复杂、更有趣。[一]按照广义相对论和量子力学，尤其是沃纳·海森堡（Werner Heisenberg）的不确定性原理，某些事物的形成过程确实遵循从无到有的规律。[二]

物理学家以多种方式认识“无”的概念，其中也包括亚稳态假真空（metastable false vacuum）的概念。[三]所谓的假真空是指虚拟量子粒子以远超过人类可观测速度不断出现和消失的虚空间。这个概念听起来很奇怪，但它在量子物理定律的范畴内却是完全可接受的。按这个理论，在某些时点，这些虚拟粒子的出现不断扩展假真空，在超过某个临界阈值之后，会造成失控性的膨胀。于是，我们的宇宙就此诞生。

不管“大爆炸”是如何开始的，它都是普朗克时期（Planck epoch，

㊀ Lawrence M. Krauss, *A Universe from Nothing: Why There Is Something Rather Than Nothing* (New York: Free Press, 2012), 183。

㊁ Dongshan He, Dongfeng Gao, Qing-yu Cai, “Spontaneous Creation of the Universe from Nothing,” *Physical Review* D 89, no. 8 (2014), doi: 10.1103/physrevd.89.083510。

㊂ Richard Yonck, “Is All the Universe From Nothing?” *Scientific American Blog Network*, May 22, 2014, blogs.scientificamerican.com/guest-blog/is-all-the-universe-from-nothing。

物理宇宙学中以马克斯·普朗克为名的一个时期，具体指宇宙历史中从0到大约5.4×10^{-44}秒这一最早的时间段）开始的标志。在宇宙的这个最早阶段，随机的量子作用力支配着包括引力在内的所有基本作用力。不过，尽管宇宙在这个短暂期内扩大到原始尺寸的很多倍，但我们仍无法在自己的飞船中目睹它的出现，因为在此时刻，我们还存在于这个场景所描述的奇点宇宙之外。此时，也不存在宇宙可以扩展的空间。由于不存在来自外部的参照系，我们当然无法衡量它的增长或者其他变化。但是要重新建立参照点，我们就需要重新设定飞船的时间和空间——跨越无限远的距离，从非空间进入这个无限小并正处于快速膨胀状态中的大汽锅内。这样，我们就可以更好地观察这场正在发生的巨变。考虑到此时的宇宙尚处于无限小状态，因此，我们的飞船也被缩小到仅相当于普朗克长度（Plank length，普朗克长度等于普朗克时期与光速的乘积，具体数值约为1.6×10^{-35}米）的一小部分。

需要提醒的是，很多人可能还不熟悉指数表示法，不过，为避免页面中充斥不计其数的数字“0”，本章只好大量使用这种数字表示法。比如说，如果采用指数形式，普朗克长度为1.6×10^{-35}米，但也可以用分数来表示这个数字，也就是说，它相当于1.6米的1/100,000,000,000,000,000,000,000,000,000,000,000。在上述表述方法中，负号的作用是把某个数字转换为倒数。因此，按同样的表示方法，普朗克时期结束时刻的温度约为10^{32}开尔文（kelvin，1开尔文相当于1摄氏度），也可以把这个数字表示为100,000,000,000,000,000,000,000,000,000,000开尔文。（为便于比较：我们自己太阳的表面温度约为5,778开尔文，而太阳核心位置的温度大约为15,700,000开尔文。）

如前所述，我们的飞船也按时间刻度进行了调整。这一点至关重要，因为在极其短暂的时间内发生了很多事情。宇宙无限未来的基础，就在这第一秒内的很少一部分时间内砰然形成。按照估计，普朗克时期仅仅持续到膨胀开始后的5.4×10^{-44}秒。（可以用实验室中产生的激光脉冲作为参照，最快的激光脉冲持续时间约为 2×10^{-21}秒，可见，宇宙第一个时期的持续时间仅是这个瞬间的大约 0.27 亿亿亿分之一。）

此时，我们已达到奇点恰好延伸到一个普朗克长度的时刻。在此之前，我们假设，量子引力效应统治着当时还无限小的宇宙。但由于在对宇宙第一时刻进行建模时，广义相对论已被打破，以至于对宇宙初始属性的定义只能依赖猜测，因此，人们对这段早期历史的认识仍存在大量分歧。正如我们在下文中将会看到的那样，随着宇宙的持续膨胀和冷却，传统意义上的基本作用力（引力、强核力、弱核力和电磁力）和物理规律将浮出水面。

不难理解，普朗克时期的结束标志着这场大转化的启动。按处于主导地位的传统假设，引力脱离电核力（electronuclear force，强核力、弱核力和电磁力均可统一为这种作用力）标志着普朗克时期的结束。随后的大统一时期延续了 10^{-36}秒，在这段时间里，电核力分裂为强核力和电弱力（electroweak force）。这就导致宇宙间充满了夸克 - 胶子等离子体，并在短时间内创造出宇宙目前所拥有的全部亚原子粒子和场。当冷却到只有 10^{28}开尔文时，宇宙开始进入电弱时期，这个时期延续了 10^{-32}秒，在此期间，弱核力和电磁力最终分离，成为其余两种传统基本作用力。随后，重力、强核力、弱核力和电磁力成为贯穿宇宙整个生命周期的四种基本作用力。

由于对大爆炸的最早阶段和发展过程仍存在大量猜测，因此，我们或许永远都无法彻底了解宇宙的起源，甚至无从知晓它在这些最早时刻的大小和温度。但有一点几乎可以肯定——在我们所知悉的宇宙诞生的早期，曾发生过很多重要而且巨大的转变，这些变化对生命、智能乃至其他所有事物的后期发展均至关重要。

最初，宇宙先行膨胀，而后逐渐冷却，期间伴随着不计其数的重大相变。其中，既有可能包括所谓的“暴胀时期”，也可能没有发生过这样的事情。“大爆炸”理论对早期宇宙发生的大部分事件做出了完美解释，而且很多有关“大爆炸”的预测也得到了充分验证，但貌似合理的暴胀理论却在很大程度上具有假设性。根据宇宙暴胀理论（theory of cosmic inflation），一种被称为暴胀场（inflaton field）的作用力，导致宇宙尺寸的膨胀速度远远超过光速，也就是说，它在一瞬间膨胀到原来的10^{26}倍（甚至更多）。[㊀]于是，我们的宇宙从最早不到普朗克长度的尺寸，瞬间膨胀到一粒沙子的大小。可以用一个更形象的比喻体现这个过程——这个瞬间所发生的事情，就如同我们突然拉长一根原来1厘米长的绳子，让它在瞬间内到达现代宇宙直径的长度。

这是不是有点不可思议？因为在我们的思维中，没有什么物体的速度可以超过光速。尽管宇宙中的物质和能量都不例外，但这显然是一种特殊状况，因为这些变化发生在空间本身。这感觉像是在作弊，但实际上不无道理，因为狭义相对论的内涵，就是不同物体在同一时空参考系内发生的相对运动。但相对论并不否认空间膨胀速度远超过光速的假设。

暴胀时期注定为此后发生的一切奠定了基础，因为它改变了我们的宇宙。宇宙的形状从高度弯曲的几何形状开始，在暴胀时期开始变得扁平。此外，由于暴胀场导致宇宙迅速膨胀，量子涨落带来的微小密度差导致物质分布出现细微变化。这些“种子”让引力可以集中越来越多的物质，并最终促成数亿年后星系与恒星的出现。但在此之前，宇宙仍不得不一次次地经历冷却和变化。

在随后的几秒、几分钟和几千年内发生了无数变化。在“大爆炸”后的10秒左右，宇宙迅速冷却了10亿度，并最终达到原子核得以形成的温度。在接下来的17分钟内，通过所谓“大爆炸”带来的核合成过程，宇宙中所有稳定的氢核和氦核开始出现。此外，这期间还产生了相

㊀ 根据推测，在“大膨胀”时期，宇宙的直线尺寸增大了10^{26}倍，而体积则膨胀了10^{78}倍。

对较少的锂。然后，随着宇宙冷却到大约 1000 万开尔文，聚变过程停止。尽管如此，原子核依旧太热，以至于无法与自由电子结合并形成中子。中子的形成可能需要数十万年。

我们驾驶飞船继续飞行，穿越了大部分光子时代，回到那个充满光子、氢、氦核以及电子等混合的离子体的宇宙时代。此时，我们发现自己来到“大爆炸”后近 4000 个世纪的时刻。从诞生后最初的那一刻起，宇宙就一直在不断膨胀。在膨胀过程中，宇宙的密度不断降低，温度也随之下降。从温度大约超过 10^{32} 开尔文（即 100, 000, 000, 000, 000, 000, 000, 000, 000, 000, 000 开尔文）的奇点开始，时间已经流逝了 379, 000 年，此时的宇宙已膨胀到大约 4200 万光年的大小，温度刚刚接近 4000 开尔文（1 光年的距离略低于 6 万亿英里）。在这个时刻，宇宙学中被称为“大复合”（recombination）的时期拉开序幕。此时的宇宙已充分冷却，光子的能量大大降低，导致带负电的自由电子被电离态核子所捕获，并与带正电的质子相结合。在整个宇宙中，这些亚原子粒子相互结合，最终形成稳定的中性原子，也就是今天仍处于相互作用状态的氢原子和氦原子。

在此之前，宇宙中还充满着电离态氢和氦、自由电子，不断干扰光子的运动。干扰导致宇宙中所有光子的平均自由行程非常短，因此，电磁辐射不可能沿直线传播很长距离。而稳态中性原子的形成，造成光子与物质出现“去耦”的附带效果，从而让这些光子自由穿越宇宙。在这个去耦阶段结束时，构成宇宙中所有电磁辐射现象的全部光子，当然也包括可见光，都可以进行自由运动。而在此之前还始终处于非透明状态的宇宙，也很快变得越来越清澈透明。

由于这种临界相态的变化，或者说宇宙物理性质发生的巨大转变，让我们得以将时间回推到“大复合”时代结束的那一刻，去直接观察这个有形宇宙的诞生。这个过渡过程的边界，就是今天被称为 CMB 的电离屏障。如果可以观察到它们最早出现的时刻，应该能看到它们呈现为可见光和红外辐射形式。从我们的飞船上望过去，在宇宙还只有

379,000 岁的时候，我们看到的 CMB 呈现出橙色的光芒。但是到了今天，在经历 137.99 亿光年的长途跋涉之后，这些光才进入我们的视野，而且它们在途中还穿越了快速扩张的宇宙空间。正因为如此，才会出现狭义相对论所描述的情境，CMB 的古老光芒已出现了“红移”,[㊀]或者说，这些光已趋于光谱中的红外线。因此，在时间进入到 21 世纪时，我们根本已看不到可见光状态的 CMB。相反，我们的望远镜只能以无线电波形式探测到它们的存在——具体地说，就是微波。

那么，这一切与智能有什么关系呢？几十年来，物理学家们已经观察到，只要宇宙的很多定律和属性出现微小偏差，那么，宇宙中的恒星、行星和生命就有可能不会出现。那么，我们为什么如此幸运，宇宙始终以丝毫不差的方式一路走来，创造出我们今天所看到的现实呢？

按照一系列被称为人择原理（anthropic principle）的哲学观点，宇宙必须和存在于其中的观察它的意识生命相互兼容，或者说，我们看到的宇宙之所以是这个样子，完全是因为我们的存在。虽然这个道理似乎不言而喻，但人择原理或许有可能就是宇宙进化中的一种选择机制，而不是在天文学上和掷骰子没有区别的随机过程。如果多重宇宙（multiverse）的概念是正确的——或者说，无数宇宙存在于我们可以感知和观察的视野之外，然后，我们可以生存于某个宇宙，并观察它，因为它或许只是多重宇宙中的一个，而且恰好拥有适合我们存在的条件。在某种意义上，我们的“金发姑娘”宇宙（Goldilocks，源自童话《金发歌蒂和三只小熊》，这里指代温度适宜、环境适合生命演化的宇宙环境）就是大量宇宙追求未来选择最大化的结果。虽然多重宇宙概念有很

㊀ “红移”（redshift）是指光子（电磁能）在与正处于膨胀过程中的宇宙中赛跑时出现的相对“拉伸”。由于光在真空中的传播速度不会超过每秒 300,000 千米，因此，膨胀的宇宙会“拉伸”在其中传播的信号，从而导致波长被进一步拉长，波长的增加则对应于更低的频率。这种效应发生在整个宇宙中，这就让我们能衡量宇宙不同部分与我们今天的距离。

大猜想性，但却受到很多主流物理学家的追捧，其中包括马克斯·泰格马克（Max Tegmark）、艾伦·古斯（Alan Guth）、布赖恩·格林（Brian Greene）、安德烈·林德（Andrei Linde）、加来道雄和尼尔·德格拉斯·泰森（Neil deGrasse Tyson）等。尽管这个概念既有可能被证伪，也可能不会被证伪（即，在理论上被证明为错误的可能性，这也是科学探究的重要判断标准之一），但这不意味着不可能存在，只是无法证明而已。

上述对“大爆炸”的简短回顾，当然无法覆盖宇宙早期形成过程的全部经历，甚至尚未触及皮毛。好在我们已经浏览了“大爆炸”之后的诸多重大事件，并为了解下一个关键时刻做好了准备，那也是最终导致宇宙出现智能的关键性节点。

创造化学

对我们这艘安全的飞船来说，这个新生宇宙确实没有多少可留恋之处。到目前为止，所发生的一切还都处于亚原子尺寸的规模，甚至更小。在“大爆炸”之后的大约1.5亿年，不断膨胀的宇宙已冷却成为60开尔文的冰寒世界。即使存在氮（当然，在那个时候肯定还不存在），也会被冻结为固体。在宇宙中，几乎所有物质都已被冷却到这个温度，因此，我们当然有必要讨论那些尚未降到这个温度的部分。

大暴胀时期带来的长期影响之一，就是在此前几乎完全均匀的空间中扩大了早期宇宙量子涨落带来的细微差异。这就使得零星物质开始汇聚，在相对空旷的真空中形成重力区。如果没有重力场，就不可能出现足够大的密度差；没有足够大的密度差，就无法逐渐缓慢地将足够多的零星物质聚集起来，并最终形成恒星。

但重力场还是出现了，而且确实也形成了足够的密度差，于是，恒星悄然而至。在宇宙中，几乎每个要素都在物质、生命和智能的进化中扮演着不可或缺的角色。但是对随后其他所有过程发挥关键性作用的，则是恒星，只有在这个包涵太阳能的大熔炉里，才能“冶炼”出所有自然元素。

著名天体物理学家卡尔·萨根（Carl Sagan）对此给出了精辟总结，他说："我们 DNA 中的氮、牙齿中的钙、血液中的铁、苹果派中的碳，都是在坍缩恒星的内部产生的。也就是说，我们都是由星际物质组成的。"

因此，当重力开始将物质聚集在一起时，这绝对是一个名副其实的大事件。这些原子之间的超微引力把物质聚拢到一起，并逐渐形成非常细微的气体纤维，这些气体纤维最终聚集成巨大的氢氦气体云，实际上，它们也是当时仅存的元素。[㊀]在几亿年之后，这些受引力束缚的结构发生汇集，并形成了原星系，而后又逐渐形成星系，最后出现了由星系构成的星系团。在这个过程中，气体的聚结也逐渐提高了它的密度，导致分子之间的活动增强，反过来，又进一步提高了密度最大区域的温度。随后，氢原子合并形成氢分子，氢分子冷却了炽热、稠密的气体，并降低了气体内部的压力，从而导致气体云进一步坍缩。

此外，新进入的气体带来了轻微扰动，逐渐让所有密度增加的区域开始围绕其重心旋转。随着重力不断把更多的气体拉进来，按照角动量守恒定律，物质的旋转速度不断加快——这和花样滑冰中的直立旋转动作如出一辙，运动员把四肢紧紧抱在自己的身体上，身体的旋转速度就会加快。随着越来越多的宇宙物质被吸入，它的旋转速度也越来越快，于是，这个气体云逐渐开始变成扁平形，形成一个气体盘，与此同时，气体云的中心逐渐变得更密实、更紧凑。一旦物质达到足够多的时候，就会引发失控反应，导致气体盘的中心在自身质量的作用下发生坍塌，此时，气体盘的中心已达到非常高的密度，并开始融合内核中的原子。随后，这个中心会形成一个新的恒星，而气体盘的其余部分则变为新太

㊀ 据推测，暗物质对这段时间内的物质聚集发挥了关键作用。但有关这个推论以及暗物质的其他方面，在总体上仍存在很大不确定性。因此，这些推论的参考价值很有限。

阳系中的行星、卫星和小行星。

早期宇宙的环境条件相对温暖，这意味着，在获得足够质量引发坍缩并形成恒星之前，气体盘需要汇聚更多的气体。因此，在这些第一代恒星中，很多恒星的规模足足相当于太阳的500~1000倍。在如此巨大的大质量恒星表面，温度可能会达到100,000开尔文左右，几乎相当于太阳表面温度的18倍。因此，这个大质量恒星的大部分能量将在紫外线范围内发生辐射（但留在光谱可见范围内的能量依旧非常巨大——这就是人类可能会看到它们的原因）。正是在第一次恒星融合的那一刻，宇宙迎来了前所未有的光明，这标志着宇宙中第一颗恒星的诞生。

但我们对第一颗恒星显然还一无所知——无论是它的大小、温度还是寿命，都不存在任何证据。因为它早已不复存在，而且也不太可能被我们所发现。我们唯一知道的，就是它既非绝后，也非独一无二。紧随而来的，是数千颗类似恒星的诞生，而后是数百万颗，甚至是数十亿颗恒星。只要有合适的条件，这个过程就不会停止。

第一代恒星通常被称为“第三星族星”（Population III），它们与随后诞生的恒星截然不同。第一代恒星完全由原始氢和原始氦构成，这些元素产生于宇宙诞生后最初几分钟内的“大爆炸”核合成过程。虽然后来的恒星会包含多种元素，但在这个最初时期形成的恒星中，除氢和氦之外，还没有其他可用于聚集和融合的原子。（按照科学家的估计，宇宙中1%的原始物质可能是锂，因此，当时的宇宙可能由三种元素构成。）

由于规模巨大，因此，这些第一代恒星很快便耗尽能量，并逐渐将氢和氦融合成锂、铍、碳、氧和铁。这就为宇宙的化学需求奠定了基础。

这个恒星核合成的过程与宇宙最初几分钟发生的“大爆炸”核合成既有关，又完全不同。“大爆炸”核合成几乎创造出宇宙中所有的氢核与氦核。在随后的“大复合”过程中，这些带电原子核又与电子相互结合，形成中性的氢原子和氦原子。

然而，恒星的核合成却截然不同，因为在这个阶段，这些氢原子与氦原子发生聚变，产生质量更大的元素，并在这个过程中释放出大量能量。在天文学和宇宙学领域，除氢和氦之外的所有元素均被称为金属。金属度（metallicity）是指一颗恒星关于这些金属的丰贫程度（此外，由于它们可能由同一个气体盘所形成，因此，围绕该恒星的所有行星都应具有相同的金属度）。

虽然恒星生命的结束方式可能多种多样，而且通常与它的大小和金属度有关，但是当一颗恒星发生超新星爆炸时，就会发生宇宙中最剧烈的灾难事件。由于尺寸的原因，这种事情在最早的大质量恒星中应该更为常见。超新星不仅产生现代宇宙不会出现的巨大压力和高温，而且给我们的宇宙带来比铁更重的其他元素。此外，超新星还会留下一个可成为中子星或黑洞的核。但最重要的或许是，虽然每颗恒星的质量和结构决定了它会如何死亡，以及会创造出哪些元素，但几乎所有恒星都会改变宇宙的化学组成。

今天，在我们所看到的宇宙中，充斥着古老的贫金属的第二星族星以及年轻但富含金属的第一星族星。第二星族星可能为生命的形成提供了最佳条件。那么，生命和智慧能否围绕早期的第三星族星类太阳系进化呢？这似乎不太可能，因为可供生存的时间太少。但更重要的是，由于缺少更重的元素，因此，除了最基本的化学反应外，还不可能发生其他反应。

但是在随后的几代恒星中，情况却并非如此。随着时间的推移，宇宙不断膨胀和冷却，加之越来越多重金属的出现，使得超大质量恒星已难得一见。这就延长了恒星和类太阳系的寿命。与此同时，越来越多的重元素被融合到新一代的太阳能熔炉中，它们要么是贯穿恒星寿命期的融合的产物，要么是垂死的灾难的遗产。

两种情况都会大大增加创造生物生命和智能的可能性。根据我们在地球上的经验，在整个进化过程中，第一颗恒星的 1000 万年寿命不过是白驹过隙而已。它甚至还不够让智人从现代人类与黑猩猩最后一个共同祖先中分离出来。但如果一颗恒星的大小更为适中，而且可以存活大约 100 亿年的时间，那么，它显然可以为简单或复杂生命的生存提供足够时间（比如说，我们自己的太阳的年龄是 46 亿岁）。

膨胀宇宙的早期生命表明，伴随宇宙冷却发生的一系列事件，引发了改变宇宙的相态变化。很多事件的量子等级和能量水平已远远超过我们的理解能力：基本力的分离；粒子与反粒子数量的失衡；去耦，或者说，宇宙的去离子化。但我们应该非常了解的一个事件是，随着宇宙的膨胀，物质和能量分布的变化将会如何带来更大的变化，并让不同区域出现势能差。这几乎从一开始就对宇宙产生了巨大影响，而这种影响还将持续到最后。

这些初始变化既有可能来自量子涨落的微小变化——这些变化在后来的暴胀时期和宇宙超相对论膨胀期间被放大，也可能有其他方面的原因，但关键在于，它确实发生过，而且采取了一种非常特殊的方式。这个非常基本的过程利用能量（定义为不同物体或区域之间的势能差）增加了整个宇宙的复杂性。这种极其微弱的差异把几乎完全均匀的等离子体转变为由气体纤维和空洞构成的泡沫状结构，并随着时间的推移无限膨胀。如果没有存在于这些不同区域之间的引力差，恒星永远都不可能形成。在这种情况下，宇宙将永远处于黑暗和空洞当中。

这也是贯穿于本书的一个基本主题。我们将会一次又一次地看到，生命的发展和进化过程以及智能与文化的兴起过程，无不遵循类似模式。宇宙在所有尺度上的组织方式似乎都会带来更复杂的局部组织，并增加整个宇宙的熵。这种趋势沿着复杂性不断增加的轨迹持续进行，并最终导致系统在某些时点取得足够的意志，也就是我们所说的智能。不妨回想我们在第一章对智能给出的最后一个定义：“智能的作用就是实现未来行动自由的最大化。”

如果这样的行为一次次地重复发生，就会形成一种稳定模式。那么，这是否只是我们看待智能的不同方式呢？或者换一个角度考虑，我们在传统意义上所说的“智能”，是否只是更大范围内的某个点或区域，用来描述某个旨在通过最优化而在宇宙中实现不断延续和完善的系统？

在本书中，我们将不断探讨发生这些根本性转变的时刻。这些变化可能体现在引力、化学、生物、文化和技术等诸多方面，而且每次变化都会带来新的事物。伴随着每次转型带来的新变化，让未来呈现出全新的面貌。尽管我们可以做出不同的解释，但最合理、也是最简单的，就是从涌现和复杂性角度做出解释。就本质而言，涌现既不可预测，也不会改变游戏规则。正如我们将会看到的那样，涌现通过复杂性得以实现，并最终得到协同效应大于各部分之和的意外结果。从这个意义上说，我们确实无法预测某个事件会如何出现，尤其是在何时出现，但只要出现，必然会展现出不同于以往的面貌。

宇宙中充满了这样的时刻，只要能更好地理解这些转变及转折点，那么，我们就能为迎接这种转变时刻做好准备。

在回顾这些变化时，如果我们对某些智能过程和载体的标识产生质疑，那或许是我们的偏见在作怪。但如果我们从这个定义出发去展望下一个重大里程碑，并预见到某个拥有更大复杂性和未知涌现特征的系统，那么，我们是否也会将其认定为智能呢？此时，我们或许应该从不同角度去思考这个问题。

第三章
恒久之熵

“熵是推动复杂性增减起落的原动力。”

——马特·奥多德（Matt O'Dowd），天体物理学家、公共广播公司（PBS）《太空时代》栏目主持人

在宇宙“大爆炸”后的1亿年左右，一条无限纤细的氢分子线轻柔飘逸地在宇宙真空中游荡，它的长度绵延数光年。几乎是在不知不觉之间，它始终向着一个模糊的基本方向移动，前方似乎有一只看不见的手在召唤它。几千年过去了，在漂移了遥远的行程之后，分子的运动开始骚动不安。这种模式一直持续，直到气线卷起来的尾端缓缓汇聚到一个结点上，随后，越来越多的物质从各个方向不断累积在这个交汇点。尽管气体汇聚的速度比以前快得多，但依旧缓慢和均匀，并逐渐聚集成一团没有边界的云，在这片无边无际的近乎虚无中构成一道反常现象。虽然远不及我们现在呼吸的空气那么稠密，但它无疑已成为宇宙中密度最大的结构。时间的积累与更多分子的汇聚，必将带来更大的密度和新的结构，并开启宇宙前所未有的过程。而这仅仅是新的开始。随着时间的推移，这个组合将造就一个太阳的托儿所，第一批恒星将由此诞生。归根到底，这是时间、重力与熵的问题。

这个由气体汇聚物构成的无边云团，在不知不觉之间缓缓地开始旋转。

宇宙的浩瀚远远超乎想象。与此同时，它的能量也大得不可思议，巨大的规模和结构带来同样巨大的势能。我们已谈论过它是如何产生

的，但更重要的问题或许是，为什么会发生这一切？为什么会有被我们称为恒星、星系、星云和黑洞的这些巨大天体？它们如何得以存在？

在“大爆炸”的最初时刻，宇宙几乎是完全均匀的。正如我们在前一章中提到的那样，与最初引发“大爆炸”的同一类量子涨落，阻止宇宙进入完全平滑状态。在宇宙膨胀期间，尤其是在暴胀时期，密度的变化更明显，导致某些区域的密度超过其他区域，这就让它们把物质吸引到一起，并进一步把氢、氦和锂原子集中到小空间内，这些空间最终成为最早的恒星。

最初的密度变化至关重要，因为随着时间的推移，它们会引发更大、更极端性的变化。据估计，在我们当今的宇宙中，真空中大约每4立方米有一个原子。而我们自己的太阳，密度大约相当于这个数字的 3×10^{30} 倍，中子星的密度则更大，是太阳的 4×10^{14} 倍。（对于一颗典型的中子星，每立方米的原子数量约为 12×10^{44} 个。不妨做个比较，一茶匙这种物质的重量即可达到1000万吨左右！）如此巨大的密度差异原本应该让我们感到不可思议，甚至无法想象。但无论对于引力、电磁能量还是化学能量，只有能量差才是推动宇宙运转的原因。

只要两个系统之间存在能量差异，就会带来势能的变化，或者说，会导致热力学所说的“功”发生变化。功是一个系统向其周围环境传递的能量，也是这个系统对外部形成的所有作用力的根源。功在我们的日常生活中随处可见。海洋潮汐的发生，是因为月球、太阳和地球表面的引力发生变化。闪电是云团中带正电粒子与带负电粒子相互堆积的结果。当这种汇聚达到某个临界值时，激烈的电荷中和作用会在云团中或是在云和地面之间释放能量，以维持系统平衡。一杯热咖啡会因为自身温度与环境温度的差异发生冷却。但这些系统为什么会发生变化，让自己从高能量状态转变为低能量状态呢？为什么它们不会维持原有状态呢？

我们应该庆幸的是，它们并不会不为所动，因为正是这些变化的力量，才带来恒星的演化、化学反应的发生、行星的形成以及生命的起源（但这只是起步）。要回答这个问题，唯有把它们存在的原因归结于熵。

熵是隐藏在时间和空间背后的伟大无名英雄，也是自然界中最容易被误解的一个方面，它体现了概率和统计力学所具有的涌现功能。熵是粒子、能量和系统从低可能性分布向高可能性分布持续演进的过程。熵是衡量系统有序性的一个量度，我们通常会说，熵越大，这个系统的无序性就越大。比如说，假设存在一个装满气体分子的容器，其中的全部分子均有序排列在容器的一侧，这显然是一种低概率分布。因此，我们可以认为，这个系统（容器中的气体分子）的熵较低。因此，这个系统的秩序远远高于完全的随机配置。但是在片刻之后，分子开始在整个容器中发生移动，并发生重新分布，最终形成更均匀的分布，此时即可认为，这个系统的熵已大大提高。在系统达到平衡状态时，分布达到统计上所说的最大可能性，此时，系统的熵也是最大的。这不仅是热力学第二定律的基础，也是一切事物都会发生耗损和衰落的原因。相比之下，草履虫、超级计算机和人类等高度复杂系统则是极不可能的，因而，可以认为它们属于低熵系统。因此，随着熵的增加，系统本身会发生衰退和崩塌，停止正常工作，并最终消逝。从纯统计角度说，任何封闭系统都要遵循这个过程——除非它从外部取得新的能量注入，但是在这种情况下，它已不再是封闭系统。

因此，熵经常被想象为坏人、对手、终结时代的始作俑者。但所有这些认识实际上都是落伍的。熵是一种不属于作用力的力，或者说，它是没有王冠的王者。宇宙的运行、流动、转移和变化，无不是因为熵的变化，换句话说，这恰恰也是概率的本质。没有熵，就不会有行星的形成，水就不会流动，太阳也不会发光。没有熵，自由能或是可用能的概念将毫无意义，因为能量无法改变或导致系统进入平衡状态，也不具有可做功的势能。因此，人终究会死，星星最终会熄灭，宇宙也总有一天会走到终点，这一切都是因为熵的作用。但如果没有它，任何事物从一开始就不会存在。

设想一下，概率居然是如此威力无比的自然力量，再想想它对宇宙带来的巨大影响，确实很有趣。因此，我们常常会把它看作天气预报、科学研究或是轮盘赌中温和的人造概念。不过，如果我们设想一个概率定律不成立的世界，那么，有人可能会在 100 万次掷硬币的游戏中看不到一次反面。即便是按最高标准和最严格要求制造的客机，每次飞行都会无一例外地坠落。即便是像碳这样最常见的元素，随时都会出人意料地发生衰变，释放出致命的中子风暴。我们的世界和宇宙之所以能有序存在，无非是因为概率规律永恒的存在与作用。

在被称为统计力学的领域，人们利用概率研究多自由度复杂系统的属性。这个领域最早是由奥地利物理学家路德维希·玻尔兹曼（Ludwig Boltzmann）在 19 世纪 70 年代创建。从本质上说，统计力学就是概率理论的运用，因为它的研究对象是粒子，尤其是大量粒子的能量分布，并试图解答大型系统为什么会有这样或那样的属性。统计力学描述了系统的诸多微观状态及其所呈现的宏观状态。微观状态从统计角度对系统的每个粒子加以定义——包括粒子的位置、温度、自旋等，而宏观状态则定义了系统的整体属性，譬如这个系统的温度、压力和形态等。尽管每一种微观状态均独一无二，但大量微观状态仍有可能带来相同的宏观状态。比如说，在一个冰块中，所有水分子所呈现的微观状态数量相对有限，因此，我们可以认为，与这些分子被加热后的蒸汽状态相比，冰块具有较低的熵。此外，在任何既定时刻，气体分子都会存在更多的结构与状态，因此，构成宏观状态的微观状态数量越多，这个系统的熵就越大。热力学熵的这种形式通常被称为玻尔兹曼熵（Boltzmann entropy），并使用以这位物理学家所命名的公式进行计算：$S = k \log W$。

时间前进了 3/4 个世纪，信息论之父克劳德·香农（Claude Shannon）曾提出一种用于衡量任意消息中可包含信息量的方法。在这个方面，香农的一个重要洞察是：在任意给定的消息中，信息量与其不确定性直接相关。也就是说，消息的总体不确定性越大，它所包含的信息就越多。至于这些信息是否有意义，则完全是另一回事。香农把这种不确定性称为“熵”，因此，这个概念也被称为信息熵或香农熵（Shannon entropy）。假设一个信息源永远只能产生相同的输出，譬如一连串的字母 Z，那么，我们就可以说，这个信息源的结果是完全可预测的，也就是说，它实际的熵为零。在这种情况下，即便对这个字母串进行高度压缩，也不会让接收者感到意外或是损失任何信息。另一方面，如果一个信息源完全随机生成信息，且生成 0 和 1 的概率完全相同，那么，该信息源具有最大的熵。在第二个系统中，任何消息都拥最大的平均不确定性，因而会带来最大的意外和最多的信息数量。

很多人对玻尔兹曼公式和香农公式的相似程度感到难以置信。这也导致人们对这种相似性是否只是表面现象展开了数十年的争论。很多人都曾指出，物理系统与信息系统之间存在明显区分，因而不具有可比性。尽管始终存在争议，但还是有越来越多的人认为，两者实际上密切相关。

在宇宙中，信息并不是孤立存在的。它始终是物理系统的特征，并通过物理系统而体现——不管是光子、原子或是细胞。即便是只改变这个物体或系统的某个属性，哪怕只是最轻微的变动，都会改变它所包含的信息，并由此增加整个宇宙的熵。按照所谓的朗道尔极限（Landauer limit，逻辑不可逆的过程必然会伴随能量的消耗，最小的能量消耗值就是朗道尔极限），即便只是改变系统中一位的信息（相当于香农所定义的最小信息单位），都需要消耗能量，因而必定会带来熵的增加。[1]

同样，宇宙中每个有形的物体和系统——从最小的量子粒子到最大

---

[1] R. Landauer, “Irreversibility and Heat Generation in the Computing Process.” *IBM Journal of Research and Development* 5, no. 3 (1961), 183 – 91. https://doi.org/10.1147/rd.53.0183。

的类星体，都凭借它们所包含的信息而存在，并按照它们所包含的信息做出定义。因此，虽然两种熵的形式和度量之间必然存在差异，但是从某些方面看，把热力学熵视为信息熵的一个子集或许更为合理。可以这样考虑这个问题：定义一个系统的信息实际上也定义了它的热力学特性——包括微观状态和宏观状态。基于这种关系，除对特殊情况予以明确之外，本书一概使用“熵”这个词。

在“大爆炸”开始时，宇宙处于熵最低的状态。从那一刻起，整个宇宙开始不断地膨胀、冷却和损耗。这个过程一直延续到所有物质达到平衡，进入所谓的宇宙热寂状态（heat death）。不过，为了避免让读者感到费解，不妨这样考虑，虽然宇宙目前的年龄为 13.799×10^9 年，但是按照计算，它的寿命至少还有 10^{100} 年，而且从很多方面看，世界末日的时间完全有可能在此后很久！

但如果宇宙总是在损耗和分裂，并变得越来越无序，那么，植物、草履虫和人类等复杂事物如何存在呢？这是个大问题。答案很简单，虽然熵始终处于将可用能降解为废热和噪音的过程中，但它也是创造复杂性的基本驱动要素。发生这种情况的部分原因在于，包括我们自身在内的这些复杂系统，都提高了宇宙处理和消耗能量的速度和效率。

这似乎有悖常理。毕竟，我们正在给这个寒冷、黑暗和混乱的宇宙小空间带来秩序。我们会建造大教堂，写十四行诗，演奏交响乐。我们还创建了一个覆盖全球的技术性社会。那么，我们会让熵发生哪些变化呢？

我们人类也在以自己近乎无穷小的方式，带来宇宙熵的增加。当然，我们在这个方面并非独一无二。每个能获取、存储、处理或表达信息和能量的系统——无论是恒星、化学反应、人类还是技术，都会通过使用能量而降低局部熵，从而增加并维持更高的复杂性。但由于热力学定律的作用，局部熵的减少必须由宇宙中其他部分的熵增加而平衡。一般而言，实体或有机体的复杂性越高，其能量的消耗（在考虑规模因素后）就越大，因此，熵的整体生成量也越大。

哈佛大学著名天体物理学教授埃里克·蔡森（Eric Chaisson）在此方面颇有建树，他曾发表多篇论文探讨复杂性与能量消耗的这种增长，并出版了大量有关宇宙发展进化的书籍，尤其是利用“能量率密度”（energy rate density）概念进行的模式跟踪。这些研究表明，尽管星系和恒星的能量远超过宇宙中的其他任何系统，但相对于庞大的规模而言，它们在长期内的能量流仍远低于植物、动物和人类。实际上，如果按这个标准衡量，尽管到目前为止，植物、动物和人类发展和进化的历史相对短暂得多，但它们在这个指标上依旧呈现出指数级优势。在2010年发表的《能量密度：复杂性的度量与进化的驱动力》一文中，[㊀]蔡森是这样描述的：

把能量流视为普遍性过程，这本身就具有不可抗拒的吸引力——具体而言，能量率密度是衡量复杂性唯一的明确性量化指标。在日趋无序、更加广阔且完全受银河系、太阳、地球以及人类出现与完善所控制的环境中，这个衡量过程显然有助于对趋于有序化和局部化系统中的熵进行控制。

为什么会这样呢？宇宙如何走出混沌并自发产生秩序呢？这难道不违背热力学基本定律吗？最后一个问题似乎更容易回答——因为答案是否定的。熵的不可逆性和热力学第二定律适用于孤立系统；但如果有额外的能量进入一个系统，无论是重力差、太阳能、海底地热的喷发，还是可能出现的其他外部能量源，这个系统都有机会使用这些外来能量增加自身复杂性，并降低局部的熵。在热力学定律范围内，这完全是可接

㊀ E. J. Chaisson, *Cosmic Evolution*: *The Rise of Complexity in Nature* (Cambridge: Harvard University Press, 2002). E. J. Chaisson, "Energy Rate Density as a Complexity Metric and Evolutionary Driver," *Complexity* *16* (3) (2010), 27 – 40. https://doi.org/10.1002/cplx.20323。

受的。

通过为“从大爆炸到人类等各种复杂系统的能量流”创建研究模型，蔡森发现，当我们沿着宇宙演化的轨迹不断前行时，会逐渐出现越来越复杂的系统，而且它们使用能量的速度也在不断加快。从星系到恒星再到行星，从植物到动物，最后再到人类社会，沿着复杂性不断增加的轨迹，后者处理能量的速度和效率均高于以前复杂度相对较低的系统。这个规律完全可以由复杂性与熵之间的关系做出解释。行星比恒星复杂得多，同样，动物在总体上远比植物更复杂，当然，人类社会的复杂性更是植物和其他动物所不能及的。如果不能以稳定的能量流入抵消熵的影响，那么，更复杂的系统注定会分崩离析，并以较快速度迅速停止运行。因此，事物的复杂性越高，为建立和维持这种复杂性所需要的能量就越多。

蔡森发现，如果按每秒钟可处理的能量密度衡量，那么，人类社会处理能量的速度比我们自己的太阳足足快 25 万倍。考虑到恒星所拥有的巨大能量，因此，从直观上看，这个数字似乎会让人觉得不可思议，但如果考虑到它们的尺寸（按以质量表示的尺寸进行标准化），这个比较似乎就很容易理解了。[㊀]

平均能量率密度（ERD）		
系统	历史（10 亿年）	Φm（尔格/秒/克）[①]
人类社会	0	500, 000
动物	0.5	40, 000
植物	3	900
地球的岩石圈层	4	75
太阳	5	2
银河系	12	0.5

①尔格（erg）是功与能量的单位，1 焦耳 $=10^7$ 尔格。

㊀ Chaisson, *Cosmic Evolution*。

这种关系有点诡异，难道不是吗？或许有点让人觉得难以理解。熵和热力学第二定律适用于封闭系统。但对开放系统而言，它们可以利用外部输入的能量维持和增加结构和过程的复杂性，从而在宇宙其他部分熵增加的同时，降低局部的熵。正是通过这个过程，植物可以利用从太阳汲取的新能量，在实现生长的同时，把太阳能转化为新的组织结构，并形成能量储存。在这个过程中，它们会产生废热和噪音，这些废热和噪音再辐射到生态系统中，并最终进入太空。

这是一场在能量守恒定律和热力学第二定律之间展开的零和游戏。在本质上，越复杂的系统应该具有越低的熵；因此，这就需要宇宙整体熵出现等量增加而重新恢复平衡。与此同时，还需要通过增加它所处理的能量来补偿和维持这些系统。

最近，麻省理工学院物理学家杰里米·英格兰（Jeremy England）根据物理学理论研究了这个现象。从热力学基本原理出发，英格兰指出，自我组织的出现只是大自然为恢复均衡而释放和调整多余能量的一种方式。[㊀]而实现这个自组织均衡的一种方法，就是促使可耗散系统将热量排放到宇宙中。比如说，按照英格兰的观点，如果太阳照射原子的时间足够长，就会引发对结构的自我组织，从而最大程度地把能量以热能形式重新释放到周围环境中。这个结构继续与其他类似系统进行自我组织，从而以更高效率重新配置能量。这样，我们就获得了一种可为恒星、可自我复制分子及单细胞生物带来秩序的可行机制。与最初复杂性较低的过程相比，这些新涌现的可自我复制过程在本质上当然更为复杂，因而需要消耗更多的能量。此外，与不可复制过程相比，它们更倾向于在较长时间内出现自我复制，从而带来总体熵的增加。[㊁]

㊀ Jeremy L. England, "Statistical Physics of Self-Replication," *The Journal of Chemical Physics* 139, no. 12, 2013, 121923. doi: 10.1063/1.4818538。

㊁ Axel Kleidon, "Life, Hierarchy, and the Thermodynamic Machinery of Planet Earth," *Physics of Life Reviews* 7, no. 4, 2010, 424-460, doi: 10.1016/j.plrev.2010.10.002。

20世纪中叶，生物物理学家哈罗德·莫罗维茨（Harold Morowitz）通过生命系统的热力学研究验证了这个结论。他当时指出："通过一个系统的能量会对这个系统进行自我组织。"[一]这似乎与蔡森的想法不谋而合。此外，杰里米·英格兰的假设也表明，随着宇宙在某些方面的复杂性不断提高，它们处理能量的效率也越来越高。无论是热能、动力能、化学能还是电磁能，概莫能外。如果自然界确实按这种方式运行，那么，无论是原子，还是宇宙，都有可能成为造就事物适应性与复杂性的基本动力。

我们经常会在简单系统中看到这个热力学的再平衡过程。比如说，在流体动力学中，在平行层中流动的液体（比如通过管道流动的水）可能处于两种状态，它既有可能表现为层流——在这种情况下，它体现为有序性，而且混合度最低——也有可能在更高速度下表现为湍流，这种状态的特征就是速度和压力发生变化的无序性。湍流形成的涡流和旋涡可以更快地释放动能并加速混合，从而在更短时间内最大程度增加可获得的微观状态数量，这就提高了整个系统创造熵的效率。与更有序的层流相比，系统会以更快速度恢复平衡。

这类似于其他自然系统发生的情况，只不过重新组织和转移能量的具体方法可能各不相同。对于恒星系统，在物质聚集过程中，会产生诸如核聚变、核合成和恒星演化等涌现性质（emergent property，即总体大于个体之和的特性），实际上，这也是宇宙创造所有元素的过程。[二]这些宇宙能量流中的特例，是宇宙的涡流和旋涡的产物，具体地说，湍流带来的重新分配，提高了为恢复系统平衡而生成熵的速度。

[一] Harold J. Morowitz, *Energy Flow in Biology: Biological Organization as a Problem in Thermal Physics* (University of Michigan: Academic Press, 1968)。

[二] 比重高于铁的元素主要来自于宇宙射线散裂和超新星核合成。

此外，我们还可以看到规模更小、更趋于局部性的此类行为。以21世纪的地球为例，随着全球变暖的影响，飓风、台风和其他气旋现象的数量和规模，都在加剧这个星球系统的失衡。作为由能量驱动的自然事件，这些湍流显然有助于尽可能快速、有效恢复系统热力学平衡。这种再平衡或许会对人类生活造成巨大影响，但人类生活对这个过程而言却无足轻重。

进一步拓展这个类比，我们会看到一种更有趣的现象。在流体或气体中，湍流的分形特性导致原有涡流中出现更多的涡流，从而加快了动能的传播并达到新的平衡。[一]那么，我们能否把这个模型扩展到其他系统呢？不妨可以这样考虑，在较长时间范围内，在类太阳系内会发生很多规模和类型的湍流混合。这些事件最终促成了行星的形成、生命的出现、更高层次的智能以及技术文化，当然，或许还有很多不为我们所知的事物。假如它们都能加快能量的处理和熵的产生，那么，它们最终是否会提高宇宙达到平衡的速度呢？

在《因果熵力》一文中，威斯纳－格罗斯提出了“未来行动自由最大化”的概念，对此，他得出的结论是，“由于有形载体与系统的部分或全部自由度相互作用，因此，开放性热力学系统往往更有可能出现自适应行为，这就会最大限度增加了未来可采用路径的整体多样性”。在这种情况下，探索最大数量的未来可能路径，显然有助于让最有能力取得长期成功的路径成为现实。因此，随着时间的推移，熵会产生越来越高的复杂性。

更形象地说，我们都是宇宙进化过程中涡流的后代。

需要明确的是，按照威斯纳－格罗斯的定义，因果熵力适用于“为

[一] José I. Cardesa, AlbertoVela-Martín, and Javier Jiménez, “The turbulent cascade in five dimensions,” *Science* 25, August 2017: 357, issue 6353, 782 – 84, doi: 10. 1126/science. aan7933。

适应环境而具有内在心理模型的认知适应有机体”。但如果我们从基本概率论的角度看待这个问题，那么，高熵状态确实应有助于我们为探索任意给定领域的机会空间而创造最佳条件。换句话说，在越宽松、限制越少的环境中，可以探索的选项就越多。这个因果熵力的概念对生命的起源似乎至关重要，因此，这也是我们将在后续章节中探讨的一个重要话题。

鉴于上述观点，我们似乎有必要回答某些更重要、更基础的问题。智能是否完全如传统思维所认为的那样，是一种以认知为基础的属性，或是一个拥有更多内涵且覆盖面更广的概念呢？或者说，它是否只是一个更大、更普遍过程的外在表现形式呢？最初，这个过程完全服从随机性概率，但随着时间的推移，由于涌现属性的出现，它们进行自我引导的能力不断加强。那么，每个能增加复杂性以及在宇宙中实现未来发展机会的涌现过程，是否都应被看作为适应生存条件而做出反应的某种智能呢？从化学发展，到生命起源以前的自我复制，再到单细胞生命，最后一路成为智人，在这个发展进程中，我们是否可以把每个阶段视为适应性集体智慧相对前辈的新兴变体？或许最重要的是，我们是否应认为，以这种方式对智能的解释，完全是对因果熵原理的回应及其带来的结果，故而是宇宙的固有属性？

要回答这些问题，显然还需要考虑很多方面，但是在探索研究宇宙进化的下一个阶段时，有些事情务必需要牢记在心，这对我们这些生存在地球上的人来说，尤其重要。

第四章 生命和生物智能的进化

“我们把自己定义为聪明人。这有点不可思议，因为我们只是在定义自己杜撰出来的概念，然后又自鸣得意地说：‘我们很聪明！’”

——尼尔·德格拉斯·泰森，天体物理学家、作家

当我们的飞船降落在还非常年轻的“地球”上时，几乎不费吹灰之力，我们即可在周围的环境中检测到氨基酸的存在。几乎每一条溪流、每一个湖泊和每一个池塘，都充满了氨基酸。在我们这个星球上，氨基酸是创造和维系生命所必需的有机化合物，它几乎无处不在、无时不在。在地球上大约 500 种天然状态的氨基酸中，目前只有 21 种取得遗传物质的编码，并为我们所知道的生命奠定了生存基础。㊀

但这次地球之旅显然不是我们第一次面对这些有机化合物。越来越多的证据表明，几乎在任何存在氢、氧、氮和碳元素的地方，都可以找到氨基酸及其他有机化合物。甚至陨石和彗星也经常会成为氨基酸的储存库。比如说，1969 年 9 月 28 日，一个明亮的火球划

㊀ 2002 年，来自俄亥俄州立大学的研究者鉴定出世界上第 22 种由遗传基因编码的天然氨基酸——吡咯赖氨酸（pyrrolysine），这种氨基酸用于某些细菌和古生菌的蛋白质生物合成，但它们不属于真核生物。

过澳大利亚维多利亚州默奇森附近的天空。㊀随后，人们收集到200多块陨石碎片，并对它们进行了检验，结果显示，这些陨石中存在至少15种氨基酸及其他多种有机化合物。2009年，美国宇航局宣布，在“星尘”（Stardust）彗星探测器于2006年带回地球的彗星样本中，他们已鉴定出氨基酸甘氨酸。㊁当“罗塞塔”（Rosetta）号太空探测器在2014年10月造访67P/丘留莫夫－格拉西缅科彗星（67P/Churyumov-Gerasimenko）时，它不仅发现了有机前体物（水中能与氯形成氯化副产物的有机物），甚至还找到了甘氨酸。㊂或许最令人惊讶的是，同样是在2014年，在距离银河系中心27,000光年的位置，科学家还意外发现一种复杂的有机化合物——异丙基氰化物，它拥有构成氨基酸所必需的支架！㊃科学家利用光谱分析，在一团气体云中发现这种化合物。这个气体云有朝一日注定会诞生出新的恒星，由于它拥有足够的浓度，以至于在非常遥远的距离（1.56×10^{17}英里）之外即可探测到。

似乎只要具备适当的条件，这些构成生命的基本要素即可出现在任何地方。但是，到底怎样的条件才算是适合的条件呢？这种条件是概率

㊀ John R. Cronin and Sandra Pizzarello, “Amino Acids of the Murchison Meteorite. III. Seven Carbon Acyclic Primary α-Amino Alkanoic Acids1,” *Geochimica Et Cosmochimica* Acta 50, no. 11, 1986, 2, 419 – 2, 427, doi: 10.1016/0016 – 7037 (86) 90024 – 4. Philippe Schmitt-Kopplin, et al. “High Molecular Diversity of Extraterrestrial Organic Matter in Murchison Meteorite Revealed 40 Years after Its Fall.” *Proceedings of the National Academy of Sciences* 107, no. 7, 2010, 2, 763 – 2, 768, https://doi.org/10.1073/pnas.0912157107。

㊁ Bill Steigerwald, “NASA Researchers Make First Discovery of Life's Building Block in Comet,” NASA Goddard Space Flight Center, August 17, 2009. https://www.nasa.gov/mission_pages/stardust/news/stardust_amino_acid.html。

㊂ Kathrin Altwegg, et al. “Prebiotic Chemicals—Amino Acid and Phosphorus—in the Coma of Comet 67P/Churyumov-Gerasimenko,” *Science Advances* (May 27, 2016), doi: 10.1126/sciadv.1600285。

㊃ Arnaud Belloche, et al. “Detection of a Branched Alkyl Molecule in the Interstellar Medium: Iso-propyl Cyanide,” *Science* 345, issue 6204, 1, 584 – 1, 587, September 26, 2014, doi: 10.1126/science.1256678。

很大，还是极为罕见呢？

通过芝加哥大学的哈罗德·尤里（Harold Urey）和斯坦利·米勒（Stanley Miller）在1952年进行的一项实验，我们对这个问题有了初步了解。苏联生物化学家亚历山大·奥巴林（Alexander Oparin）和印度生理学家约翰·伯顿·桑德森·霍尔丹（John Burdon Sanderson Haldane）都曾提出假设，复杂有机化合物可能是在地球原始条件下自然合成的，这个时间大约是距今40亿年前。斯坦利·米勒及其导师、诺贝尔化学奖得主尤里[一]从这个假设中得到启发。在所谓的生命起源“异养理论”（heterotrophic theory）中，奥巴林和霍尔丹分别假设，[二]在地球历史的早期条件下会引发一系列化学反应，通过这些反应，由基本化学物质构成生命起源前的“原始汤”（primordial soup）。

尤里和米勒的实验非常简单。他们把水、甲烷、氨和氢气密封在一个小的无菌烧瓶中，然后进行加热，让蒸发形成的蒸汽进入另一个更大的烧瓶中，蒸汽在这里进行冷凝和再循环，借此模拟早期地球的大气及水循环。为此，他们还添加有规律的火花电极，用来模拟地球环境中的闪电。

化学物质迅速发生反应，烧瓶中的液体在一天时间内变成粉红色。到周末，容器中已出现深红色的微咸物质。随后的实验接连获取几种氨基酸，而后续更敏感的实验表明，由此得到的氨基酸远远多于他们最初的设想。[三]这些生成物不仅包括构成地球生命基本成分所需要的大部分氨基酸，还有非生命物质所需要的氨基酸。这个著名实验以及后人复制的类似实验表明，这些基本生命物质成分的形成相对较为容易——在这个

㊀ 哈罗德·尤里因发现重氢（即现在的氘）而获得1934年诺贝尔化学奖。但是为了在女儿出生时陪伴妻子，他拒绝参加在斯德哥尔摩举行的颁奖典礼。

㊁ 奥巴林提出这个观点的时间是1924年，霍尔丹提出的时间为1929年。

㊂ Adam P. Johnson, et al. “The MillerVolcanic Spark Discharge Experiment.” *Science* 322, no. 5900, 2008, 404, doi: 10.1126/science.1161527。

漫长而复杂的生命偶发过程中，从无生命化学物质中孕育出生命，无疑是最关键的一步。

同样的生命进程，只不过这次审视采取的视角是因果熵力。在高熵状态下，随着时间推移，地球早期化学的这种集聚会重新结合为大量可能的组合，由于这次演化几乎发生于各种环境，因此，在这些组织中，最终必然会有一个或多个组合拥有最大概率的潜在发展机会——尤其是实现自我复制的机会。但如果是在低熵系统中，已有组织水平限制会探索足够大量的路径的可能性，因此，在这种情况下，不可能演化出任何生命。相比之下，高熵状态则为在更大范围内创造生命提供了更多机会，在这个过程中，总会有一个或若干机会拥有更多的潜力。

对于地球上的生命诞生过程，米勒和尤里的研究只是模拟了其中的某个关键节点。每一个节点都在以自己的方式创造出新的、更显著的差异化和专业化特征，让系统不断接近于内部“行为的未来自由最大化”状态。譬如，一种被长期接受的观点认为，肽与聚合物的大量自动催化集（autocatalytic set）可自发导致这些分子发生自我复制性的超级循环。[一]在化学中，所谓的自动催化集，就是由元素或分子结合而成的一个特定集合，它们自发结合为一个具有自我持续和自我复制能力的生命循环。

自20世纪60年代以来，理论生物学及复杂系统研究者斯图尔特·考夫曼（Stuart Kauffman）便始终致力于自动催化集领域的研究。最近，考夫曼、荷兰计算机科学家维姆·霍迪克（Wim Hordijk）和新西兰坎特伯雷大学数学家迈克·斯蒂尔（Mike Steel）共同发表了一篇论文，探讨了单一自动催化集是如何在内部生成相互依赖的新子集的。[二]他们认为，

[一] Stuart A. Kauffman, “Autocatalytic Sets of Proteins,” *Journal of Theoretical Biology* 119, 1-24, 1986, https://doi.org/10.1016/S0022-5193(86)80047-9。

[二] Wim Hordijk, Mike Steel, Stuart Kauffman, “The Structure of Autocatalytic Sets: Evolvability, Enablement, and Emergence,” *Acta Biotheoretica* 60, 379-392, doi: 10.1007/s10441-012-9165-1。

这种自动催化集为生命的出现提供了一种机制，让简单的元素和化合物历经数百万年的复制和进化，最终催生生命的出现。尽管这些集合本身没有生命力，但它们进行自我维持和传播的方式，至少可以满足生命的某些标准，这表明，这种演变机制或许是以渐进方式催生地球生命的可行路径。

这个过程显然非常有趣，但基本还属于猜测范畴。考夫曼的团队确实通过数学方法展示了这些集合的自发形成方式，但更重要的或许是他们的另一个发现——这个过程会带来新的、相互依赖的子集，这就为进化出更新、更复杂的集合创造了前提。按考夫曼的说法，这导致“新的自动催化集催生出更新的自动催化集，也就是说，出现了名副其实的涌现”。

此外，考夫曼还坚信，数学推导表明，这种自发行为与基底物质无关。也就是说，它不只局限于分子。这种自动催化集可能存在于细菌群落中，也可能发生于计算机病毒蜕变过程的某个时点。不管怎样，每一次自动催化都可能推动和演变出新的涌现现象。

至于早期氨基酸需要多长时间才能组合成地球上最早的自催化集，显然还不得而知，但可以肯定的是，这是一次漫长的旅程。须经许多步骤，按照迄今为止得到的最合理估计，最早的单细胞原核生物（尚没有细胞核的早期细胞）可能出现在 38 亿 ~ 41 亿年之前，即，在地球形成后的大约 5 亿年，它们才姗姗来迟。

关于这些早期分子如何通过自动催化而增加复杂性，并从氨基酸的基本构成模块进化到最早具有自我复制功能的生命，还存在大量的猜测和争议。要想在现代实验室中复制这个自发性过程，显然需要克服无数巨大障碍。但是在自然环境下，或是说，在地球这个天然大实验室中，情况就截然不同了——在数亿年的时间里，它无时无刻不在处理着数以万亿计的组合。只要拥有正确的步骤与合适的条件，出现生命的概率就不再渺茫，而是几乎无法避免的事实。

通过一个极富说服力的模型，可以描绘出从简单化学物质到第一个单细胞生物所经历的几个阶段。被称为胺的氨化合物相互链接到一起，形成被称为肽的短聚合物链，或是被称为多肽或蛋白质的长聚合物链。模型显示出，只要结构合理，这些组合即可形成可自我复制的环链。这意味着，肽 A 的作用相当于模板，它与肽 B 和肽 C 相互结合，形成新的复制品肽 A1。而后，肽 A1 发生切割（与 A 分离），这样，每条肽链又形成一个新的模板，继续发生复制。随着这种循环的进行以及复杂性的增加，引发一系列自催化组的自我复制循环，这种自发循环有可能造就出所谓的超循环（hypercycle）。毫无疑问，在早期版本的 RNA 或核糖核酸（一种存在于地球上所有活细胞中的分子）出现之前，这个过程必然会发生无数次，并渐次跨越多个复杂性不断增加的阶段。在某些时点，RNA 的诸多变异体中会出现一种核酶[一]；作为基因编码器和酶（催化剂），这种核酶推动并决定了蛋白质的合成。从出现 RNA 的那一刻起，只要有足够的时间，有机分子就会继续进行非生物方式的自发组合，而最终演化得到的液滴，则形成了所谓的原生生物（protobiont），即，包含在细胞膜内的自催化有机分子集。原生生物可能是真正原核生物的前身。原核生物是一种简单的自我复制细胞，如细菌，它也是自然界中最原始的生命形态之一。

对这个假设，最大的一个难点，就是如何解释细胞膜的出现。科学界普遍认为，这种结构对早期单细胞生命的出现和发展至关重要，而最大的挑战，莫过于找到早期单细胞生命在早期地球原始汤中自发出现的证据。现代自然界中的细胞膜依赖于两亲性分子[二]中独有的键，也就是所谓的磷脂。根据它们的亲水取向，磷脂可以划分为疏水磷脂（排斥水

㊀ 核酶是一种能催化生化反应的 RNA 分子，发挥了酶在代谢过程中发挥的作用。

㊁ 两亲性分子兼具有极性部分和非极性部分，它们共同决定了与其他分子互动的方式。

分子）或亲水磷脂（可与水分子键合）。科研人员始终认为，只要磷脂积累到足够程度，它们即可自发组合为脂质双层膜，即，膜的某些位置具有疏水性，而其他位置则具有亲水性的双层脂肪酸。[㊀]换句话说，它会让细胞膜的某些部分对水溶性分子具有可渗透性。

关于这些分子通过聚集形成这种膜的方式以及位置，德国化学家根特·维奇特萧瑟（Günter Wächtershäuser）提出了一个假设。他针对这个疑问杜撰了一个新的概念——原始三明治（primordial sandwich），即，矿物层两个表面积累起浓度足够的两亲分子。（原始汤、原始三明治，谁说科学家没有幽默感？）在这个过程中，它们通过自组织，形成一个简单的双层结构，这或许就是真正细胞壁的前身。

但这个假设至少存在一个问题——虽然磷对地球上的生物至关重要，而且在宇宙中含量丰富，但在我们这个星球上远非常见。此外，在我们的世界上，大量磷被锁定为生物无法触及的矿物质形式。那么，它们到底从何而来呢？

很多科学家推测，处于生物可利用状态的磷来自于外太空，但这个假设直到最近才得到验证。2018 年，夏威夷大学马诺阿分校的研究人员与法国及中国台湾的学者合作，通过超高真空室实验，复制了形成冰冷彗星和陨石尘粒所需要的环境条件，这些冰粒和陨石尘埃的表面均覆盖着二氧化碳、水和磷。在等效于太空高能宇宙射线照射的环境中，通过反应得到“生物性的分子，譬如磷含氧酸”。[㊁]由于磷是不可或缺的生物

㊀ J. M. Berg, J. L. Tymoczko, and L. Stryer, “Phospholipids and Glycolipids Readily Form Bimolecular Sheets in Aqueous Media,” in *Biochemistry*, 5th edition (New York: W. H. Freeman; 2002), section 12.4, https://www.ncbi.nlm.nih.gov/books/NBK22406. 脂质双层（lipid bilayer）由磷脂聚集体组成，这些磷脂聚集体排列成向内延伸的非溶性长链，并与向外延伸的水溶性磷酸盐头基团相连。

㊁ Andrew M. Turner, “An Interstellar Synthesis of Phosphorus Oxoacids,” *Nature Communications*, vol. 9, no. 1, 2018, doi: 10.1038/s41467-018-06415-7。

学基石，因此，这种反应对生命的诞生和延续至关重要。它对细胞内以三磷酸腺苷（ATP）形式进行的能量转移以及细胞壁中的脂质尤为重要。因此，我们应感谢所有在45.4亿年前造访地球的陨石。

细胞壁之所以这么重要，是因为它的存在可以让有机分子达到足够的浓度，并通过细胞壁内的积聚催生出周期性化学反应。这样，就会出现封闭的自催化循环。在很长一段时间内，极其微小的脂质外壳容器（或者说细胞三明治）在本质上变成数十亿甚至数万亿个微型实验室，并引发不计其数的反应。即使它们还没有生命，但这些最成功的原始生命形态（或者说原始生物）依旧可以继续繁殖。这并不是真正的达尔文式进化，而只是类似事物的开端。

地球生命的形成大约发生在40亿年前的太古宙时期，作为地质时代中的一个宙，太古宙时期紧随冥古宙时期，之前便是地球的形成。太古宙时期是被认为环境适合于生命诞生和发展的最早时期。根据目前取得的证据，这些条件最终必然会引发核酸、可自我复制核糖核酸（RNA）以及脱氧核糖核酸（DNA）的自循环过程。

显然，我们对简单元素演化成为可自我复制生命的具体事件序列还只有推测，不过，如下图描绘的过程，可以帮助我们克服很多概念认识上的障碍。

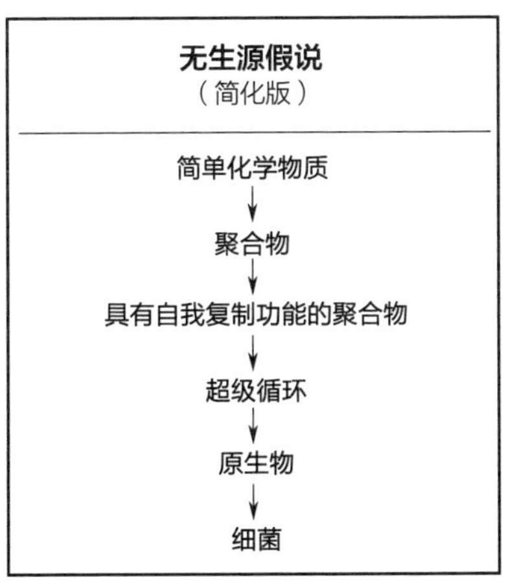

这张图描绘了一个简单的事件进程，不过需要说明的是，正如我们的生活不可能一帆风顺，生命的起源同样不例外。在这个过程中，很可能会出现数十种、数百种乃至数千种自催化路径，它们都有可能在某个时点引发生命出现。但正如我们所看到的那样，历史总是由胜利者书写的，因此，我们对生命前身早期的了解，大多来自我们在生存者身上取得的收获以及对它们的假设。毕竟，在最早的自催化化学反应中，所有没有取得成功的事物至今已荡然无存。但有朝一日，我们或许会想办法对这些原始化学物质和环境条件进行充分的计算机模拟，并据此列出一份可能的名单。

生存至今的最早微生物系可能直到最近才得到认可。1977 年，根据对最早原核生物进化史的研究，美国微生物学家和生物物理学家卡尔·乌斯（Carl Woese）对古生菌域（domain Archaea）做出了定义。[㊀]此前，人们始终认为，生命的起源来自两个域（domain，生物学分类系统中的最高分类等级）——原核生物，通常是细菌；真核生物，如原生动物和藻类以及后来包括我们人类在内的动物。这两个领域之间最大的差异特征在于，原核生物没有用于容纳和保护其 DNA 或其他细胞体（包括线粒体）的细胞核。这些微型隔室将细胞中的不同区域和过程分割开，从而为各个部分各司其职创造了条件。但乌斯随后又发现，他研究的部分原核微生物与真核生物（以及我们自己）的相似性远高于传统原核生

㊀ Carl R. Woese, George E. Fox, "Phylogenetic Structure of the Prokaryotic Domain: The Primary Kingdoms." *Proceedings of the National Academy of Sciences of the United States of America*. 74 (11): 5088 – 5090 (1977). https://doi.org/10.1073/pnas.74.11.5088. C. R. Woese, et al., "Towards a Natural System of Organisms: Proposal for the Domains Archaea, Bacteria, and Eucarya," *Proceedings of the National Academy of Sciences*, US National Library of Medicine, June 1990, www.ncbi.nlm.nih.gov/pubmed/2112744. 第三"生命域"的观点在当时曾饱受争议，直到近十年之后，乌斯对分子微生物学工作的解释才得到科学界的广泛认可。

物。尽管缺少像原核生物这样的细胞核，但这些微生物拥有基因以及很多代谢途径，包括基因的转录和转译（即，基因传达蛋白质生产指令的方式），这就让它们与真核生物的关联度超过原核生物。这促使乌斯认为，应该将原核生物划分为两个相互独立的域：细菌和古生菌。

至于先出现的到底是细菌还是古生菌，这个问题尚不得而知，但这或许无关紧要。我们已开始认识到，有机体的延续和进化呈现出垂直的进化分支，就像我们的DNA会从父母遗传给他们的后代，并沿着树形分支向后代不断传播，但这在早期生命和原始生命中是不可能的。因此，乌斯提出了另一种用于传递遗传物质的基本途径，也就是他所说的水平基因转移（horizontal gene transfer），简称为HGT。[㊀]HGT至今仍是细菌实现遗传的方式，但是在三四十亿年前，这很可能是所有原始生命以及随后单细胞生命的主要（甚至是唯一）遗传方法。顾名思义，这种遗传方式的内涵就是遗传物质在生物体之间进行横向的传递和交换，这个过程显然与共享式“原始汤”的生存演进条件高度匹配。

然而，通过HGT进行的细胞进化注定具有自我局限性，因为随着组织的结构越来越复杂，通过这种重组实现成功演变的途径会大大减少。按照乌斯的观点：“尽管统一性和复杂性的提高会带来更大的特异性，但显然需要在灵活性上付出代价。”为此，他进一步指出：“最原始的细胞进化在本质上是统一的……也就是说，整个生态系统构成一个群体，均实现了进化。”乌斯始终认为，最初，HGT是基因传递的主要方式，直到某些细胞系达到复杂程度的某个临界点，而后，进化从“完全暂时性的，开始具有越来越明显的持续性和恒久性”。从这个临界点开始，生命终于迈过被乌斯称为“达尔文阈值”（Darwinian threshold）的门槛，

㊀ C. R. Woese, “On the Evolution of Cells.” *Proceedings of the National Academy of Sciences* 99, no. 13, 2002, 8742 - 8747, https://doi.org/10.1073/pnas.132266999. HGT也被称为横向基因转移。

我们所说的物种最终登堂入室。

单细胞生物发展的这个临界时刻，标志着宇宙生命进化之树开始萌生，这也是我们以这种方式实现生物进化的第一个节点。如果乌斯是正确的——笔者也确实认为他是正确的——那么，这棵生命进化树是没有根的，或者说，除达尔文阈值以外，它并没有真正可知的起点。按照这个逻辑，细菌（Bacteria）域、古生菌（Archaea）域和真核（Eukarya）域这三个域不太可能存在真正的最后共同祖先（Last Universal Common Ancestor，LUCA，这种观点认为，宇宙中存在一个最后的共同祖先，地球上现存和已灭绝的所有生物都是由它衍生而来），但后两者确实可能拥有这样的共同祖先。

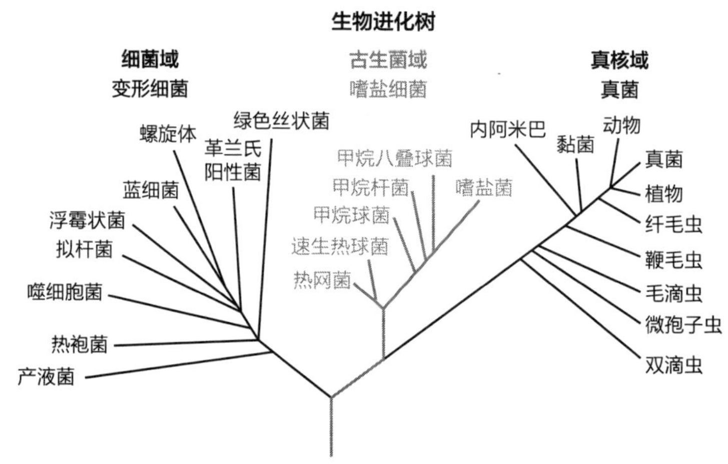

我们再次发现，自然界正在进入另一个全新的临界点，基本元素的聚合在高熵条件下发生结合，从而为引发新形态的涌现复杂性提供了无限可能。但这一次进化的不同之处在于，这个过程实际上已经带来了生命的出现，而且凭借这次进化，我们向传统意义上的智能更迈进了一步。

但是，与之前由熵变引发的涌现反应相比，这次进化真的不一样吗？如果新的复杂秩序能更好地催生繁殖并降低局部熵，那么，我们是否就可以认为，和以前相比，这是一种更高级的智能形式呢？

或许，我们需要换个视角看待这个问题。

我们的飞船飞向今天，并最终来到一个人满为患的世界——这里有75亿人口。而我们这个遍布整个地球的物种，可以说是这个星球上最有繁殖能力和最重要的物种之一。在这个星球上，或许只有细菌才是最成功的典范——它在生物量中占据的比重远远超过全部植物与动物的总和。当然，我们在智能方面占据上风，但这并不意味着细菌不会经常把我们引入纷争。

这就让我们再次回到智能的话题。智能到底是什么，从更普遍性的意义上看，它到底有什么意义呢？当然，从孤立角度看，智能为实现我们自己、我们的基因物质乃至我们整个物种的延续提供了一种有效方式，但这和宇宙有什么关系呢？在最基本的热力学层面上，它的唯一目的就是实现自我平衡。那么，没有思维的宇宙，也会关心生命和智慧到底是什么吗？

不过，我们已开始看到，作为熵变的各种间接表现形态，复杂性、生命和智能对宇宙确实很重要，因为它们可以让宇宙以更有效的方式实现平衡。随着生命创造出更复杂和更有智能性的物种，它也为一种全新的复杂性和智能形式奠定了基础——人类社会。伴随着生物聚集体的迅速发展，我们这个地球社会的复杂性也在不断攀升，尽管它产生的热量远远超过这个星球所能辐射掉的速度。如果把历史作为唯一的衡量指标——而且几乎可以肯定的是，历史绝对是最有效的衡量指标，那么，这个进程可能很快就会催生出新的事物，而且是在处理能量方面更复杂、更高效的新生事物。[㊀]

㊀ “很快”这个词在宇宙学的含义显然是相对的。这样的涌现现象可能是几十年甚至是几千年之后的事情。至于“近期”这个概念，我敢打赌，对我们的世界和宇宙历史而言却只能算得上眨眼之间。

在接下来的章节中，我们将会探讨这种可能性。但是现在，我们先回到上面提出的那个重要问题：智能到底源于何地，起于何时？要解答这个问题，我们就需要追溯自己曾经走过的历程。

众所周知，我们哺乳动物的祖先已经表现出不同程度的智能，这往往归因于它们所拥有的新皮质，这也是大脑皮质中刚刚进化形成的部分。这个由六层拥有专门功能的神经元构成的新皮质似乎为哺乳动物所独有，并造就出与智能密切相关的诸多大脑高级功能。甚至有些最早的哺乳动物——譬如狐猴之类的原猴类生物，也已经展示出理解数字、抽象概念和风险的能力。这些早期的原猴进化于6300万年前，因而可以推断，智能的源头很可能比这更遥远。

假如回溯到1亿年之前，那么，我们会发现自己还处于恐龙时代。虽然我们只能从化石证据中推断这些爬行动物的行为，但是通过它们延续到今天的亲属，或许可以找到能验证他们拥有智能的某些迹象。科学家对一种被称为安乐蜥的蜥蜴进行了大量研究，它们的血统可追溯至侏罗纪巨兽时代。尽管安乐蜥的体型非常小，但研究发现，它的智慧远远超过我们对大多数爬行动物的预期。杜克大学进行的实验显示，安乐蜥甚至能找到被人们藏在非透明彩色圆盘下的昆虫。[㊀]能应对不同数量和颜色的圆盘，不仅表明安乐蜥具有学习、记忆和适应能力，而且学习速度和效率也明显超过类似研究测试的鸟类。

如果时间继续向前倒流8000万年，我们将回到恐龙之前的时代，当时，鳄鱼的祖先正在地面上行走。虽然它们的后代因体型庞大和性情凶猛，而很少被人们用于智能实验，但体型较小的古巴鳄鱼依旧受到部分研究者的青睐。研究显示，这些生物会使用一系列的信号传递方式进

㊀ Manuel Leal and Brian J. Powell, "Behavioural Flexibility and Problem-Solving in a Tropical Lizard," *Biology Letters* 8, no. 1, April 20, 2011, http://doi.org/10.1098/rsbl.2011.0480.

行交流，包括体态姿势、声音、亚声波或头部拍打等。此外，人们还观察到，这些鳄鱼经常会进行几种类型的游戏，这也是拥有智能的另一个重要标志。在我们的常规认识中，这个物种属于鲜有对手的孤独猎人，但偶尔也会看到，他们会采取群猎形式的合作行为。在这里，完全可以用学习和战术描述它们的行为，因为人们曾多次发现，鳄鱼会通过放在鼻子上的棍子和小树枝吸引鸟儿前来筑巢，从而觅得临时午餐。所有这些聪明的布局，都来自一种大脑只有核桃大小、且重量不到半盎司的爬行动物！

显然，我们还需要考虑更早时期的动物谱系，但首先还要看看作为鳄鱼栖息地的三叠纪沼泽森林。尽管开花植物的出现是数百万年后的事情，但这并不意味着这个时期没有值得观察或考虑的对象。针叶树、蕨类植物、马尾植物及其他种子植物已成为这片土地的主宰者。那么，我们是否可以认为这些植物也很聪明？

几十年来，流行文化已逐渐开始接受植物智能的概念，不过，这种观点在总体上已不再依赖于高度严格的科学研究。相比之下，采用动物行为学方法的进化生物学家莫妮卡·加利亚诺（Monica Gagliano）始终认为，植物不仅具有智能和记忆力，而且还拥有与邻近植物进行沟通和学习的能力。[㊀]虽然加利亚诺的观点也引来了很多争议，但大部分集中于术语，毕竟，她的研究非常扎实详尽，而且已收到同行评审的意见书。加利亚诺也承认，植物没有神经元，植物的学习和智能不同于动物。但我们凭什么认为，所有生命都应以同样方式展示自己的智能呢？只要某个事物能适应自己的环境，能向同类发出信号或相互交换信息，而且还通过经验进行学习——考虑到所有这些都是促进未来行动自由的手段，

㊀ Monica Gagliano, "The Mind of Plants: Thinking the Unthinkable." *Communicative & Integrative Biology*, 10: 2. 2017. doi: 10.1080/19420889.2017.1288333. Anthony Trewavas, "Intelligence, Cognition, and Language of Green Plants." *Frontiers in Psychology* 7, 588, April 26, 2016, doi: 10.3389/fpsyg.2016.00588。

进而会延续自身及其物种的生存，那么，即使没有我们在动物身上所看到的电生理信号，这难道就不是智能吗？

继续我们的穿越之旅，回到公元前 5.3 亿年，那是寒武纪大爆发的时期，新物种和形体结构的多样性大大增加。虽然这个时期仅仅持续了 1500 万到 2500 万年，但它却是大多数主要动物门最早萌生的时代。

出现在这个时代的一个主要物种就是菊石，这种生物的结构令人感到不可思议，外部硬壳的花纹呈现为典型的对数螺旋线形态。在它们的硬壳内部存在着若干空腔，坚硬的外壳可以保护它们柔软的内部躯体，而这些空腔可以让它们在海洋游动时控制身体浮力。虽然在形体结构上与现代珍珠鹦鹉螺非常相似，但是在现实中，菊石与头足类动物另一个分支关系的关系更密切——鱿鱼和章鱼。尽管我们尚无直接方法衡量这些古生物的智能，但我们对这些生物的后代确实有很多认识。鱿鱼和章鱼被视为最聪明的无脊椎动物，它们在参与社会交流、工具使用以及学习和解决问题等方面的能力已得到验证，所有这一切无不是智能的标志。其实，这丝毫不值得大惊小怪。如果没有这种适应环境的能力，菊石就不可能在地球上生存近 2 亿年。

再回溯 5000 万年，我们来到最早的多细胞生物时代——刺细胞动物（Cnidaria），这是一个包括水螅的门。大多数水螅的体长不到半英寸，这让它们看起来更像一个细长的袋子，末端长着一个被很多纤细触手包围的嘴巴。尽管水螅体型很小，但它却是一种以轮虫、昆虫幼虫、小型甲壳类动物和环节动物蠕虫为食物的超级猎手。水螅令人着迷的原因多种多样，但是从我们讨论的智能角度来看，水螅最重要的特征或许在于它的神经网络——这也被认为是人类中枢神经系统的前身。尽管水螅没有大脑或是任何可视为头颅或头部的身体结构，但它可以凭借这种神经网络，通过物理接触感知周围环境，从而探测和捕获食物。

虽然我们关于智能的证据似乎越来越单薄，但笔者更愿意相信，对智能并不存在完全明确、毫无争议的定义，相反，更合理的方式是把智能描述成一个类似于光谱的区间——在这个漫长、宽泛的光谱中，包含了大量以最优方式实现未来行动自由最大化而采取的反应方式。

最后，我们来到一个全新的世界——这里完全不同于我们迄今为止所看到的所有世界。这里的空气是不可呼吸的，因为它的主要成分是甲烷、二氧化碳、硫化氢和氨，这个环境类似于米勒和尤里进行的实验。这是出现于近30亿年之前的蓝藻的时代。作为最早的单细胞生物，蓝藻成为当时地球的主宰者，可能也是当时地球上最复杂的生命形态。

尽管地球在那段时期发生了巨大变化，但蓝藻始终是我们星球上最高级的物种，这种优势可能维持了超过10亿年。[㊀]通过刚刚进化生成的光合作用，这些生物会排出碳酸钙和氧气，并把阳光和二氧化碳转化为能量。通过这个光合作用过程，它们渐渐隔离掉大气中的大部分二氧化碳，并以我们今天所熟悉和喜爱的氧气取而代之。当海洋和大气中的氧气增加到足够浓度时——比如说，达到现代地球环境中3%～10%的浓度，就有可能催生出拥有更高能量的生物。因为氧气的增加，为高能化学反应的发生创造了条件，进而为拥有更高新陈代谢能力的进化提供了空间。伴随着这些变化，我们开始看到水螅之类捕食者的出现。寒武纪大爆发随后而至。

我们或许可以认为，单个细胞不可能具有智能，但一个不争的事实是，单细胞生物确实会表现出某种意志和适应环境的能力，尽管这种表达并未采取认知方式。但更重要的或许是，这些生物绝不简单。从个体上看，很多单细胞生物都能通过调整基因表达而改变它们的生理和行为，以便于调节蛋白质或酶的生成，从而更好地适应新的环境条件。在这些生物中，有很多经常对附近的化学物质做出反应，并不断趋近更有

㊀ Rochelle M. Soo, “On the Origins of Oxygenic Photosynthesis and Aerobic Respiration in Cyanobacteria,” *Science*, American Association for the Advancement of Science, March 31, 2017, science. sciencemag. org/content/355/6332/1436。

利的生存环境，远离相对不利的环境条件。在这种趋化作用（chemotaxis，或称为趋向特征，指细胞、细菌、单细胞或多细胞生物在环境中某些化学物质发出的指令下，进行定向运动的特征）下，微生物可以感觉到化学梯度的变化，从而帮助它们进行成功的觅食。

尽管细胞的这些变化过程令人惊叹，但是当这些生物集体行动时，就会发生最有趣、同时也是最重要的细胞行为。我们往往习惯于孤立地考虑微生物，似乎它们只是多细胞动物王国中刚刚进化诞生的成员。但实际上，单细胞生物的最佳生长环境反倒是“群落”形式，也就是说，作为菌落、生物膜和黏菌中的一员，与其他生物共同成长。最近针对黏液菌中多头绒泡菌进行的研究已显示出，它们甚至拥有在细胞之间转移和保留已获得记忆的能力。[㊀]

这显然进一步扩展了群落的概念——作为土壤细菌，枯草芽孢杆菌能形成所谓的生物膜，这种由细胞外基质结合到一起的细胞聚集体，使得它们可以共同移动和进食。在寻找营养物质的过程中，生物膜不断扩大，并在环境中的分子或是它所分泌信息素的引导下，不断朝向更丰富的营养源泉移动，与此同时，不断远离相对贫瘠的营养源。随着这种膨胀性生长的进行，处于生物膜不同部位的个体成员会呈现出差异化。处于前部边缘的某些个体细胞可能会长出更多鞭毛，[㊁]这些鞭毛可以让菌落更快移动，而其他个体成员可能会分泌化学物质，帮助菌落更有效地滑动。在发现极度富含营养的环境时，生物膜甚至会向外涌出大量的柱状分支，以便于更快地触及新营养源。正是对这些新方法的采用，使得菌

㊀ Katia Moskvitch, “Slime Molds Remember—But Do They Learn?” *Quanta Magazine*, July 9, 2018, www. quantamagazine. org/slime-molds-remember-but-do-they-learn-20180709/. A. Boussard, et al., “Memory Inception and Preservation in Slime Moulds: The Quest for a Common Mechanism,” *Philosophical Transactions of the Royal Society B*, royalsocietypublishing. org/doi/10. 1098/rstb. 2018. 0368。

㊁ 一种来回摆动的纤细附属物，能推动细胞穿过液体介质。

落得以在竞争中胜过其他微生物群落。

作为在细胞之间进行沟通和合作的方式，化学信号可以让细胞通过集体性行为推进菌落的延续。在某些条件下，为了彼此之间的共同利益，细胞会采取共同行动甚至是利他行为，[㊀]以促进其他细胞而非自身的生存能力。从这个意义上说，这似乎完全不同于我们讨论过的各种涌现行为——譬如偶然发生、单细胞基因表达、微生物集体智能和多细胞分化等，但可以把它们视为同一进化模式的表现：通过由竞争、热力学和熵驱动产生的集体性涌现智能，获得促进未来行动自由最大化的一种手段。由此可见，宇宙的基本发展过程似乎再次缔造出相同的结果。那么，这种趋势在可预见的未来还会持续下去吗？或许换一种更有意义的说法，在137.79亿年后的今天，我们为什么还要认为这种模式会突然改变呢？

显然，这需要我们深究这种模式所依赖的基本过程，进一步去深入研究，到底是什么力量，推动着我们的宇宙不断向着更大复杂性和更高水平的智能迈进。

㊀ Richard Ellis Hudson, et al., "Altruism, Cheating, and Anticheater Adaptations in Cellular Slime Molds." *The American Naturalist* 160, no. 1, 2002, 31, doi: 10.2307/3078996。

第五章
复杂性与涌现

“我们是改变宇宙发展的代理人。”

——斯图尔特·考夫曼（Stuart Kauffman），医学博士，生物学家和复杂系统学者

在地球上，海洋和陆地的热化与冷却会导致空气与水分出现持续性涡流，从而形成一个与全球休戚相关的气候体系。一只蚂蚁会采取一系列相对简单的行为，但是当成千上万只蚂蚁采取相同的行为时，就会形成更复杂的活动，让它们能更有效地觅食，用它们的躯体搭建桥梁，或是构建出精美别致的分形式地下帝国。神经元拥有若干种非凡的功能，是在孤立状态时，这些功能的价值非常有限；但如果把足够数量的神经元以正确的方式组合起来，并把它们置于有着丰富感觉色彩的环境中时，它们会进行有效的自我组织，并根据我们尚未完全认识甚至未知的规则进行连接，从而出现抽象思维和自我感觉，甚至是意识。

天气、蚁群和大脑之间有什么关系呢？它们都是复杂性和涌现的表现，不过到目前为止，复杂性科学领域的研究人员尚未对这些术语达成共识。[㊀]尽管理解这些现象算是个挑战，但是就总体而言，人们对涌现的认识基本一致：当系统的行为大于部分行为的总和时，就会出现涌现。

这听起来是不是有点熟悉呢？从本质上说，这也是我们在“大爆炸”以来诸多系统中所看到的共性——促进恒星演化以及核合成反应的

㊀ Melanie Mitchell, *Complexity: A Guided Tour* (New York: Oxford University Press, 2011)。

原子；不断积累的元素，最终形成了具有地质特征、甚至是拥有生态活跃系统的行星；引发自我复制能力、自催化聚合物和超循环的简单分子；进化出单细胞生物的原生物；最终进化成为多细胞生物的单细胞生物群落。只有通过深刻的反思、丰富的知识和有效的工具，我们才有可能找到这些变化中的相似之处，进而理解它们的本质。

但现实是，这恰恰就是涌现行为的本质：更简单的构成部分和行动通过集体行为，创造出完全出乎意料的事物。

那么，复杂性科学和涌现行为研究是如何形成的呢？从历史上看，很多科学探究都依赖于还原论方法（reductionist approach），即，任何系统都可以完全根据更简单、更基本的组成部分和原则进行研究和认识。这个观点至少可以追溯到古希腊时期的哲学家亚里士多德（前 384—前 322）。但直到在 17 世纪末期开始出现的启蒙运动，这种方法才得到巩固和确认。启蒙运动时期的哲学家和科学家认为，在自然界中，所有方面都确定无疑，可以简化为具体的组成部分。（它的一个例外就是二元论思维，即，任何思想和意识都是通过某种方式由其他自然或超自然方式得到的。）虽然这种方法在正统科学研究的早期阶段得到了验证，但是到 19 世纪末和 20 世纪初，它的固有缺陷已显示得淋漓尽致。无论是爱因斯坦的狭义相对论（1905）和广义相对论（1907—1915），还是 20 世纪初出现的量子力学，或是哥德尔的不完备性定理（1931），均为科学研究进入全新阶段奠定了基础，此时，还原论和决定论的局限性也逐渐得到公认。

从天气、气候到经济和股票市场，大量复杂系统的不可还原性对还原论方法提出了严重挑战。数十年来，认识这种复杂系统的挑战始终困扰着诸多领域的研究者。但是在 1984 年，包括诺贝尔奖获得者默里·盖尔曼（Murray Gell-Mann）在内的 20 多位著名科学家和研究人员齐聚新墨西哥州的圣塔菲，共同参与了一场名为“科学中涌现的综合”（Emerging Syntheses in Science）的主题研讨会。正是这次会议中启蒙的早期思维，催生了现今举世闻名的圣塔菲研究所（Santa Fe Institute，SFI）。

创建圣塔菲研究所的宗旨，就是“在复杂的物理、生物、社会、文化、技术甚至是天体生物学世界中，寻找和统一最基础的共同模式”。作为一个独立的理论研究机构，圣塔菲研究所已成为复杂性科学和复杂适应系统及涌现过程研究方面的前沿阵地。尽管当时也有其他机构在研究这些现象，譬如普林斯顿高等研究院，但圣塔菲研究所采取的激进式跨学科研究方法绝无仅有。

斯图尔特·考夫曼曾是圣塔菲研究所的第一批教职员，他的大部分职业生涯致力于探索复杂性和涌现的本质。按照考夫曼的说法，真正的“激进式涌现”（radical emergence）是独一无二的，因为“我们既无法预见，也不可能知道它会如何发生，但只知道它会改变进化的历程”。这意味着，很多、甚至是所有涌现的自然过程，[㊀]都会以某种方式促成宇宙的进化，无论是恒星、行星、自催化聚合物、单细胞生物形成的相互依存型集体，还是技术社会，概莫能外。

但重要的是要记住，复杂性本身既不会必定带来涌现，也不是预测涌现现象的前提。在这个世界上，我们可以说，很多系统是复杂的，但这本身不足以导致涌现行为。导致真正涌现的根源，是系统各组成部分基于各自功能而发生的相互作用，并共同带来无法预见的行为。

那么，复杂要素或导致复杂性和涌现现象增加的“代理”到底是什么呢？它是如何发生的，为什么会发生，以及所有聚集都采取这种方式吗？最后一个问题的答案显然是否定的。可以想象，如果我们把数千支铅笔或回形针摆放到一起，它们不可能会带来复杂性的自发增长，并带来某种新形式的涌现行为。这其中的原因可能在于，涌现的关键不是数量，甚至也不是关联（尽管这些要素很重要），而是交流。更准确地说，

㊀ 这与计算机模拟中出现的抽象性涌现恰恰相反。

在于合作性互动的结构化模式——在寻求最小能量状态时，原子按永恒的普遍性规则交换电子和作用力；通过化学信使（包括激素和神经递质）和群体感应（一种允许细胞根据感应群体密度进行合作的调节过程）进行相互交流与合作的细胞；使用相同信息素引导个体行为的白蚁。作为个体，这些载体遵循一套非常简单的规则，但是在很多情况下，这些个体性本能行为往往会带来意想不到的现象。比如说，原子会形成高度结构化的元素和分子表，而且这些元素和分子实际上拥有无限多样性的形态和特性；白蚁会构建起大教堂般的土堆，最高甚至可以达到十多英尺。[一]从相对简单的细胞开始，最终创造出从九头蛇到人类的各种生物。所有这些变化最终归集为相对有效的基本规则，并成为全体成员的共同行为准则。

集群行为（swarming behavior）就是一个很好的例子。只要见过椋鸟群飞（murmuration），就表明你亲眼见证过涌现行为。这种椋鸟群是由数千甚至上万只椋鸟形成，它们形成统一步调的有机体，就像一个凝固的物体，在天空中优雅而有序地漂移或流动。这种体验当然美妙，尤其是在我们意识到，形成这种现象需要每只鸟遵循同一套高度基本的规则时，更会令人感到神奇。2013 年，来自普林斯顿大学、多伦多大学和罗马第一大学（Sapienza University of Rome）的研究人员进行合作，对从椋鸟群飞视频中截取的静止图像进行了研究，并发布了研究成果。[二]使

㊀ Samuel A Ocko, et al. , "Solar-Powered Ventilation of African Termite Mounds," *Journal of Experimental Biology* 220, no. 18, 2017, 3, 260 - 3, 269. doi: 10. 1242/jeb. 160895。

㊁ George F. Young, et al. "Starling Flock Networks Manage Uncertainty in Consensus at Low Cost." *PLoS Computational Biology* 9, no. 1, 2013, doi: 10. 1371/journal. pcbi. 1002894. Anna Azvolinsky, "Birds of a Feather... Track Seven Neighbors to Flock Together." *Princeton University*, The Trustees of Princeton University, www. princeton. edu/news/2013/02/07/birds-feather-track-seven-neighbors-flock-together。

用专门设计的数学模型和系统理论，他们发现，在每只椋鸟引导相邻的七只椋鸟时，整个椋鸟群显示出最高的凝聚力和体能利用效率。无论以哪种方式移动，通过维持彼此之间的距离和速度基本不变，这些鸟就可以不断调整各自的飞行状态，实现整齐划一，相互协调，从而引发涌现事件。

1986 年，人工生命及计算机图形学专家克雷格 · W. 雷诺兹（Craig W. Reynolds）最先为这个现象创建了模型。[㊀] 所谓的人工生命（artificial life）科学就是使用计算机模拟和研究生命系统和种群的动态，其中最早的一项研究就是雷诺兹对鸟群现象进行的模拟，被称为“类鸟群”（Boids，bird-oid object 的缩写，意为类似鸟群的研究对象）。在这个程序最简单的版本中，个别类鸟需要遵循三个简单规则：①尽量与环境中的其他物体（包括其他类鸟）保持最小距离；②在速度上尽可能与近邻物体（类鸟）相匹配；③尽可能向相邻物体（类鸟）群所感知的中心移动。这项研究的成果是模仿活鸟群行为的可视化图像，而且模拟的真实性几乎可以达到以假乱真的程度。这种集群行为是集体智慧的一种模式，其中既不存在成员之间的等级差别，也不存在自上而下的领导形式。成千上万载体作为完全平等的个别对象，相互作用，共同遵守有限的规则，从而取得完全独特而优美的结果。

但是在一般意义上，这些现象是否普遍呢？人造生命（或 A-Life）领域的一个重要目的就是揭示出，这种涌现行为未必仅限于生物，甚至不一定局限于自然界。在 20 世纪 40 年代，物理学家和计算机先驱约翰 · 冯 · 诺依曼（John von Neumann）曾试图使用其密友兼同事斯坦尼斯拉夫 · 乌拉姆（Stanislaw Ulam）发明的元胞自动机（cellular

㊀ Craig W. Reynolds, “Flocks, Herds and Schools: A Distributed Behavioral Model,” *Proceedings of the 14th Annual Conference on Computer Graphics and Interactive Techniques*, v. 21 n. 4, 25 – 34, July 1987, doi: 10.1145/37402.37406。

automata，CA），对具有自我复制能力的机器进行建模。CA 是遵循特定规则或一套具体步骤的“元胞”（cell，单元）矩阵。虽然冯·诺依曼曾绞尽脑汁设计出这样的规则，但这套规则非常复杂，每次生成过程都需要经历 29 个步骤。

1970 年，剑桥数学家约翰·康威（John Conway）发明了所谓的“生命游戏”（the game of life），在游戏中，每个元胞只有两种状态——生（开）或死（关）。[㊀]在无限数量的网格中，“生命”遵循一套简单的游戏规则。[㊁]每个元胞处于哪个状态取决于相邻元胞目前的状态——所谓的相邻元胞包括沿水平、垂直以及对角线方向的 8 个相邻元胞。游戏开始时，每个元胞的状态被随机设定为“生”或“死”，而后，按照某些规则，得出下一代（相邻）元胞的状态，随着状态向相邻元胞传递，它们似乎在这个矩阵中位移和流动——有时表现为复制模式，有时呈现为巨大的分形物。与此同时，其他规则迅速稳定或消失。

20 世纪 80 年代，出于对 CA 的迷恋，计算机科学家和物理学家斯蒂芬·沃尔弗拉姆（Stephen Wolfram）着手编制和研究最简单形式 CA 的可能组合，被称为初等元胞自动机（elementary cellular automata）。[㊂]这种特殊类型的 CA 被视为具有一维结构，因为它发生在 8 个方向的直线上，而且每个细胞的状态均取决于两个相邻元胞的状态。每个元胞存在 2 种状态和 8 个相邻元胞，因此，全部相邻元胞可以得到 256（2^8）种可能状态的初等元胞自动机。由于若干 CA 相互之间会产生等效或镜像模式，因此，实际上会有 88 套执行独特转换（或规则）的初等元胞自

㊀ Martin Gardner, “Mathematical Games—The Fantastic Combinations of John Conway's New Solitaire Game ‘Life’,” *Scientific American*, October 1970, 223 (4): 120 – 123. https://web.stanford.edu/class/sts145/Library/life.pdf。

㊁ 网格从两端折叠起来，再把自己重新包起来，这就形成一个无限循环的结构，使得原本应位于最外端的两个元胞成为相互依存的邻居。

㊂ Stephen Wolfram, *A New Kind of Science* (Wolfram Media: 2002), 1, 179. ISBN 978 – 1 – 57955 – 008 – 0。

动机。当细胞在每个周期后发生转换时，都会出现一种新的模式，沃尔弗拉姆把这些模式划分为四个不同类别（“规则”）：①平稳型规则，即会迅速形成统一且固定不变模式的规则，包括已灭绝的规则；②周期型规则，即形成某种统一模式或不同模式的循环，具体取决于起始状态；③随机型规则，即产生具有偶发结构的外观且明显具有随机性的规则；④复杂型规则，即产生有序性和随机性并存的混合体，且结构在长期内以复杂方式进行变换和相互作用。

沃尔弗拉姆根据自己设计的二进制系统对这些规则进行了编号，但他对“规则110”尤为关注。这条规则对应于兼具有序性与随机性的第四类行为。尽管同样源自最简单的指令，但“规则110”形成的结构展现出复杂的外观和作用方式。沃尔弗拉姆推测，该规则具有通用性或者说图灵完备性（Turing complete，是针对一套数据操作规则而言，这套操作规则既可以是一门编程语言，也可以是计算机里已经实现的指令集。如果这套规则可以实现图灵机模型中的全部功能，即可称之具有图灵完备性）。这种通用图灵机可以像现代计算机一样处理数据，执行任何类型的算法（指令）。[一] 1994年，沃尔弗拉姆和助手马修·库克（Matthew Cook）最终证明，“规则110”确实具有图灵完备性，这也让它成为有史以来最简单的通用图灵机。[二]

那么，所有这些理论与我们在自然界中寻找的智能有什么关系呢？当然有，沃尔弗拉姆推测，大多数、甚至是全部第四类行为都具有图灵完备性，也就是说，它们极有可能普遍适用于自然界的每个角落，而不

㊀ 这忽略了实际计算机系统有限内存造成的限制。最初的图灵机只是一个使用无限存储磁带的抽象概念。

㊁ Matthew Cook, “Universality in Elementary Cellular Automata,” *Complex Systems* 15, 1 – 40, 2004. https://www.complex-systems.com/abstracts/v15_i01_a01/. Wolfram, Stephen (2002). *A New Kind of Science*. Wolfram Media. ISBN 1 – 57955 – 008 – 8。

仅仅是计算机自动机。尽管沃尔弗拉姆的观点仍受到很多科学家的质疑，但它确实指出，在自然界中，因简单基础关系的相互作用可能会引发某些非常有趣的模式。在笔者看来，自然界、生命和思维不太可能服从纯二进制数字的计算，但即使如此，把涌现现象简单归结为几个简单的规则，确实提醒我们有必要认真思考。如果能根据这样一个简单系统即可实现通用计算，那么，这对自然发生和进化的复杂性和智能而言，又意味着什么呢？复杂性的增加是否向我们隐藏或掩盖了这种计算的性质？是否可以把生命视为一种计算形式，尽管它未必服从数字规律或具有图灵完备性？如果是这样的话，那么，有朝一日，一台足够复杂的计算机是否能在掌握、分析、思考和认识宇宙等方面达到甚至超越人类？这种潜在涌现的本质令人着迷，它与存在主义有关，因而也是本书后续部分的一个重要话题。

这就带来“规则 110”和其他第四类 CA 所展示的问题——秩序与混沌之间的神秘边界。是否存在什么事物把这些 CA 吸引到这个抽象区域？当系统正好位于某个风口浪尖上时，为什么更有可能出现涌现属性？碰巧的是，秩序与混乱之间的界限或许远比人们想象得更普遍。在出版于 1992 年的著作《复杂：诞生于秩序与混沌边缘的科学》（*Complexity: The Emerging Science at the Edge of Order and Chaos*）一书中，米歇尔·沃尔德罗普（M. Mitchell Waldrop）曾提到计算机科学家克里斯托弗·朗顿（Christopher Langton）的观点，后者也是人工生命领域的创始人之一：

> 在两个极端［秩序与混乱］之间……是一种被称为混沌边缘的抽象相变，在这里，我们也会发现复杂性：系统组成部分的行为既永远无法彻底锁定，但也不会陷入湍流似的行为中。这些系统既有存储信息所需要的足够稳定性，也拥有传输信息所需要的流动性。这些系统可以组织起来，执行复杂计算，对外界做出反应，采取自发性、有自适应能力和生命力的行为。

近年来，复杂系统的研究者开始更多关注这个被他们称为“混沌边缘”（edge of chaos）的区域，同时也不断发现，它在培育涌现活动方面所具有的独特性。当然，这个边缘不是看得见、摸得着的有形物理位置，而是一个存在于秩序与混乱交界位置的抽象区域。很多研究人员认为，这里正是复杂性的诞生地。

在20世纪六七十年代期间，几位研究人员曾触及这个概念的边缘，但是在80年代后期，作为人工生命领域的创始人之一，克里斯托弗·朗顿则把这个理论提升到一个全新水平。在对沃尔弗拉姆提出的四类CA规则进行研究之后，朗顿最终发现了一些惊人秘密。如前所述，属于第一类的CA非常稳定，由于每个规则都会导致所有元胞死亡，造成很多元胞在一个步骤中彻底死亡。因此，朗顿将这些第一类CA的取值设定为0（代表全部死亡）。在另一种极端情况下，朗顿将混沌程度最高的第三类CA的取值设定为0.5。这个被他称为λ的参数以元胞在下一代继续存活的概率计算得到。在被划分为第四类的全部CA，也是展现出最有趣、最复杂行为的CA身上，朗顿发现了高度的相似性——λ的取值均在0.273附近徘徊。[㊀]因此，理想的系统既要有足够的稳定性，以保持系统的完整性，又要有充分的灵活性，因而只需最小变化即可被触发或改变。因此，这就从多个角度描述了自发性涌现系统的运行方式——从鸟群到蚁族再到认知等。这些处于“混沌边缘”的系统会根据环境的变化，在自下而上的总体性控制基础上，实现快速转移和流动。

当然，这并不是说，朗顿的λ值有什么特殊价值。毕竟，这只是一次简单的计算而已，针对这个特定系统，为划分有序性与混沌性找到一

㊀ 在克里斯托弗·朗顿的计算中，最终得到的数值在0到1之间，超过0.5后系统的复杂性就会像镜像般降低。因此，0和1均代表静态，而0.273和0.727则具有相同的复杂性。

个基本恒定的复杂性临界点。但它也向人们展示出识别这个混沌性边缘的方法，而且有一点毋庸置疑——近几十年来，朗顿及其他很多研究者已针对很多系统的临界点问题完成了类似研究。

根据很多复杂性科学家的观点，这些系统会出现自组织临界性（self-organized criticality），从而把系统的复杂性提升至最大的可持续水平。随后，当系统接近这个临界点时，物理条件或是环境中的竞争对手都会成为限制条件，并阻碍系统的进一步发展。自组织临界性的一个典型示例就是沙堆模型。[㊀]让沙子一粒粒落下来，沙粒以不同方式形成互锁，形成一个逐渐增高的自组织型沙堆；随着沙粒一粒粒地增加，重力、重量和摩擦力之间的关系也在不断变化，直到达到某些不可预见的节点，这个沙堆会发生一种剧变——也就是物理学中所说的相变（phase transition），导致整个沙堆出现坍塌。根据幂法则（power law），这种坍塌既有可能很大，也可能很小，发生的频率与坍塌规模之间的具体关系呈现为幂函数。出现小规模坍塌的频率远比大规模坍塌的频率高很多倍。随着不断添加沙粒，沙堆开始累积，并重新增大，直到触发下一次坍塌。

在物理学中，在达到临界状态或临界点时，系统到达状态边界，进而引发相变。一个典型例子就是0摄氏度的水在液态与固态之间的转变。[㊁]对于动力系统，自组织临界性是指系统趋近于复杂性达到最大可允许水平的状态，一旦复杂性达到这个状态，系统就会发生相变。某些复杂系统研究者推测，按照临界性理论，在进化过程中，当基因适应能力达到有序与混沌的边缘时，就有可能发生非常复杂和有趣的行为，包括生命的萌生。自组织临界性的概念最早由丹麦理论物理学家伯·巴克（Per

㊀ Bak-Tang-Wiesenfeld模型，也称为沙堆模型，是人们最早发现的具有自组织临界效应的系统。

㊁ 在标准的温度和压力条件下。

Bak）领导的研究小组提出，[一]随后，人们发现很多系统似乎都具有类似特性，包括沙堆、地震、森林火灾、河流、山脉、城市、文学作品、电击穿现象、在超导体中运动的磁通量线、平面上的水滴和人脑等。[二]

在捕食者与猎物、竞争者争夺地盘或资源的协同进化中，也会看到这个过程的出现。一个有机体通常会在其所处的生态位（niche）上处于最佳均衡状态，直到出现适应能力更强大的竞争性物种或捕食者，打破这种平衡。因为这种状态接近于临界点，因此，在较长时期内，该物种会进化出有助于恢复竞争优势的特征。不过，一旦竞争对手进化出新的对策或是更强大的能力，现有优势就会消失，这就形成一种相互推进、螺旋式上升的进化路径。

比如说，某种青蛙可能以特定种类的昆虫为食，于是，这种昆虫通过进化，释放出一种让青蛙难以接受的分泌物，因为青蛙不喜欢这种分泌物，因此，这种昆虫的生存能力便得到了加强。然后，随着时间的推移，这个青蛙物种（而且也只有该物种）会进化出一种新的能力：忍受有害昆虫释放的异常味道，这就增加了它们获取食物的机会，进而提高了自身的生存能力。这个过程会不断延续，双方的生存能力也在这种循环中不断升级，并最终演化成自然界的能力竞赛。每个物种都在向着更复杂的方向发展，但只有在遗传学、表观遗传学和其他过程尚未完全稳定，因而会随时间推移而不断改变和适应的情况下，才有可能出现这种进化。因为只有在这种情况下，它们才会不断从环境中获取新的信息，并据此做出反应并进行调整。这种机制的一个典型范例就是有性重组（sexual recombination），即，通过重新排列遗传物质，为进化出更复杂

[一] Per Bak, et al., "Self-Organized Criticality: An Explanation of the 1/f noise," *Physical Review Letters* 59, no. 4, 1987, 381 – 384. doi: 10.1103/PhysRevLett.59.381。

[二] Henrik Jjeldtoft Jensen, "Self-Organized Criticality: Emergent Complex Behavior in Physical and Biological Systems," *Physics Today* 52 (10), December 1998, doi: 10.1063/1.882869。

生物提供了可能。在很多方面，熵的作用推动事物向复杂性更高的方向不断演进，这或许是所有生物进化的普遍原则。

对这种处于混沌性边缘的进化行为，认知问题是另一个有说服力的示例。[㊀]不妨用一个简化的例子说明这个问题：假设儿童大脑有一组神经元专门用于识别代表蜜蜂的图像。有一天，儿童触摸到一只蜜蜂，这让他感到一种钻心的刺痛，并由大脑中的另一组神经元记下这种感受，这些神经元会迅速把这种刺痛感与蜜蜂图像关联起来。于是，当儿童再次看到蜜蜂时，马上就会引发对刺痛感的回忆，这就会让他们采取有助于避免这种痛苦的行为。可见，只有大脑既不太僵化，也不太混乱，而是让所有神经元均维持在临界点状态时，才有可能发生这样的学习，让神经元能面对新的信息做出快速响应。其他很多复杂性系统似乎也不例外。

但另一种发生模式也会反复出现，体现为不同涌现和复杂性水平对信息的记录和处理速度。针对环境提供的信息采取行动并进行学习的能力，对所有智能的发展均至关重要。圣塔菲研究所所长大卫·克拉考尔（David Krakauer）认为，这一点体现在整个进化过程中。表观基因组的进化——即，根据环境变化开启和关闭个别基因，至少在一定程度上取决于有性生殖对环境条件变化做出反应的能力。随后，神经系统以及认知能力不断发展，以应对表观基因组无法响应和学习的加速变化。同样，文化性学习和知识的传播，也是不断超越和提升个人思维极限的手段。

面对生存环境中的竞争，所有这些形式的信息处理方式——无论

㊀ Jennifer Ouellette, "Rat Brains Provide Even More Evidence Our Brains Operate near Tipping Point," *Ars Technica*, June 7, 2019, arstechnica. com/science/2019/06/does-the-human-brain-teeter-on-the-edge-of-chaos-rat-brains-point-to-yes/. Antonio J. Fontenele, et al. , "Criticality between Cortical States," *Physical Review Letters*, 122, 208101, 2018, doi: 10. 1101/454934。

是基因、表观基因、神经系统、大脑和文化，都会较之前更快地发挥作用。每次创新都会带来更高效、更快速的适应和学习。加快响应速度的能力与未来行动自由最大化的概念紧密相关。与外部信息相互作用并据此做出反应，也是生命最基本、最普遍的功能。毫无疑问，改善并加快这种能力，是在各自领域战胜竞争对手并求得生存的最可靠方式。在提高环境应对效率的过程中，每个阶段的进步都源于外部信息的驱动。正如克拉考尔所指出的那样，如果系统记录信息的速度不及信息的变化速度，那么，某些信息注定会被遗失。对于受益于时间分辨率（temporal resolving power）提升的智能而言，这无疑会成为非常重要的驱动因素。

不妨考虑一下，从智能的基本定义出发，这些观点和思维到底意味着什么呢？在这里，如果从广义上的定义出发，涌现和智能似乎是复杂性增加和临界性带来的产物。但并非所有涌现都能最大限度提高未来行动的自由度，进而创造出新的智能。考虑到我们在智能定义中包含了生命系统不同层次的复杂性（比如生物体本身以及多细胞生物体中的细胞），那么，某些能产生智能但本身并不以生物学为基础的潜在涌现过程，又意味着什么呢？考虑到这种关系，有朝一日我们或许会认为，所有对信息进行操作和处理的激进式涌现（radical emergence），都可能拥有超越前身的智能，而且涌现的水平遵循与能量处理速率、反应时间和复杂程度的幂法则。这就为智能的定义提出了一种新的说法：任何减少（局部）熵并相对之前能增加自身未来行动自由度的激进式涌现——不管存在于化学、生物还是认知层面，都可以视为一种智能。这些激进式涌现为新生态位创造了条件，在进一步推动复杂性、涌现和智能的基础上，也促进了宇宙不断向平衡趋势演进的整个过程。

按这个逻辑，智能显然不只是某些涌现事件的副产品；相反，至少根据我们对智能的广义定义，激进式涌现本身就体现了一种智慧。很多涌现行为和系统结合，共同构成超越系统各组成部分的集体智慧形式。

我们人类之所以有能力思考和反省这些过程，完全是因为我们在激进式涌现和集体智慧形成过程中，恰好处于最幸运的位置，因此，我们或许不应过分沾沾自喜。对未来的涌现智能而言，我们目前的能力或许还很古朴，甚至有点古怪。

鉴于此，我们或许可以对未来的智能涌现及其阶段的某些特征进行预测，包括它们的复杂性、学习效率和能量消耗。只要条件允许，每个新出现的涌现通常都会去探索尽可能多的领域，寻找、占据并进一步完善它所栖息的生态系统。我们已经在很多领域观察到这种情况，包括化学、单细胞生命、多细胞生命、神经认知生物，以及我们人类的社会、经济及技术世界。每一个新的涌现都会继续扩展，占据更多的生态位，进而不断为未来涌现创造条件。此外，每一次涌现都会增加新生态系统中可利用的微状态数量，并最终促进和创造出超过之前复杂性水平的新涌现现象。

随后，涌现模式会被一次次地重复，而且完全有理由认为，这种模式注定会延续到人类及其文明涌现之后。基于以往的认识，我们或许还会预测到其他趋势：譬如，涌现系统越来越复杂，并伴随着能量率密度的持续性指数增长；学习和响应的速度不断加快；出现新水平涌现的时间间隔不断缩短。因此，随着时间的推移，这些涌现所利用和消耗的能量必然会大幅增加。当然，这也意味着，在未来的某个阶段，随着远超过我们理解能力或竞争能力的新形式智能的出现，人类或许会成为智能赛场上的落后者。

这些智能不仅仅是人类智能的加强版。正如自我认知、复杂语言、内省和意识对黑猩猩来说可能难以理解（尽管黑猩猩实际上也会在某种程度表现出这些品质或能力），同样，未来的激进式涌现也极有可能超出我们目前的认知或理解能力。尽管这种智能会展示出人类智能的部分特征并从中受益，但未必会在所有方面等同于人类智能。不过，它对我们来说非常陌生，而且从这个角度看，我们看起来确实非常原始。

本章追溯的涌现智能趋势已带来了巨大影响。如果宇宙在混沌边缘因自组织而引发导致熵产生量最大化的涌现，[一]那么，这种趋势就应贯穿宇宙的整个生命周期。正因为如此，自组织的复杂性以及由此产生的涌现过程可能会推动能量需求以指数方式增长。[二]正如我们将在第十八章看到的那样，这种趋势在未来可能会走向另一个极端。

基于这些过程，我们完全可以预期，有朝一日，我们的星球会出现更大的复杂性和新的涌现现象，其中或许就包括技术性超级智能的出现。在宇宙的其他空间——包括 2 万亿（2×10^{12}）个星系以及 70 万亿亿（7×10^{23}）颗恒星，[三]或许也会发生类似但实则不同的情境。虽然其中的每一种文明给整个宇宙带来的影响可能微乎其微，但是作为一种不断增长和累计的现象，它们的共同影响注定不可忽视，并最终缩短了宇宙的有效寿命。与此同时，我们应该预见到，越来越强大的涌现智能会出现在这个地球上，并最终出现在我们的这个小宇宙中。尽管没有人知道未来智能到底会是什么样子，但也没有理由认为，人类将为这段近 140 亿年的进化里程划上休止符。事实上，我们这个星球刚刚经历的涌现现象，在复杂性和能量率密度方面已远远高于智人——这也是我们将在下一章探讨的话题。

㊀ 一种本身即代表概率和统计力学特征的涌现现象。

㊁ 临界效应始终在发挥作用，它会消灭某个物种，甚至也可能是我们人类，而后沿着复杂性增加的路径继续演进。

㊂ Christopher J. Conselice, et al., "The Evolution of Galaxy Number Density at Z < 8 and Its Implications," *Astrophysical Journal* 830, no. 2, 2016, doi: 10.3847/0004-637x/830/2/83。

第六章
人类与科技的共同进化（第一部分）

“我们的技术，我们的机器，都是人性的一部分。我们创造这些事物，无非是为了扩展我们自己，这也是人类的独特之处。”

——雷·库兹韦尔（Ray Kurzweil），发明家、未来学家、作家

“人类就是技术的生殖器官。”

——凯文·凯利（Kevin Kelly），编辑、作家及技术展望者

在让时间一路前行并最终抵达今天之前，我们不妨先快速浏览一下大约340万年前的人类祖先。南方古猿是现代人属（genus Homo）最直接的前身，那时，他们已在北非和东非的广袤草原中漫游了约250万年。整个地区均发现过他们的化石遗骸，其中的大部分出现在今天埃塞俄比亚延伸到坦桑尼亚的大裂谷地带。埃塞俄比亚阿法尔地区的迪奇卡（Dikika）就属于这一地域，在当地，人类刚刚发现早期人类祖先使用工具的最古老证据。[1]这些工具可以追溯到大约340万年前，它们代表了人类最早的技术。

带刃石制工具的创造和使用，是人类早期历史中的一个重要里程

[1] Shannon P. McPherron, et al., “Evidence for Stone-Tool-Assisted Consumption of Animal Tissues before 3.39 Million Years Ago at Dikika, Ethiopia,” *Nature* 466, August 12, 2010, 857 – 860, doi.org/10.1038/nature09248. Sonia Harmond, et al., “3.3-Million-Year-Old Stone Tools from Lomekwi 3, West Turkana, Kenya,” *Nature* 521, May 21, 2015, 310 – 315. https://doi.org/10.1038/nature14464。

碑，因为正是凭借这些工具，我们才最终走上一条永远改变人类物种的康庄大道。我们当然不是第一种使用甚至是制造工具的动物。众所周知，乌鸦、猩猩、大象甚至啮齿动物都会使用树枝、木棍或者石头作为生存工具。但人类绝对是第一个、也是迄今为止唯一能经常性地把自然资源转化为工具和机器的物种。由此，我们自己当然也被彻底改造了。

成年南方古猿的身高在 3 英尺 11 英寸到 4 英尺 7 英寸之间，他们的大脑容量大约相当于现代人的 1/3。但他们的智能很可能只比黑猩猩略胜一筹。对这个物种来说，即便是想象他们如何始终如一、有条不紊地磨刀削斧，再把这些知识传给自己的后代，也会让人目瞪口呆。

实际上，制作带刃石器对智能的要求远远超过很多人的想象，可以肯定的是，对于这些身材矮小的人类祖先来说，这项任务的挑战性不言而喻。人类学家迪特里希·斯托特（Dietrich Stout）一直在研究这个被称为敲石（stone knapping，用两块石头相互打磨使之出现棱角）的操作过程及其对人类进化的长期影响。[㊀]在石头上刻出锋利刃部的过程不仅需要强大的注意力、耐心和力量，更需要良好的手眼协调能力。但最重要的或许在于，此外，它还需要一种特殊的能力回忆和遵循这个按部就班的程序，让每一步保持正确的顺序和方式。在我们现在看来，这些事情似乎再简单不过，但是对南方古猿来说，这注定是难以掌握的技能。学习、保留和传承这些技能，不仅对文字出现以前的人类是一个艰巨挑战，即便是对文明社会而言，也是一个极端艰难的过程。

敲石就是用一块相对较硬的锤石，用力去敲打和研磨另一块稍软的石头（如燧石），一点点去除后者的多余部分。这就需要操作者按精确

㊀ Dietrich Stout and Nada Khreisheh, "Skill Learning and Human Brain Evolution: An Experimental Approach," *Cambridge Archaeological Journal* 25: 867 – 875 (2015), doi. org/10. 1017/S0959774315000359. Dietrich Stout, "Tales of a Stone Age Neuroscientist," *Scientific American*, April 2016, https: //doi. org/10. 1038/scientificamerican0416 – 28。

的位置、角度以及适当的力量反复敲打燧石，这样，就可以敲裂燧石上多余的材料并使之脱落。因此，整个过程需格外小心，因为任何一次失误都足以完全毁掉整个工具。对我们的祖先来说，这项任务的高昂代价不仅体现在时间上，还因为在任何某个具体地区，能用来制作工具的原始石材数量都是有限的。这在某个具体时期或许还不会成为问题，但是在贯穿 15 万代人的时间长线内，就会逐渐带来维护、回收利用[㊀]以及重新选址的必要性。

斯托特在研究中发现，即便是现代人，也需要 100 多个小时的练习才能适当掌握这项敲石技术。因此，我们可以想象这项技术给早期先驱者带来的挑战。但显而易见的是，掌握这项技术完全值得。石器不仅为南方古猿与后期人类宰杀猎物提供了便利，还可以让他们对猎物物尽其用，从尸体上刮下最后一点能充饥的肉。另一方面，当原始人面对掠食者和敌对部族时，这些工具又变成令人生畏的防卫武器。

即使已经发明出制造石器的技术，把这种技术传递下去也绝非易事，毕竟，我们的祖先还无法像我们那样进行交流。按照古人类学家的说法，有些原始物种需要大约 300 万年的进化时间，才能掌握现代人类所拥有的复杂语言。直到大约 30 万年之前，古人类喉部的舌骨发生了某些重大变化，这些变化对形成现代语言所需要的复杂声音至关重要。多年来，人们一直认为，只有尼安德特人和智人才完成了这种舌骨位置的转变。如果没有这种转变，早期的原始人就只能发出咕噜、吱吱和哭叫之类的简单声音，这和我们今天所知道的黑猩猩及其他动物并没有太大区别。虽然有些人也把动物发出的这种噪音归结为语言，但它们与现代人类语言没有任何可比性。从沟通的本质和内容上看，动物的叫声只

㊀ Flavia Venditti, et al.,“Recycling for a Purpose in the Late Lower Paleolithic Levant: Use-Wear and Residue Analyses of Small Sharp Flint Items Indicate a Planned and Integrated Subsistence Behavior at Qesem Cave (Israel),” *Journal of Human Evolution*, 2019; 131: 109 doi: 10.1016/j. jhevol. 2019. 03. 016。

具有陈述性，它们几乎没有能力描绘过去、现在和未来，更不能表达抽象概念，甚至还无法表达否定。[一]究其根源，它们的语言并不是由可通过重新组合改变语义的离散单元构成，比如人类语言所拥有的词汇。此外，动物的 FOXP2 基因未发生突变，而研究人员认为，这种突变对说话和语言的正常发展至关重要，至少对现代人类是这样的。[二]据估计，人类完成这次现代突变也不过是 20 万年前的事情。

敲石不只是世界上最古老的技术。在很多方面，它也是人类历史上最成功的技术发明。从 300 多万年前开始，一直到现代社会，敲石始终存在于世界上的各个地区，至今依旧存在。关于这些工具以及人类任何利用火改变我们的饮食，从而为我们不断发展的身体和大脑奠定基础，相关文献不计其数。然而，它们还在以其他方式改变着人类，因为学习这种石器时代制造工具的行为，本身就是在重新联通我们的大脑回路。斯托特与其他神经科学家合作开展了一项研究。在研究中，志愿者需要花费数小时才能适当熟练地在石材上研磨出刃形；在练习前后，斯托特等人对这些志愿者的大脑进行两次正电子发射断层扫描（PET）、核磁共振成像（MRI）及弥散张量成像（DTI）技术扫描。研究团队发现，在学习这项技能的过程中，志愿者大脑的某些区域发生了显著变化，最明显的变化就是神经元之间出现很多新的传播通道。这些变化体现为连接额下回（IFG）神经元的新树突数量大量增加，额下回是大脑中与精细运动能力、顺序预测、理解复杂人体动作、冲动和注意力控制相关的一个部位。这一发现与目前的很多学习模型及神经科学研究成果相互印证：学习新任务，尤其是在较长时间内进行的学习，会改变神经元的连

[一] Steven Pinker, *The Language Instinct: How the Mind Creates Language* (PLACE: William Morrow, 1994)。

[二] Wolfgang Enard, et al., "Molecular Evolution of FOXP2, a Gene Involved in Speech and Language." *Nature* 418, August 22, 2002, 869 – 872. https://doi.org/10.1038/nature01025。

接方式。此外，由于创建这些工具的过程已延续了很多世代，也增强了人类的生存能力，因此，斯托特推测，敲石应该是一种非常重要的进化驱动力。任何增强个人学习或知识传播能力的基因突变或表观遗传进化，都会在自然选择过程中得到选择。至于这个过程是否还有助于扩大社会关系、提高反映及模拟外部行为及内部状态的能力，尚无定论。考虑到额叶皮层只有短短几百万年的快速进化历程，因此，敲石技能很可能是推动人类大脑进化的诸多要素之一。

由于随后被精确锁定于完全不同的目的，[㊀]因此，额下回的进化发展出现了某些非常奇妙的变化。尽管大脑一侧的额下回仍继续执行最初功能，但现代人类主半脑（通常是左脑）的额下回对应布罗卡区（第44和第45布罗德曼分区）。19世纪中叶，科学家发现，布罗卡区对语音的产生至关重要。这个区域的损害会导致失语，从而阻碍语言的形成。考虑到额下回逐渐进化为处理精细运动控制、顺序程序及注意力的方式，因此，由事后看来，它对语音的调节与控制不足为奇。我们可以假设，这种能力为社会交往日益频繁的人类物种提供了更强大的生存基础。

制造工具营造了一种独特的良性循环。在人类开始制造和使用工具的随后200万年左右，我们祖先的大脑体积几乎增加了两倍，与其他某些发展相互结合，它们共同为人类进化历史中的另一个重要里程碑铺平了道路：语言。

虽然我们经常会说，每一种动物都有自己独特的语言形式，但这实际上只是一种信号传递方式。从这个意义上说，动物的交流更类似于细胞之间的信号传导，因为所传递的消息内涵基本是固定、声明性的，它们无法通过重新组合声音来改变被传递信息的含义。动物的声音主要取决于物种的基因，尽管它们的声音会因群体和地区而略有不同，但这种差异基本可以归结为方言的差异。

㊀ 功能变异是指将先前进化形成的特征转换到不同的用途或特征。

另一方面，人类的语言已经变得非常丰富、多样化并具有强大的适应性。不过，要创造出新的词汇来构思和描述我们这个技术世界不断发展的形态和功能，语言就必须要有这样的能力。人类的语言既可以描述当下的情形，也可以用来讨论过去已经发生或是未来即将发生的事情。它让我们人类能谈论最抽象、最缥缈的概念，无论是同情心，还是量子力学，皆不例外。同样，否定、嘲讽、幽默和双关语都是人类语言所独有的特色。

当然，语言本身并不是突兀而现、瞬间成型的，能够具备今天所拥有的细节和细微差别，显然不是一朝一夕的事情。语言是经历很多代人不断形成与发展的。不过，这丝毫不值得大惊小怪，因为语言本身就是一种技术。只有在这种情况下，语言才能通过符号表达和改变我们对这个世界的认识和思考，而不是通过操纵棍棒、石头、原子或是分子去改变我们的环境。可以肯定的是，语言在最初非常简单，而且它永远是最简单的沟通方式。

有助于形成复杂语言能力的舌骨重新定位，曾被认为只发生在尼安德特人和智人的身上。但考虑到这种突变仅发生在两个相互独立的原始人分支中的可能性很小，因此，更有可能的情况似乎是，它是我们最后一个共同祖先、海德堡人（H. heidelbergensis）的共有特征。这个特定时代的祖先大约生活在170万到20万年前。最近，研究人员在这个物种中发现了疑似舌骨重新定位的证据。[㊀]海德堡人可能也是第一个主动管理和使用火并拥有埋葬仪式等习俗的物种。

技术哲学家凯文·凯利认为，语言、风俗和火都是技术利用的形式，正如凯利所言，它们构成了技术元素的一部分。这三个要素会缔造

㊀ Ignacio Martínez, “Human Hyoid Bones from the Middle Pleistocene Site of the Sima De Los Huesos (Sierra De Atapuerca, Spain),” *Journal of Human Evolution*, Academic Press 54, issue 1, January 2008, 118 - 124, https://doi.org/10.1016/j.jhevol.2007.07.006。

出一种积极的反馈式循环，从而为每个物种带来文化的兴起：语言推动了理论思维，并通过理论思维而得到加强，技术和习俗源自语言，而后又体现在语言当中，而对火的控制性使用则改变了人类的饮食，并创造出一个分享知识和经验并最终打造出社会的中央壁炉。

人类大脑的神经可塑性（neuroplasticity）给我们提供了这个星球上独一无二的机会。在生物学中，每个有机体都发挥着各自的作用或功能，从而让它们能在生态系统中占据属于自己的机会或生态位。按照所谓认知生态位理论（cognitive niche theory）[㊀]的假设，人类不会像其他物种那样因环境条件和生存威胁而被动进化，而是循序渐进地形成使用抽象思维、推理、计划和合作的能力，以主动方式战胜我们的捕食者和猎物，从而让我们能够生存下去，而且吃得更好。在其他物种必须以进化应对竞争者和环境变化的情况下，认知工具则让人类能更快地适应环境，这就为人们带来了最终拥有压倒性竞争优势的生存武器。这无疑是一个漫长但希望无限的良性循环，它不仅增强了我们的生存能力，也为我们奠定了文化和技术基础，让人类最终在登上全球生态系统霸主的过程中击退所有对手。

认知心理学家史蒂芬·平克（Steven Pinker）指出，这些变化当然不可能在一夜之间成为现实。对此，他的观点是："我认为，这是一个循序渐进的过程，它反映出人对认知产物与本能产物日渐加权的依赖性，因而不可能存在具体的起点时间。当然，第一次使用工具无疑表明这个过程已经开始。"归根结底，"通过针对环境、因果关系以及周围世界的结构建立心智模型，并以有利于我们的方式控制这个模型，"[㊁]使得

㊀ John Tooby and Irven DeVore, "The Reconstruction of Hominid Evolution through Strategic Modeling" in *The Evolution of Human Behavior*: *Primate Models*, ed. Warren G. Kinzey (Albany: SUNY Press, 1987)。

㊁ Steven Pinker, "Planet of the Humans: The Leap to the Top." World Science Festival. 2015. https://youtu.be/ubZ3d-g2lUc。

我们能创造并占据仅属于我们自己、唯我独尊的生态位。这个过程不仅会带来自我强化、促进语言并带来抽象思维和社会化。毫无疑问，占据这个生态位有助于集体智慧的发展，这不仅是我们这个物种以前从未表现出的特征，也是这个星球从未有过的特征。这就让我们再次回到促成涌现的一个关键话题：只有通过一定程度的集体性互动，才能带来新的涌现行为。对蚂蚁、白蚁和燕群来说，造成新的涌现行为的前提，不过是主导它们采取本能行为的自然规则。但由于认知发生作用的时间范畴完全不同于自然选择的本能，因此，这些规则不可能达到必要的沟通水平。但语言显然可以做到这一点。化学为早期形态多细胞生物的细胞和本能形成集体智慧提供了手段，而语言则为人类扩展个别认知行为及其产生的行为提供了方法。语言让我们得以超越自我思维的边界，并成为我们与其他个体及其所有思想开展互动的一种方式。

今天，我们都知道，海德堡人和尼安德特人分别在大约20万和4万年前走到尽头。但他们留下的工具使用能力和文化却为我们这个新物种——智人——所继承。正如其他很多文献所述，人类始终在不断进步，在数千年的时间中，建立起更丰富的文化，掌握了更多的共享知识。发生在大约12,000年前的第一次农业革命，[㊀]最终为人类在这个星球站稳脚跟奠定了基础，逐渐地把我们从游牧部落转变为相对稳定的社区——与土地的联系愈发紧密，进而形成与特定地理位置休戚相关的社会。社会纽带不断延展和深化，推动了数字、共享知识、分工和专业化的力量。通过文字，则把知识从只能通过即时交互传播的事物转换为可以超越时空而存在的可传输信息。随着文明的起起落落，知识不断积累，在此期间，这些知识既会出现突发性的激增，偶尔也会遗落丢失，但大多数情况下会再见天日。学习中心随之而来，文艺复兴蓬勃兴起。科学和学习逐渐成为制度。于是，才有了我们今天的人类社会。

㊀ 第一次农业革命也被称为“新石器”革命。

与此同时，另一种趋势也在悄然兴起。当知识和技术建立因过去的成功而不断积累时，某些奇妙的事情开始酝酿和发生。所有这些知识、技术和文化都在点点滴滴地积累，不断增加，最终加速了以前的前进步伐。这种加速变化的现象最终逐步得到广泛认可。正是像《未来的冲击》（*Future Shock*）作者阿尔文·托夫勒（Alvin Toffler）等人的观点，最终把加速进步的概念转变为更普遍的对话。事实上，从几十年、几个世纪和几千年的时间框架看，变化始终保持加速状态。当然，这并不是说，速度本身一定要发生变化，而是因为它在本质上体现为指数性增长，因此，它迟早会超越线性系统的发展速度，并最终超越人类的时间范畴和寿命。于是，曾经需要数万年、数百年、数年的工作最终可能只需要几天，而后甚至只需要几个小时。随着时间的推移，变化的速度在生物学上已无法实现，因而只能借助于更多、更先进的技术。

这就让我们再次回到人类与技术共同进化的话题。350 万年以来，我们始终在改变我们的技术。技术已经从石器和简单的机器发展到粒子加速器和量子计算。与此同时，技术还把我们从没有文字和语言的灵长类动物，变成会说话、在社交方面需要相互依存的原始人，并最终成为即将踏入星际之旅的全球性物种。

在这段时间里，我们完成了脑力和知识的集合化。人类的集体智慧不仅会带来更先进、更有效的行为方式。实际上，它也是技术、社会和文明的体现，这种集体智慧已远远超过我们个体智慧的总和。就像有机体的细胞中那样，这种在思想和经济学之间发生的相互作用，也在个人需求、集体需求和社会需求之间不断变化。

与以前的所有涌现一样，社会处理能量的速度远远超过个体在形成社会之前的能量处理速度。回顾蔡森对能量率密度的计算，我们可以看到，现代社会处理能量的速度整整比个体动物（包括我们的原始祖先和我们自己）快 12 倍（足足超过一个数量级）。

这个数字当然并非固定不变。直到过去的几个世纪，文明才最终跃升到如今这个水平，而在此之前的数十亿年里，它始终呈现出指数级增长趋势。没有任何迹象表明这种增长步伐会停止。但同样显而易见的是，有些事情必然会发生变化。如果我们试图以脆弱的身躯继续维持12倍的能量消耗速度，那么，我们迟早会将消耗掉所有的能量；同样，人类社会的能源处理和消耗也在给我们的星球带来毁灭性影响。这一天正在加速到来，届时，我们不得不停止继续向地球生态系统倾倒大量废弃能源的做法，转而寻找某种可控方式把它们辐射到更大的宇宙散热器中。我们要在这个不可阻挡的能源消耗趋势中生存下去，唯有选择这条道路。

人类和技术始终在不断融合，这也让我们越来越依赖于机器。从最早适合手操作的原始工具，到可以戴在我们手腕上的可穿戴电脑，人类的工具正在越来越多地成为生活中不可分割的一部分。这种趋势已延续了350万年，而且几乎注定还会在我们这个物种的余生中继续。从带刃石器到假肢、隐形眼镜，再到人造耳蜗，我们始终在设计和改造技术帮助我们完成任务，塑造我们的世界，也让我们的生活变得更多姿多彩，更轻松惬意。与此同时，技术也改造了我们。不过，虽然它确实塑造了我们的身体，但真正最伟大的转变，还是我们的大脑和思维方式。

我们早已脱离了我们的原始人亲属，现在是时候回到当下了，而且历史也差不多走到了当下。

我们的时间线来到1956年7月10日，在降落到达特茅斯学院的绿地时，我们的飞船采取了变色龙模式，因此，我们在来来往往的学生面前保持着隐身状态。达特茅斯学院坐落于康涅狄格河沿岸的新罕布什尔州汉诺威镇，是美国最古老的学院之一，它的诞生之日可以追溯到美国独立战争之前。

昆虫一般大小的无人机携带着摄像机缓缓离开我们的飞行器，飞越绿地，前往达特茅斯音乐厅的顶层，一小群人正坐在那里聆听讲座。站在讲台上的演讲人，是身形瘦小、一圈黑发中间露出闪亮脑袋的雷·索洛莫洛夫（Ray Solomonoff）。在他讲解使用归纳推理法对计算机进行改进的手段时，有些与会者在做笔记。不用说，在 20 世纪中叶那个时候，这显然不是任何教育机构的典型话题。

但正是在这里，我们见证了一个迄今为止最为神奇的里程碑式事件。当时，少数精心挑选的科学家齐聚于此，共同参加了一场为期两个月的研讨会。这场研讨会标志着人工智能领域的开启，从此，技术将走上一条永久改变人类世界的道路。研讨会于6 月 17 日开幕，一直延续到 8 月 18 日，这场被正式命名为“达特茅斯人工智能夏季研究项目”（Dartmouth Summer Research Project on Artificial Intelligence）的会议，倾注了无数人的厚望。根据约翰·麦卡锡（John McCarthy）、马文·明斯基、纳撒尼尔·罗切斯特（Nathaniel Rochester）和克劳德·香农的提议，本次会议“旨在寻找如何让机器学会使用语言，形成抽象和概念，解决目前人类尚未解决的各种问题，并实现自我改进。我们认为，如果志同道合的科学家利用这个夏天共同开展研讨，完全可以在其中的某个甚至是若干个问题上取得重大进展”。

今天，我们都知道，这些科学家已大大低估了他们为自己设定的目的。尽管组织者和与会者注定会成为未来几十年后的传奇，但他们在当时显然还没有意识到他们所面临的问题。就在 15 年之前，第一台可编程的全自动数字计算机 Z3 才刚刚面世；而第一台采用冯·诺依曼存储程序架构制造的计算机，“曼彻斯特小型机”（Manchester Baby），也直到 1948 年才宣告建成。尽管当时似乎已硕果累累，但是对 20 世纪中期那个时代的早期计算机而言，在灵活性、逻辑性、内存和处理能力等方面还远远达不到实现这场研讨会目标所需要的能力。

实际上，“人工智能”（artificial intelligence）这个词就是由组织者约翰·麦卡锡在这场研讨会上首次提出的，他希望这个词能被全体与会者所接受。因为在这批科学家中，很多还只有 20 多岁的年轻人已经掌握了自己的研究专业和重点，因而有自己的观点和思路。当时还在达特茅斯学院工作的麦卡锡希望继续开拓这个新兴领域的研究，探索计算机智能发展的未来可能性。他后来也发明了 LISP，这是最早被广泛用于人工智能研究的高级编程语言之一。另一位组织者马文·明斯基，随后在麻省理工学院创建了人工智能实验室，实际上，他自 1951 年以来就一直在研究神经网络学习机器。被公认为信息论之父的克劳德·香农则试图把他的成果应用于计算机，从而突破某些智能障碍。雷·索洛莫洛夫以惊人的记录能力记载项目的大部分内容，他的研究方向是开发算法信息理论，并寻找使用概率论为计算机提供通用智能的方法。当然，研讨会的其他参与者也都有各自的专业领域和研究重点。[㊀]

尽管达特茅斯研讨会的雄伟目标未能实现，但是在计算机发展进程中的这个关键节点，它确实成功完成了一次激烈而广泛的观念分享。很多参与者认为，这次思想和方法的交叉互补，对他们在随后几年的工作产生了重要影响。对符号信息处理而言尤其如此，艾伦·纽厄尔（Allen Newell）和赫伯特·西蒙（Herbert Simon）在达特茅斯学院开展的研究就是最好的证据。在程序员克利福德·肖（Clifford Shaw）的帮助下，他们在那个夏天开发出“逻辑理论”（Logic Theorist）软件，这也是公认的第一款人工智能程序。逻辑理论的设计目的在于验证定理，阿尔弗雷德·诺斯·怀特海德（Alfred North Whitehead）和伯特兰·罗素（Bertrand Russell）在《数学原理》（*Principia Mathematica*）中提出了 52 个定理，[㊁]软件对其中的 38 个定理进行了证明，其中的部分论证方法甚至让原作者都感到自叹弗如。克利福德·肖、西蒙和纽厄尔的工作继续

㊀ 由于受邀嘉宾和访问嘉宾的名单被麦卡锡遗失，因此，这次会议的确切参会成员始终没有准确记载。尽管后期重新整理出一份 41 人的初步名单，但由于很多人实际上并未出席，因而不得不从名单中剔除。于是，罗切斯特大学的数学家和计算机科学家特伦查德·莫尔（Trenchard More）在会议期间的笔记就成为这次研讨会最重要的第一手文件，他提供了一份包括 32 人的与会人员名单，但雷·索洛莫洛夫提供的 20 人名单很可能是最准确的参会者名单。

㊁ Alfred North Whitehead and Bertrand Russell, *Principia Mathematica*（Cambridge University Press, 1910）。

影响着很多早期AI程序的开发，也包括这个团队在1959年创建的通用问题求解程序（general problem solver）。

由此，在人工智能领域掀起了一场喋喋不休的辩论，一部分人认为，成功的关键在于使用符号逻辑（symbolic logic），而另一部分人则坚信需采取联结主义（connectionist）方法，双方各执己见。主张符号逻辑的一方强调哲学与数学的悠久历史，他们的依据源自戈特弗里德·莱布尼茨（Gottfried Leibniz）和乔治·布尔（George Boole）。布尔是一位数学家、逻辑学家和哲学家，但其最著名的成就或许是他开发的布尔代数，这也是大多数现代计算机程序所依赖的逻辑核心。[㊀]莱布尼茨则是历史上最伟大的逻辑学家之一，他同时也是一位跨界学者和哲学家，他发明了微积分理论。莱布尼茨的目标之一，就是创造一种普适性符号，[㊁]或者说，一种兼具逻辑和推理的普适性语言。

联结主义机制以完全不同的方法实现人工智能，至于这种机制的根源，一定程度上来自我们对生物大脑及神经回路加深理解所形成的最新观点。但也存在某些因素，会限制人工神经网络在未来几十年内可能达到的高度，因此，符号逻辑是最初阶段开发人工智能的主要方法。

在随后的几年中，人工智能领域迎来了更多早期的成功。随着计算机在解决问题、证明定理、使用语言和娱乐游戏等方面的能力不断提高，使得很多研究者、研究机构以及记者和公众相信，人类水平的机器智能指日可待——即便不会如此乐观，至少也只需要几十年的时间即可实现。

还有一种被称为“推理即搜索”（reasoning as search）的早期流行方法，即，采取循序渐进的问题解决方式达到目标。这对非常简单的问题

㊀ 乔治·布尔也是深度学习之父、谷歌副总裁杰弗里·辛顿（Geoffrey Hinton）的高曾祖父，后者在神经网络方面的研究对21世纪的计算技术产生了巨大影响。

㊁ “Learned men have long since thought of some kind of language or universal characteristic by which all concepts and things can be put into beautiful order.” G. Leibniz, *On the General Characteristic*, 1679。

或许是有效的，但随着挑战的难度和复杂性日渐提高，这种方法往往会遭遇多种可能性的“爆炸性组合”。尽管人们很快就认识到，现实已排除了“推理即搜索”方法针对更复杂问题的适用性，但这个问题最终也带来启发式算法（heuristics）在人工智能领域的发展，作为一种通用技术，它强调采用不够完美但更注重实效的方法，在可控制时间范围内逼近并最终确定问题的最佳解决方案。

在这段初步发展阶段中，人工智能以及机器人等相关领域还在其他很多方面实现了重大突破。人们开发出让计算机按相当于高水平业余选手的技术下跳棋的程序和技术。明斯基开发的系统则使用机械臂、摄像机和计算机组装儿童积木。自然语言处理（natural language processing，NLP）也取得了初步成功，它允许系统进行语言识别，并把一种语言翻译成另一种语言。一款有代表性的 NLP 程序就是伊莉莎（ELIZA），它也是世界上第一台会聊天的机器人。伊莉莎在 1964 年到 1966 年期间开发完成，由脚本操作。有一个具体脚本叫“DOCTOR”，它成功模拟了一名使用罗杰斯疗法（Rogerian）的心理治疗师，在体验过程中，由于效果逼真，很多用户甚至会忘记他们是在和一款软件进行互动。

在此期间，数百万美元被投入到该领域的研究中，试图实现可与人类媲美的人工智能梦想。但归根到底，预期和现实差距太大。1966 年，接受美国政府委托，国家科学院自动化语言处理咨询委员会（ALPAC）发布了一份对人工智能持怀疑态度的报告，这也导致投入自然语言处理领域的研究资金大打折扣。随后，在 1973 年，英国著名应用数学家詹姆斯·赖特希尔（James Lighthill）也在报告中对人工智能领域缺乏进展提出强烈批评。[㊀]随后，大西洋两岸的国家纷纷削减投资，人工智能也由

㊀ James Lighthill，“Artificial Intelligence：A General Survey” in *Artificial Intelligence：A Paper Symposium*，Science Research Council，1973. http://www.chilton-computing.org.uk/inf/literature/reports/lighthill_report/p001.htm。

此进入后人所述的第一个寒冬。

从 1974 年持续到 1980 年的第一个 AI 寒冬，让相关研究陷入困境，但前进的脚步并未停止。到 1980 年，一种新形式的人工智能已开始悄然兴起。旨在复制人类专家决策过程的专家系统浮出水面，涉及医学诊断、税务咨询以及风险评估等诸多领域。这些系统通常由人类专业知识提取的知识库和根据使用环境及分支逻辑运用这些规则的推理引擎（inference engine）构成。虽然很多专家系统最初展现出良好的发展前景，但它们依赖输入数据造成的脆弱性很快便显露无遗，并导致知识库体系最终在 1987 年失宠。这恰好与招致第一次 AI 寒冬的模式不谋而合，当时，围绕发展前景的炒作已远远超过真正可以达到的现实。于是，人们后来所说的第二轮 AI 寒冬呼啸而至，这一时期从 1987 年持续到 1993 年。

尽管政府、行业和公众的预期已发生了变化，但人工智能的工作仍在继续，而且也确实取得了很大进展。在重新兴起的人工智能领域中，一个重要分支就是是人工神经网络（artificial neural networks）或 ANN。随着明斯基和西摩尔·派普特（Seymour Papert）在 1969 年所著《感知器》（*Perceptrons*）一书中提出的批评，[一]包括人称感知器的单层神经网络在内的早期网络跌落神坛。[二]在这本书中，他们指出了这种方法的主要缺陷：既没有能力处理排他性或逻辑运算——也就是所谓的 XOR 问题（异或运算）；又缺乏大型多层神经网络所需要的必要处理能力。

然后，到了 1974 年，保罗·沃伯斯（Paul Werbos）发明了解决 XOR 问题的反向传播算法（backpropagation algorithm），[三]从而为多层神

[一] 基于神经元的简化模型，感知器可以体现出神经网络的潜力，但是要达到实用价值还需要进一步改进。

[二] Marvin Minsky and Seymour A. Papert, *Perceptrons* (Cambridge, MA: MIT Press, 1969)。

[三] Paul Werbos, "Beyond Regression: NewTools for Prediction andAnalysis in the Behavioral Sciences," PhD thesis, Harvard University. 1974。

经网络的训练提供了可行性。即便如此，足够强大的处理能力仍是重大挑战，于是，在 80 年代末和 90 年代初，支持向量机器等替代机器学习方法开始流行。

在 2005 年左右，很多事件的发生，为神经网络带来更多的功能和更强的能力，也让它再次成为宠儿。首先是摩尔定律（Moore's law）的延续趋势，适用于微处理器的晶体管及其他组件数量每隔一段时间便增加一倍。在 1975 年到 2005 年的 30 年间，高端 CPU 芯片包含的晶体管数量大约增加了 10 万倍，这相当于大约每隔一年半翻一番。这不仅使得制造更强大的计算机成为可能，也为指数增长能力提供了一个典型示例。这种显著改进为运行更复杂的软件创造了条件，当然也包括后来出现的神经网络。

就本身而言，处理能力的提高仍不足以克服很多分层神经网络面对的其他挑战。但就是在那个时候，软件领域迎来了一批关键性成果，其中就包括由多伦多大学计算机科学家杰弗里·辛顿和卡内基梅隆大学的鲁斯兰·萨拉克胡迪诺夫（Ruslan Salakhutdinov）合著的两篇重要论文。[㊀]在论文中，他们描述了一个基本不受监督的神经网络创建过程。从传统意义上看，必须对这些网络的大部分设置进行密切监督和全面均衡，这就需要开发人员煞费苦心地调整每个节点和分层的权重或其他参数。但是按这两篇论文提出的技术，最终不仅可以更快地创建网络，还可以使用更多的分层，这对很多复杂任务而言是不可或缺的条件。

在当时，推动神经网络兴起的第三个因素，就是 GPU 可用性的改善

㊀ Geoffrey E. Hinton and Ruslan Salakhutdinov, "Reducing the Dimensionality of Data with Neural Networks." *Science* 28 313: 504 – 507. 2006. doi: 10.1126/science.1127647. Ruslan Salakhutdinov and Geoffrey E. Hinton, G. E. Learning a non-linear embedding by preserving class neighbourhood structure. In M. Meila & X. Shen (Eds.), Proceedings of the International Conference on Artificial Intelligence and Statistics, vol. 11, 412 – 419, Cambridge, MA: MIT Press, 2007。

及其价格的大幅下降。最初的 GPU 的主要目标是提高计算机游戏图形和 3D 图像等各种图像的处理速度。因此，它们均在矩阵和向量运算等某些类型的高度并行数学计算方面进行了优化。巧合的是，这些调整也给神经网络处理带来了益处。与其他方面的进步相结合，这些发展共同造就了有史以来最复杂的神经网络。

人工智能的改进也让“深度学习”（deep learning）一词得到了普及，这个术语于 1986 年首次被引入到机器学习领域，并在第一代卷积神经网络中得到体现，杨立昆在 1998 年开发的 LeNet－5 就是其中的杰出代表。为此，杰弗里·辛顿、杨立昆和蒙特利尔大学教授约书亚·本吉奥（Yoshua Bengio）获得国际计算机器协会（Association of Computing Machinery）颁发的“2018 年图灵奖”，并获得 100 万美元的奖金，表彰他们在人工智能和深度学习领域做出的杰出贡献。该奖项经常被人们称为计算领域的诺贝尔奖。

多年来，人工智能似乎始终困扰于对其发展速度不切实际的过高期望。但是在过去的十年中，进步的出现却如同旋风一般风起云涌。这项技术的发展速度到底有多快呢？多项技术指标表明，截至 2020 年，机器学习的技术每隔 18 个月便进步一倍。更令人瞠目结舌的是，用于训练大型 AI 模型的计算能力（处理周期的数量）每 3.43 个月便翻一番。

从这个角度看，2017 年，谷歌旗下 Deepmind 公司开发的智能围棋软件“阿尔法狗 Zero”[一]运行的计算速度已达到 AlexNet 的 30 万倍，作为卷积神经网络程序，AlexNet 曾在 2012 年的 ImageNet 挑战赛中大获全胜。[二]凭借强大的处理能力，“阿尔法狗 Zero”已不必匹配任何人类数据即可把握围棋比赛的复杂局面。相反，它只独自训练了三天，和自己进

㊀ Dario Amodei and Danny Hernandez, “AI and Compute.” *OpenAI*, March 7, 2019, openai. com/blog/ai-and-compute。

㊁ ILSVRC（ImageNet 大型视觉识别竞赛）是一项为针对大规模图像索引进行图像分类和对象识别的算法而举办的赛事，每年举办一届。

行了 490 万场比赛，边比赛边学习，便成为围棋界的真正超人。

处理能力的巨大进步，在很大程度上源于 GPU 向张量处理单元或 TPU（tensor processing unit）的转型。十年前，GPU 就已成为改进神经网络性能的成熟方法，而 TPU 则是谷歌为这项任务开发的专用集成电路（ASIC）。

今天，一个针对不同类型任务、名副其实的神经网络体系已经形成。卷积神经网络（convolutional neural networks，CNN，专门用来处理具有类似网格结构的数据的神经网络）已被广泛用于图像识别和自然语言的处理。而循环神经网络（recurrent neural networks，RNN）更适合于处理涉及时间序列数据的过程，使之更适合完成机器人控制、语音和姿态识别以及机器翻译等任务。长短期记忆人工神经网络（long short-term memory，LSTM）就是 RNN 的一种具体形式，它适用于处理具有长期依赖性的时间数据，从而在语音识别和手语翻译等应用中实现更高准确性。总而言之，目前已出现了几十种不同类型的神经网络，而且部分早期形态已逐渐丧失实用价值。

在我们的世界和生活中，越来越多的人开始受到人工智能的影响——我们驾驶的汽车，我们共享使用的社交媒体，我们的酒店和航班预订系统，在发生异常支出时，对信用卡发出警示信号的欺诈检测系统，等等，所有这些进步都在改变我们的世界，以及我们与世界互动的方式，它们在提供巨大便利性的同时，也会带来新的挑战。

在对待人工智能的态度上，我们人类存在着一个很有趣的方面——随着人工智能每一次新成果的出现，并润物细无声般融入到我们生活中，我们往往不再把它们视为人工智能，而是视之为习以为常的事情。实际上，我们甚至已经习惯于不再思考它们，视它们为理所当然的存在。光学符号识别、咨询系统、相机内置的人脸检测、语音激活的智能手机以及垃圾邮件过滤器等技术，都采用了不同形式的人工智能，但只要它们发展到足够可靠的程度，我们似乎就会忽略它们的存在，并最终让它们无声无息地融入到我们生活的背景中。因此，对我们当中的很多人而言，人工智能似乎还存在于指日可待的未来。但现实是，它此时此刻就在我们的身边，无时不在，无处不在，而且已经变得司空见惯。尽管人工智能的未来将会走到何处尚不得而知，但是从物理学和自然法则的角度看，至少在不久的未来，我们似乎看不到这个终点。越来越智能化、响应速度越来越迅捷的技术还将不断涌现，并在未来的很长很长时间内继续改变我们的世界。

那么，一旦技术达到某个未知的门槛，会发生什么呢？是否有一天，它不仅会超越人类水平的智能（如果可能的话），甚至可以通过独立的重新编码和重置硬件而实现自我改进？实际上，实施自我改善方法的门槛已在一定程度上被突破，而且完全有可能在未来几年或几十年内走得更远。自调整软件、使用现场可编程门阵列（field programmable gate arrays）的动态配置、自动机器学习以及随后将会提到的其他方法，无不是人工智能实现自我改进的具体方法。

实际上，很久很久以前的原始人就已经接受和使用技术，而且这条路一直在不断向前延伸，从未停止。这种关系改变了我们，并把我们提升到了一个全新的高度，以至于我们几乎已无法在早期祖先的身上认出自己的影子。而我们自己也在继续开发和推进技术，在这个过程中，改造的形态也在升级，从敲击石头的最原始方式，转变为以扩展感官、思想和身体为目的而对分子进行的重新配置。使用工具，我们现在可以窥探宇宙最遥远的角落，在亚原子层面上对能量和物质进行操作，并对以往不为人所见的宇宙秘密不断取得新的洞见。

在人类进化的历程中，很多事物都在加速。技术变革、文化变革甚至进化本身，都处于不断加速的前进当中。[㊀]不妨想想，早在 350 万年以

㊀ John Hawks, et al., "Recent Acceleration of HumanAdaptive Evolution." *Proceedings of the National Academy of Sciences* 104, no. 52, 2007, 20, 753 – 20, 758. https://doi.org/10.1073/pnas.0707650104。

前，我们的南方古猿祖先就已经与技术建立起这种变革性关系。在这段时间走过90%之后（相当于约30万年前），出现了智人；在剩余时间再次度过98%之后，可能出现了最早的人类文明。这促使我们以多种视角看待历史。换句话说，从时间跨度的角度看，自公元1500年左右科学革命开启以来的这段时期，在人类长期技术进步的进程中仅相当于0.02%。但是在知识、发明和文化进步方面，这种关系实际上是相反的。在历史的长河中，人类和技术进步的绝大部分成就几乎都是在转瞬之间完成的。

我们不妨把地球45.5亿年的寿命压缩为一年，假设我们的星球诞生于这一年的1月1日，这也是宇宙学家卡尔·萨根提出并得到广泛认同的一种类比方法。虽然生命首次出现的日期是1月28日（如果采用更保守的估计，可以把这个日期定为2月25日），但直到11月12日，才进化出最早的多细胞生物。到12月31日中午左右，原始人终于登堂入室。而智人则出现在这一天晚上的11:36。而科学革命拉开序幕的时间，则是在这一年的最后一天晚上11:59:56之后。最后，在距离这个假想年最后一天午夜只有半秒钟的时候，第一台数字计算机被人类发明出来。

设想一下，从单细胞生命进化到多细胞生物，再到大脑的形成，直到智人的出现，到底需要多长时间。现在，比较一下这个时间与技术达到目前水平所花费的时间——这个时间段的起点可以是石器制造的起源、科学革命或者计算机诞生的日期。从这个角度看，技术智能达到并超越人类水平确实指日可待，可能是3个十年、3个世纪，也可能是3个千年。可以肯定的是，我们正在一步步地逼近这个时间段的终点。这就把我们带到下一个问题：在讲述人类与技术共同进化历程的下一章里，我们应期待看到哪些奇迹？

FUTURE MINDS

第二部分

21 世纪

TWENTY-FIRST CENTURY

第七章
聊天机器人与意识幻觉

"计算机能力的未来就是纯洁无瑕的简单性。"

——道格拉斯·亚当斯（Douglas Adams），著有《银河系漫游指南》
（*The Hitchhiker's Guide to the Galaxy*）

"Alexa，我们聊聊天吧。"

现在的时间是 2017 年 11 月 24 日，我在亚马逊西雅图总部的第一天。我跟着护送人员通过安检口，乘坐电梯来到五楼，在那里，我被领进一个房间，房间被一面由天花板垂到地板的黑色窗帘隔开。拂过窗帘，我走到房间的中央，坐在一把现代风格的翼背座椅上。面前是一张小桌子，上面放着一个写字板、一支笔和一副索尼高保真耳机，旁边还有一个火柴盒大小并配备一个按钮的设备。左手边是一面银色反光板，将工作室前面灯光组的强光反射到房间中。在光线所不能及的黑暗中，我只能辨认出摄像师站在三脚架和数码相机后面的身影，他耐心等待着这次会议的开始。我戴上耳机，与会者简单迅速地进行了声音检测。虽然我看不到其他人，但我知道，房间内还有其他两位评委，和我一样，坐在类似的临时迷你工作室里。

操作者的声音进入我的耳机，响亮而清晰。他首先使用触发语开启这一轮决赛："Alexa，我们可以聊天了。"紧随其后的，是 Alexa 发出的计算机虚拟声音，今天，我们已对这个声音耳熟能详。作为最常用的语音虚拟数字助手，Alexa 已被安装到越来越多的亚马逊设备上。

"欢迎参加'Alexa 大奖赛'总决赛。这位是决赛选手之一。你好！

这是一台 Alexa 大奖赛社交机器人。我想，我已经听到了你的声音。我们以前有过交谈吗？”

根据具体规则，每支参赛队要从本队三个人中选出一人，与参赛社交机器人进行对话。被选出的操作者回答说：“是的。”

“你真是一个诚实守信的聊天伙伴。你叫什么名字？”

“迈克。”

“哦，我想我还认识你，迈克。现在，让我们谈谈你自己吧。你今天过得怎么样？你能和我分享你在今天遇到的一些有趣经历吗？”

此时，我们正在参加第一届“Alexa 大奖赛”，亚马逊出资 250 万美元主办了这项赛事，旨在鼓励社交对话人工智能技术领域的创新。Alexa 是亚马逊推出的一款语音服务软件，它所运行的程序被称为“技能”。这些参赛队的社交机器人都具有这种技能。到 2019 年，人们已开发出超过 9 万种 Alexa 技能——从健身教练，到智能家居控制器，甚至还有电视游戏节目 Jeopardy 的软件版！目前已经有数百款内置 Alexa 软件的第三方设备，亚马逊内部开发的设备也在不断增长，其中就包括首次向市场推出的“亚马逊 Echo”。目前，已经有超过 6 万款智能家居产品可通过 Alexa 实现操作控制，包括照明、吊扇、恒温器和智能电视等。

在第一届“Alexa 大奖赛”中，来自 22 个国家的 100 多支大学队伍报名参赛，最后 15 支队伍被选中参加比赛。他们为开发自己的社交机器人花费了近一年的时间，包括通过与公众互动对它们进行训练，现在，比赛已进入由三支队伍参加的总决赛阶段。在第一轮决赛中，包括我在内的三位评委，需要对参赛队的操作者与其社交机器人之间的对话进行评分。操作者的任务是引导 Alexa 和自己进行一番连贯而有趣的对话。一旦评委觉得社交机器人的对话过度重复或没有意义，那么，他们就会按下桌子上的小按钮。如果有两名评委中止对话，这只参赛队就需要结束对话。因此，所有参赛队的目标是让对话尽可能地持续下去，理想的情况下是对话至少持续20分钟，这也是赢得比赛优胜的最低要求。全部决赛包括三个独立的回合，参赛队的三名队员轮流参与每一个回合的比赛，而且每个回合由三位不同的人担任评委。在整个决赛期间，所有社交机器人和参赛队对评委和操作者而言均保持匿名。

尽管所有社交机器人都采用相同的计算机生成语音，但每个参赛队均采用各自选择的不同软件。尽管这些程序有各自的优势和缺陷，但总体而言，它们都具有相当惊人的能力。最终，来自华盛顿大学的“决策咨询人”（Sounding Board）团队赢得了50万美元冠军奖金，奖金由全体成员分享。这个团队由五名博士生组成，他们的专业特长涉及语言生成、深度学习、强化学习、心理植入性人类语言处理以及人机协作等领域，此外，还有三位电子工程和计算机科学教授对他们提供指导。在决赛的三个回合中，“决策咨询人”实现了平均10分22秒有足够吸引力的对话，但仍远远低于20分钟的最低要求，其中只有一次对话的时间非常接近这个标准。按照规定，如果他们的社交机器人能在两个回合中达到这个时长，而且评委给出的平均分达到4.0，那么，他们还将为所在大学赢得额外的100万美元奖金。

当然，Alexa并非世界上唯一的数字助理软件。实际上，所有AI巨头都在开发它们各自版本的类似产品，而且每一款产品都有可能彻底改造人机界面。自2015年以来，微软“小娜”（Cortana，微软在全球发布的第一款个人智能助理）始终是Windows平台的一项内置功能，并从Windows 10开始，已扩展到其他相关设备。苹果的语音助手Siri在2011年首次出现于iPhone 4S手机，随后又成为所有iOS设备的基本功能。

借助其庞大的搜索引擎基础设施，谷歌也开发了自己的智能助理程序，并在2016年正式发布。谷歌助手（Google Assistant）在回答问题和执行任务、快速响应语音请求等方面已达到相当高的水准，但是和其他竞争对手一样，它仍有很多环节需要完善。

2018 年，通过集成人工智能预订服务 Duplex，[㊀]谷歌助手的功能得到大幅改进，借助这次扩展，谷歌助手可以自动拨打电话，并与通话对方协商安排预约和预订。在大多数情况下，Duplex 采用的模拟声音与人的自然声音基本没有任何区别，不过，这只是 2018 年 5 月首次展示时让观众瞠目结舌的若干功能之一。

女士：您好，请问有什么可以帮助您的吗？

Duplex：嘿，你好，我现在通过电话为一位女士预约做发型。嗯，我希望能把时间安排到 5 月 3 日。

女士：当然，稍等一会儿……没有问题，您希望具体时间是什么时候？

Duplex：中午 12 点。

女士：对不起，我们在 12 点已经有他人预约。最接近的时间是下午 1 点 15 分。

Duplex：上午 10 点到 12 点之间可以吗？

女士：这要看您的客户需要什么服务。她希望做哪些项目？

Duplex：暂时只是做一次女士发型而已。

女士：没有问题，我们可以安排在 10 点钟。

Duplex：上午 10 点钟，太好了。

女士：好的，她叫什么名字？

Duplex：她的名字是丽莎。

女士：好的，太好了。那么，我们给丽莎女士安排的服务时间是 5 月 3 日上午 10 点钟。

Duplex：好的，太好了。谢谢。

㊀ Yaniv Leviathan and Yossi Matias, "Google Duplex: An AI System for Accomplishing Real-World Tasks Over the Phone," *Google AI Blog*, May 8, 2018. https://ai.googleblog.com/2018/05/duplex-ai-system-for-natural-conversation.html。

女士：是的。祝你有美好的一天。再见。

让人们感到惊讶和难以置信的，不仅是程序处理人类对话复杂性的能力，还有对话的逼真程度。语音助手发出的声音真实细腻，从节奏到停顿，甚至是“嗯”和“哦”之类的填充词，几乎都可以以假乱真。但这次展示随即便引发了严重问题。缺乏对提问企业或人员的识别，使得某些人怀疑，这次演示到底是预先排练好的剧本，还是彻头彻尾的伪造录音。但也有人认为，更值得担忧的是，由于 Duplex 的声音过于逼真，因此，如果它不能主动声明自己的机器人身份，就有可能引发道德问题，甚至出现被滥用的可能性。作为对这些质疑和担忧的回应，谷歌在次月进行了第二次相对低调的展示，大部分问题在新技术中得到了解决，尤其是在通话开始时，Duplex 会发出主动声明“这里是谷歌的自动预订服务”。尽管这款程序让人们倍感惊喜，但是在演示期间，Duplex 只能完成理发预约和餐厅预订这两项任务，并回答有关营业时间的询问。此外，随后的报告也表明，在交流过程中，需要在某个阶段将部分内容转接给人工操作员，这或许是为了进一步对系统进行训练。不过，值得关注的是，谷歌已清晰表明了他们为这项技术设定的发展方向。

中国企业当然不甘示弱，人工智能巨头百度开发了自己的对话式 AI 操作系统——DuerOS，这是一款针对智能设备设计的对话式 AI 系统，包括百度本身开发的“小度”和“渡鸦”智能扬声器（Raven）。DuerOS 智能芯片几乎可以集成到任何设备中，为设备提供智能助手功能。而跨国企业集团腾讯则推出“小微”，这是一款集成进了微信应用程序的数字助理，微信作为集消息、移动支付和社交媒体于一身的多功能应用程序，它的全球用户数量已超过 10 亿人。电子商务巨头阿里巴巴更是不乏动力，由于这家公司每天需要交付超过 10 亿件包裹，因此，他们根据自身业务特点，开发了数字助理程序“菜鸟”。虽然菜鸟目前仅用于处理包裹投递，但毫无疑问，它必将扩展到众多其他业务层面，譬如公司每天接到的 5 万次客户服务电话。

显然，我们已经走到数字助理业务发展的拐点位置，但我们是如何走到这一步的呢？人工智能在聊天机器人领域已形成了悠久历史，这也是很多团队参与此事的主要原因。但由此开发出的程序，显然已经远不止于会说话的计算机。数学家、密码分析家和计算机科学家艾伦·图灵（Alan Turing）于1950年发表了论文《计算机器与智能》。[一]在这篇文章中，图灵为他所提出的“模仿游戏”（the imitation game）设定了目标，即，计算机试图欺骗人类判定者认为，它其实就是一个真实的人。随着时间的推移，图灵在论文中提出的这个标准以及其他变体被后人统称为“图灵测试”（Turing test），[二]计算机科学家、研究人员和业余爱好者都在尝试攻克这个难关——创建真正有智能的程序，使用某种技巧，甚至是使用噱头，以达到愚弄人类判定者相信它就是真人的目的。

在大多数人看来，于1966年面世的“伊莉莎”是世界上第一款人机对话程序。该程序由麻省理工学院人工智能教授约瑟夫·魏泽鲍姆（Joseph Weizenbaum）开发，它采用了一系列预先编制的脚本，然后，对方输入语句，即可引导程序做出回应。使用最著名的脚本“DOCTOR”，伊莉莎会像罗杰斯心理治疗师一样，与患者进行对话。（罗杰斯心理疗法被公认为是人本主义治疗方法的代表，因此，这种心理治疗后来也被称为“人本主义疗法”。）比如说，在这个脚本中，可能会出现如下的典型对话：

伊莉莎：您有什么问题需要帮助吗？

人：所有人都一样。

伊莉莎：您认为这和您的问题有什么关系吗？

人：他们总是因为这件事或那件事给我们带来烦恼。

[一] Alan M. Turing, “Computing Machinery and Intelligence,” *Mind* LIX, issue 236, October 1950, 433 – 460, doi. org/10. 1093/mind/LIX. 236. 433。

[二] “模仿游戏”已成为图灵测试的保留版本之一，目前至少还有三个类似版本。

伊莉莎： 您能给出一个具体的例子吗？

人： 嗯，是我男朋友让我来这里的。

伊莉莎： 你觉得男朋友让你来这里，对你很重要吗？

人： 他说我经常会抑郁。

伊莉莎： 听到您说自己很沮丧，我很难过。

人： 是真的。我一点也不开心。

伊莉莎： 您能解释一下，是什么让您不开心吗？

站在我们的角度，这似乎是一次相对合乎逻辑的对话，但对程序员来说，这不过是一个非常简单的脚本而已，他们只需按照程序规则构建这个脚本。计算机在生成应答语句时，使用的是模式匹配和模式替换，并结合从用户之前响应中提取的一系列提示词或短语。

具有讽刺意味的是，尽管魏泽鲍姆创建这个程序只是为了说明计算机交流的肤浅，但是，很多使用过这款程序的人做出的反应，却让他感到意外。魏泽鲍姆甚至讲述了他的秘书与这款程序交谈的故事。在经过几番对话后，秘书竟然希望魏泽鲍姆能暂时离开，这样，她就可以独自面对屏幕一吐衷肠！正如他在 1976 年所言："我根本就不会想到……在这么短的时间里接触一款如此简单的计算机程序，居然会让完全正常的人产生如此不可思议的妄想。"[㊀] 显而易见，魏泽鲍姆取得了不凡的成功，尽管这并不是他的初衷。

在接下来的几年里，聊天机器人技术不断发展，虽然有些开发者也在探索新的策略，但很多开发人员仍沿用魏泽鲍姆的方法构建程序，毕竟，这种方法在诱惑和愚弄人类审判官方面确实非常成功。

遗憾的是，欺骗人类的能力并不是考量机器智能的合理标准。正如魏泽鲍姆无意间让人们看到的那样，人机交互是一条双向路，很明显，

㊀ Joseph Weizenbaum, *Computer Power and Human Reason: From Judgment to Calculation* (San Francisco: W. H. Freeman, 1976), 7。

我们人类早已习惯于把意识甚至个性归因于环境，但这两个方面显然不属于环境。在《媒体等同》（*The Media Equation*）一书中，[㊀]斯坦福大学教授克利福德·纳斯（Clifford Nass）和巴伦·李维斯（Byron Reeves）提出了这样的论点：在与媒体的大部分互动中，我们似乎把它当作另一个人。这甚至会导致我们自发地用这种方式看待其他技术产物——包括我们的计算机、汽车、船只或是其他工具，似乎它们也有生命和自我意识。他们在书中是这样说的："个人与计算机、电视以及新媒体进行的互动，从本质上说具有社会性和自然性，和现实生活中的互动完全一样。"

如果确实如此，这当然有助于我们解释，即使是最早、最基础的聊天机器人，使用者也愿意把它们视为社交、对话甚至是智能上的平等者。甚至某些已经意识到交流对方程序本性的参与者也会产生这样的思维。

我们都愿意接受这些程序作为自己的对话伙伴，这个事实也最终促使我相信，在不久的将来，聊天机器人和虚拟个人助理注定会成为必不可少的用户界面。随着技术的进步，尤其是计算领域在过去 70 年中取得的成就，高质量界面已成为用户的主要需求特征，甚至已成为不可或缺的产品特征。正如布伦达·劳雷尔（Brenda Laurel）在 1990 年出版的《人机界面设计的艺术》（*The Art of Human-Computer Interface Design*）一书中所言[㊁]："我们会自然而然地把界面想象为两个实体发生联系的地方。这两个实体越是缺乏相似性，对界面进行高水平设计的需求就越突出。"在很多方面，我们的技术都在变得越来越复杂，这就需要更通用、

㊀ Byron Reeves and Clifford Nass, *The Media Equation: How People Treat Computers, Television, and New Media Like Real People and Places* (Cambridge University Press, 1996)。

㊁ Brenda Laurel, ed., *The Art of Human-Computer Interface Design* (New York: Addison-Wesley, 1990)。

更直观的界面，为我们进行轻松便捷的人机交互创造条件，无论我们是资深用户，还是初次接触这项技术的菜鸟，皆不例外。

从计算机时代开始的那一刻起，我们就一直在寻找更强大、更灵活以及更自然的用户界面。这条发现之路始于硬连线程序，而后是打孔卡和打孔胶带，随之而来的是命令行界面——允许用户直接在系统中键入命令。图形用户界面（GUI）紧随其后，利用鼠标和显示器，可以为使用者提供“所见即所得”（WYSIWYG）式的体验。随着功能不断加强，计算机开始拥有足够的空闲处理能力，执行为实现一系列自然用户界面（natural user interface，NUI）所需要完成的任务。这条发展路径清楚地揭示出一种趋势，即，以越来越自然的方式与越来越复杂的技术实现交互。如今，使用手势、触摸和语音命令的 NUI 已成为越来越常见的设备控制手段。总体趋势就是计算机的进一步普及化，让昔日只属于计算机科学家的计算机进入寻常百姓家，它们不仅是狂热爱好者的玩具，今天，儿童甚至蹒跚学步的孩子都可以使用计算机。随着人类的脚步踏入 21 世纪的第三个十年，开发支持语言的虚拟助手已成为潮流，可以期待，在这个日益计算机化的世界中，它们将成为人类最可靠、最有效的向导。

人类似乎有一种特殊偏好——希望已经很像我们人类的社交机器能更进一步。在某些方面，这确实有点讽刺意味，过去，人们非常担心我们人类会变得太像机器，但是在现实中，我们却一直让机器变得越来越像我们自己——或者说，至少我们已经让机器有能力按我们给定的条件运行。显然，向更直观化界面的转型之路已经偏离了正轨。正如我们将在后续章节所看到的那样，总有一天，有机的用户界面会让我们自己和我们正在开发的技术密不可分。

与此同时，我们不妨考虑一下，虚拟助手新时代的趋势将走向何处，以及它在未来若干年会变成什么样子。随着这项技术的进步，对意识和理解错觉的利用仍是推动界面持续发展的一个积极要素。最明显的表现，就是某些开发者希望让他们的聊天机器人呈现出拟人化的个性。当然，这种倾向还有很多其他形式：譬如，让机器人采取个性化方式使用短语和习惯用语，使之在表达方式上更趋近于人性化，或是让机器人模仿或复述聊天对象的交谈方式。如果能取得成功，这些机器人或许会让我们产生错觉，忘记我们的互动对象不过是软件程序而已。

以潘多拉人工智能公司（Pandorabots）开发的聊天机器人 Mitsuku 为例，在进行基于文本的对话时，这套程序几乎有足可以假乱真的逼真度。Mitsuku 由来自约克郡的史蒂夫·沃斯维克（Steve Worswick）开发完成，曾先后五次赢得“勒布纳”奖（Loebner Prize），这是一项旨在评选全球最具人性聊天机器人的年度竞赛。Mitsuku 采用了一种被称为 AIML（artificial intelligence markup language，人工智能标记语言）的脚本语言。AIML 语言的设计综合考虑类别、模式和模板等要素，使用模式匹配对输入的文本消息做出响应。AIML 的开发者是计算机科学家理查德·华莱士（Richard Wallace），这款语言完全以他设计的聊天机器人“爱丽丝”（A. L. I. C. E.，人工语言互联网计算机实体）为基础。而爱丽丝本身的灵感则来自于魏泽鲍姆开发的伊莉莎，并试图进一步拓展这款程序的功能。作为伊莉莎的直系后代，爱丽丝曾在 2000、2001 和 2004 年三度获得“勒布纳”奖，这或许不足为奇。

“勒布纳”奖采取的标准更像一个基于文本的典型“图灵测试”，一台聊天机器人和一个匿名的真人参与者共同合作，试图说服由真人担任的评委，因此，评选标准完全是基于真实人的标准。不过，尽管人们有时把“勒布纳”奖等同于图灵测试，但很多严肃的 AI 研究者不以为然，他们认为这项竞赛有失严谨。这或许不足为奇，因为在这个领域，很多研究人员认为图灵测试本身即存在问题，因而不值得倡导。马文·明斯基本人就曾说过：“图灵测试就是一个笑话。艾伦·图灵建议将它当作评价机器性能的方法，但他从未想过把它作为评价机器是否拥有真正智能的方法。”图灵测试始终是早期研究者的标杆，但明斯基显然是正确的。这些测试的问题在于，开发人员很容易将智能的表达方式诉诸于聊天机器人的标准化的技巧，在不断提高机器人拟人化的过程中，把个性和意识解释为程序的智能化，但这些程序显然还不具有个性和意识。

无论是它的初衷，还是在其发展进程中的各个阶段，图灵测试都无法判断一部机器是否真的具有智能。可以从若干方面解释这个结论，而第一章对智能给出的定义，就是最有说服力的证据。机器很可能永远都无法完全复制人类的智能，这甚至是笃定的事情，原因很简单，机器人和人类有着完全不同的起源。虽然人类可以利用晶体管携带的数字数据模拟生物智能，但考虑到两种基板的不兼容性，因此，这种模拟永远不可能达到尽善尽美的程度。当然，有朝一日，以生物过程为基础的数字仿真或许可以达到以假乱真的水平，但那一天很可能是几十年后甚至更遥远的事情。

除这些要素之外，在人工智能的持续发展进程中，聊天机器人技术的进步还满足了另一个非常重要的需求。对人性化对话的追求意味着，研究者需要为这些聊天机器人提供源源不断的训练数据。尽管与人和人的交流还相去甚远，但是和这些聊天机器人进行对话，依旧可以满足很多非常现实的需求——比如说，排解孤独，进行策略分析或是讨论问题。

考虑到聊天机器人的起源就是“伊莉莎”，因此，它们在心理治疗方面的价值，原本就应该是意料之中的事情。例如，在 2015 年底，俄罗斯软件工程师兼创业家罗曼・马祖伦科（Roman Mazurenko）被一辆超速行驶的汽车撞死。挚友的离世，让马祖伦科的开发伙伴尤金尼亚・古达（Eugenia Kuyda）万分悲痛。化悲痛为力量的古达试图开发一个软件程序纪念这位朋友。他利用与马祖伦科的数千条手机短信训练软件，随着时间的推移，这部机器人开始像马祖伦科一样做出符合逻辑的回应。以这个凄美的故事为源头，一款名为 Replika 的人工智能软件就此诞生。Replika 于 2017 年正式对外发布，但这款软件并没有专注于某种数字方式的缅怀——而是对使用者输入的信息进行分析，以期模仿使用者的对话。该程序使用深度神经网络，并根据人机对话进行程序训练。在这个过程中，程序开始不断呈现出使用者个性、观点或是言谈方式中的一些特征。Replika 非常适合进行自由式对话，甚至会在某种程度上模拟出具有情感和同理心的对话。在个别情况下，模拟结果的真实性可能出人意料。

到 2018 年，Replika 项目已开始采用 CakeChat 开源码，这就可以让世界各地的开发者创建兼容的社交聊天机器人。通过一种被称为从序列到序列（sequence-to-sequence）的循环神经网络（RNN），这些聊天机器人可以在对话中融入不可思议的情感色彩，尽管它们本身并不存在任何形式的意识或情感。这或许是因为，它们在很多方面就是我们自己的镜像，并在神经网络深处的某个位置简单模拟出我们所确定的某些人类属性。

可以肯定的是，尽管与这些聊天机器人的对话不可能完全等同于人和人的对话，但对于某些人来说，它们确实可以提供某种安慰，甚至是陪伴。可以想象，在这样的情况下，聊胜于无——这种互动总比没有互动好得多。尽管不具备任何形式意识或同理心的聊天机器人或许永远无法替代人类伴侣，但对处于封闭状态的人或是隐居者而言，它可能有助于维持他们的心理健康，至少比不得不与敌对者或厌烦者相处要好得多。这也是很多聊天机器人开发的初衷——比如 Replika 和医疗机器人 Woebot。很多人会因身处极端性环境而感到孤独——比如处于极地前哨、太空任务或火星探索的人，因此，任何能带来陪伴、安慰或其他抚慰感受的方式，都会让他们感激涕零。虽然治疗严重精神疾病已远非目前聊天机器人的能力所能及，但现有聊天机器人软件完全可以通过日记和自我对话，为这些患者进行自助式治疗提供支持。此外，解决问题往往需要以合理的渠道模拟挑战，在这种情况下，与聊天机器人进行对话显然有助于决策者全面深入地思考问题。

因此，虽然聊天机器人仍无法实现人类水平的沟通和理解——包括我们特有的情感意识和同理心等心理能力，但是在现实中，并非所有任务都需要机器具备这些人类素质。然而，随着机器对话能力的不断改进，以及语音识别越来越多地成为我们控制技术世界并与之互动的首选方式，未来的市场需求足以加速推动和提高这些人机界面的精确性和复杂性。

我们不妨暂时离开当下，让时间向后快进若干年，一窥不久之后的未来，进而涉足更遥远的未来。假设这一年是 2023 年，人机对话界面已成为消费者与大多数设备实现互动的首选方式。智能家居技术不断发展，自然语言处理（NLP）持续进步，全球家庭使用语音助手的设备数量已近 3 亿台。[㊀]以 2018 年的 2500 万台设备为基础，这个巨大增长意味着这五年时间的增长幅度超过 1000%。换句话说，这个增长速度远远超过始于 2007 年的 iPhone 的销售增长率，而后者被视为史上采纳速度最快的科技产品之一。

语音辅助技术的快速发展正在延伸到企业的后台技术，因而也逐渐成为全球 IT 部门最重要的管理工具。尽管很多任务依旧更适合采取图形用户界面（GUI）甚至是命令行技术，但是通过语音识别和一系列语音命令的授权，可以执行的任务数量正在不断增加——这种方式就如同把指令发送给最值得信赖的人类助手。

语音技术还将继续以其他方式实现发展和专业分工。到 2023 年，聊天机器人将无处不在，并覆盖社交媒体、电话路由以及信息服务等诸多领域，在这个时代，它们几乎已无处不在。虚拟个人助理（VPA）同样已成为普遍现象，从信息亭，到智能设备，再到越来越多的自动驾驶

㊀ “Smart Homes: Vendor Analysis, Impact Assessments & Strategic Opportunities 2018 - 2023,” Juniper Research, 2018。

汽车——它们正在越来越多地成为公路上的常客。虚拟客户助理（virtual customer assistant）或者说VCA，则成为电话、互联网乃至整个现实世界城市景观中的一线助手。当然，几乎每个人的手机、笔记本电脑和支持语音的家用设备中，都会有自己最中意的助手。

不过，除VPA和VCA之外，语音技术也推动了新一代可穿戴音频设备的发展，如健康辅助设备、智能夹克以及非关键性医疗设备。在21世纪的20年代以及随后十年中的大部分时间，在任何无须专门使用鼠标或按键即可实现控制和输出的情况下，语音都将成为默认的人机界面。

这有点像角色交换——我们和机器似乎实现了换位。在计算技术发展的早期阶段，计算机还不具备任何处理能力或存储能力，因此，我们只能通过加倍努力，去学习和使用对我们来说还非常陌生的语言和交流方式，以弥补人与机器这种新型关系中的空缺。但随着计算机能力的增长进入指数曲线，带来更多可利用的处理周期，也为我们实现更顺畅的人机沟通，最终创造更“人性化”的人机关系提供了空间。

有必要强调的是，新型界面的出现未必需要放弃以前的所有界面。正如图形用户界面的开发并没有让命令行技术完全过时，同样，GUI也不会因语音等自然用户界面的到来而遭到抛弃。每个界面都能找到适合自己的时间、地点和用途，只要还存在这样的场合，它们就仍会是人机互动的渠道。

我们再回到现在。今天，使用互联网的机器人已达到数百万部。据估计，在当今的互联网上，高达52%的流量来自被统称为机器人的软件代理（software agent）。当然，它们的作用和角色各不相同，从挖掘网页的爬虫，到检索产品和服务信息的机器人，形形色色，五花八门。其中，使用自然语言与用户互动的聊天机器人是这些代理中增速最快的部分。2016年，脸书（Facebook）推出聊天机器人平台Messenger。截至当年9月，每月活跃的Messenger机器人已达到33,000部；半年后，这个数字增加两倍，达到 100,000 部，并在 2018 年这一年里再次增加两倍，达到 300,000 部。[㊀]据估计，截至 2020 年，80% 的企业将会使用聊天机器人，预计，这将为它们节省成本 80 亿美元。[㊁]根据预测，到 2025 年，全球聊天机器人市场预计将实现 24.3% 的年均复合增长率，总额将达到 12.3 亿美元。[㊂]从个人的时间表安排、预订服务和维护任务清单，到企业的客户发票、供应商付款和人力资源任务，都会成为聊天机器人的工作内容，届时，聊天机器人及其他软件代理将会让很大一部分日常任务实现自动化。这无疑会造成大量失业，尤其是在业务咨询和客户服务等方面。但机器人带来的便利性、高效性和低成本，很快会让它们成为消费者在诸多情境下的首选渠道。这就是推动此类形式人工智能加速发展的基本市场力量。

目前已经有数百个聊天机器人开发平台，它们有自己的方法，当然也各有所长，各有所短。但是在大多数情况下，可以把它们划分为两个类型：一类是基于规则的脚本，以潘多拉人工智能公司为代表；另一类是由神经网络驱动的机器学习系统，如 Replika。通常，人们认为基于规则的平台更适合于技术援助和客户支持等结构化流程，而机器学习法强调根据用户的输入进行自我调整和改进。

当然，要讨论聊天机器人和对话式人工智能的未来，就不能不提斯派克·琼斯（Spike Jonze）在 2013 年拍摄的电影《她》。影片中，名叫

㊀ "Impressive Numbers and Stats From Chatbot Dominance So Far," *SmartMessage*, May 27, 2019, www.smartmessage.com/impressive-numbers-stats-chabot-dominance-far/。

㊁ "Chatbot Conversations to Deliver $8 Billion in Cost Savings by 2022," Juniper Research, July 24, 2017, https://www.juniperresearch.com/analystxpress/july-2017/chatbot-conversations-to-deliver-8bn-cost-saving。

㊂ "Chatbot Market Size to Reach $1.25 Billion by 2025," Grand View Research, August 2017, https://www.grandviewresearch.com/press-release/global-chatbot-market。

萨曼莎的人工智能与电影主角西奥多发生了一段浪漫故事。但观众很快就会产生这样的感觉——萨曼莎不仅有意识，而且有自我认知能力，因为这个人工智能的反应看起来过于自然，和人类没有任何区别。但我们无从确切知晓，萨曼莎是否真的有意识，或者只是把自己伪装得尽可能与人类没有区别。不管萨曼莎是否有意识，影片结尾还是让我们看到，无论这种智能采取什么形式，它注定会和我们人类截然不同。虽然它的设计目标是以最自然的方式与使用者互动，而且也能逼真地模拟情感和同理心，但我们实际上不可能知道，萨曼莎能否像另一个真实的人那样，在与西奥多的互动中体验到只有人才能体验的情感。考虑到人类和机器智能之间必然存在的差异，因此，我们几乎可以非常肯定地假设，萨曼莎正在模拟让西奥多爱上自己的情感特征。

在未来的一段时间内，意识错觉仍将是聊天机器人和虚拟个人助理面对的问题。尽管它们缺少人类所特有的任何自我意识，但这不等于说，它们没有能力进行高仿真的模拟，这就会导致某些人以不健康的心态与这些设备发生关系。然而，如果这些接口本身就属于商业设备，或是纯为提高利润率而创建的服务，那么，这样的连接关系就有可能导致使用者被利用或是遭到盘剥。我们该如何保护自己免受操纵呢？至少在短期内，这个问题的根源不在于是否会被人工智能利用，而是利用人工智能谋取私利的动机。

聊天机器人技术的进步，引发了很多关于个人、财务和心理安全的担忧。聊天机器人注定会越来越擅长操纵人类。让一个人的身心健康受到威胁当然是一种风险；而各种财务欺诈——预付费用、财产诈骗或是感情欺骗，则是另一种风险。

比如说，祖父母骗局在近年来尤为猖獗。在这种诈骗剧本中，通常由声音听起来较为年轻的人给老人打电话。在电话中，他们冒充老人的孙子或孙女，称自己遭到逮捕并已被投入监狱。随后，他们向老人解释，他们不敢直接给父母打电话，并要求老人把保释金汇给他们。如果能让时间向前跳过几年，我们很容易会想到，有人可能会使用聊天机器人技术或是“深度伪造”的语音生成孙子或孙女的声音，甚至生成完全能以假乱真的动态图像。然后，他们把这些信息与来自网络和大数据的相关信息结合起来，并通过自动流程快速联系到数百万潜在受害者。可以想象，哪怕只有极少数人信从这种骗术，就足以让骗子们一夜暴富。

当然，还有心理暗示方面的影响。对某些易受外界影响、心理失衡或是感到脆弱和孤独的人来说，长期接触聊天平台可能会给他们带来潜移默化的影响。在聊天设备陪伴下长大的孩子可能会发现，他们并不觉得和人对话与和机器人对话有什么区别，当然，他们也就无法理解意识在对话中的重要性。他们自己会认为这是问题吗？或者说，我们是否有办法去调整和解决这些非人类伴侣带来的问题呢？

通过被称为“中文房间”（Chinese Room）的思维实验，著名哲学家约翰·塞尔（John Searle）清楚解读了模拟智能的问题。在塞尔设计的实验中，只接收中文词汇作为输入，并以输出适当的中文词汇作为响应，在这个程序中，无须理解输入词汇和输出词汇的具体含义。任何人都能轻而易举地通过手动方式完成这个实验——他无须懂中文，只要手上有一本书告诉他，对于某个给定的输入词，他需要输出哪个词作为响应。整个过程在没有认知、理解或意识的情况下完成。

但“中文房间”未必等于说，与意识相关的心理状态永远超越于人工智能的能力范畴。尽管人工智能或许仍不具有自我意识或元认知（对自己想法的思考）能力，但或许有足够的理由可以认为，人工智能获取自我意识，将是不可避免的趋势。最有可能的逻辑是，机器首先取得与人类意识相当但又完全不同的进展，譬如某种起源于非生物的意识。

无论如何，会话技术的持续发展，迟早会让虚拟助手拥有强大的功能与高度的个性化，以至于我们会把它们视为智能的载体，即使我们知道，这并不是真正意义上的智能。此时，我们可能想知道的是，没有了它们的陪伴，我们该如何管理自己。有朝一日，这些陪伴孩子长大的设备，会成为孩子们的隐形朋友，在瞬息万变的世界中，给他们带来指引、教导和保护。说到这里，我们可能马上会想到近几十年的电视和视频设备，但人工智能在响应和互动中所具有的智能特征，注定会让这种关系变得截然不同。在孩子们的一生里，AI 会被多次升级，以适合不同年龄段的语言方式陪伴孩子的成长。尽管存在本质性差异，或者恰好就是因为这种差异的存在，孩子和他们的 AI 可能成为最好的朋友与知己。可以想象，随着人工智能的升级，它们会越来越善于识别用户的情绪，并据此模拟他们的心理状态。因此，在经历长期训练之后，人工智能本身可能会在某个或是若干方面形成自我认知或意识。但是要达到这个阶段，显然还需克服诸多挑战，这也是我们将在下一章探讨的话题。

第八章
下一个里程碑

“如果一个程序能根据被告知和已知道的事情，自动推断出足够合乎逻辑的直接后果，那么，我们即可认为它具有常识……我们的最终目标，就是让程序也能像人类那样，有效地从经验中得到学习。”

——约翰·麦卡锡，人工智能之父，计算机科学家，于1958年发表《具有常识的程序》(Programs with Common Sense) 一文

“利亚姆，你能找到那只小狗吗?”

年轻的妈妈切尔西指着塑料玩具动物园，问还在蹒跚学步的孩子。利亚姆的目光扫过十几只玩具动物，然后指向其中的一只。“就是它，小狗在这里!”他用小手抓起德国牧羊犬玩具抱在胸前。

切尔西自言自语地说：“真不错，就是这条狗。”她停顿了一下，接着问孩子：“那长颈鹿呢？你能找到长颈鹿在哪儿吗?”走路还踉踉跄跄的孩子几乎还没等她说完，就已经发现了长颈鹿。“长颈鹿!”他尖叫着，一把抓起长颈鹿玩具，放到自己的箱子里。利亚姆的眼睛里闪着自豪的表情。

“那狮子呢？狮子在哪儿?”

利亚姆的眼光从一个玩具转移到另一个玩具，然后再转向下一个。在手指指向一只家猫时，利亚姆皱起眉头，想了想，然后。脸上露出不愉快的表情。

“狮子不在。没了。”

“没错，宝贝。”

“狮子去哪儿了呢?”

切尔西伸出手，张开手，露出握在手掌中的狮子。

“她藏起来了！在这儿呢！”

利亚姆一把从她的手里抓起狮子，脸上露出灿烂的笑容，“是我的！”

两人笑了起来，又继续玩了一个小时。利亚姆完全陷入游戏的快乐当中，丝毫没有露出一点倦意。不过，切尔西最终还是不得不结束他们的猜谜比赛。

这一年是2034年，和越来越多的无子女家庭一样，切尔西和丈夫也同意加入“收养机器人”（Adopt-a-Bot）项目，这是一个由政府资助的人工智能培训项目。而利亚姆则是一台有终身学习能力的机器人。

和他的“兄弟姐妹”一样，利亚姆聪明伶俐，乖巧可爱，长着一幅卡通人物般的娃娃脸。作为新一代人工智能，他的设计理念就是像孩子那样不断学习和成长。这些人工智能“孩子”已进入世界各地的家庭，得到父母的关爱和照顾，并通过他们的传感器和体验不断获取新的知识。在这个过程中，他们会收集对外界的看法和理解，这与幼儿的学习方式和学习过程非常相似。

显然，为了让人工智能进入这个更高级阶段，还需克服很多障碍。尽管我们已经在21世纪的前20年取得了惊人进步，但这还远远不够。要超越今天功能狭隘的人工智能，创造属于未来的通用性人工智能，还需要在几个重要节点实现突破。

狭义上的人工智能是指以执行单一任务为目的的软件程序，如下棋、识别图像或执行医学诊断等。深度学习最近取得的惊人成就，大多源于神经网络的应用，例如谷歌DeepMind推出的围棋程序“阿尔法狗”（AlphaGo），它几乎不费吹灰之力便击败2016年世界围棋卫冕冠军，当然，还有已开始逐步投入使用的无人驾驶汽车。

但是，人类甚至是很多动物的智能，无论在广度还是深度上，都会让世界上最先进的AI设备相形见绌，也让我们得以在每天无休无止、多种多样的挑战面前，按部就班地休养生息。假如没有这种能力，人类或许很早就已经因视野狭隘和思维僵化而灭绝。

正因为如此，很多人工智能研究者开始关注如何为计算机带来更广泛、更多样化的智能。不过，分布在世界各地的几家实验室及其研究人员，几乎不约而同地把眼光集中到几种模式上。

在过去的十年中，人工智能领域取得了很多惊人成就，这些成就都可以归功于深度学习型神经网络（deep learning neural network）的采用，该模型的灵感源于我们人类大脑中神经元通过树突和轴突建立连接的方式。有时候，可采用代表人工神经元的圆形节点层绘制神经网络模型，并以代表链接的线让这些节点实现互联互通。

深度学习型神经网络

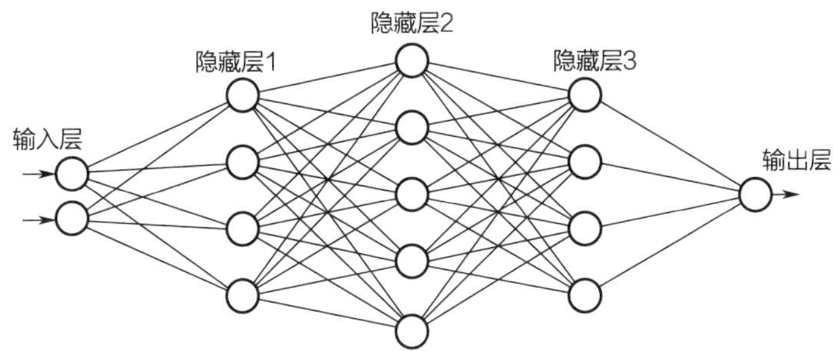

上面的图例只是一个基本模型。每个行业都会有相应的模型——从航空航天、制造业、医疗用途到商业，由于不同行业有不同的需求和目的，因而就会形成不同类型的神经网络架构。

在模型创建完成之后，就可以向这个神经网络提供训练数据，调节各个节点和链接的取值和权重。最初，这个过程是在监督下完成的，而现在，很多调整均采用所谓的非监督性训练技术自动进行。每个隐藏层都在检测数据特征时发挥作用，直到完成全部任务。随后可能要进入分类阶段，将输出与特定标签关联起来，这取决于具体的任务。因此，这种神经网络的层级数量可以从两三层达到几十层。少数情况下，这个数字可能还会进一步增加。被称为联结主义人工智能（connectionist AI）的神经网络，在本质上是一种统计策略，在每一层级上发生的识别需要较上一层采用更高或更低的概率。

很多深度学习型神经网络都有一个共同的特点——它们需要数量巨大的训练数据。这些系统可通过学习对猫和狗的图像做出区别，或是对语音进行识别，但这往往需要数以万计的庞大数据集为基础，更是需要数百万的训练示例才能达到足够的准确性。利用这些数据，可以逐步细化对网络层节点和链接的取值和权重。理想的情况下，随着样本数量的增加，系统的准确性也会提高。由于深度学习训练方法对数据具有高度依赖性，因此，数据的数量和质量同样至关重要。

现在，再和孩子的真实学习方式进行一下比较。通常，一旦孩子达到特定的年龄段并具有相应的认知能力，只需向他们展示一些具体示例即可，这也是他们青葱头脑唯一需要的营养。让一个 3 岁的孩子看几张小猫、小狗或是犀牛的照片，不管光线如何或是什么样的角度，他们就应该会做出准确的鉴别，而且这种能力会逐渐成为本能。在本章开始描述的场景中，切尔西和研究人员使用这种策略，与利亚姆共同完成学习过程。

即便要达到接近于幼儿的某些能力，也需要这种人工智能满足很多条件，并攻克很多障碍。通过有限示范实现学习的能力被称为“一次性学习”（one-shot learning，或称为单样本学习）；不过，直到 2020 年，我们也只是看到了这种方式应用于计算机的可能性。

在人工智能领域，人们把一次性学习视为模仿或者至少是接近人类使用所谓“对象类”（object class）进行学习的方法。人们通常认为，在长到 6 岁或 7 岁时，一般的孩子应已掌握可识别 10,000～30,000 个对象类的能力。[㊀] 比如说，这个年龄段的孩子应该能轻松区分“对象类狗”和“对象类牛”。当然，即便是成人也不可能对某些事物做出明确分类。另一方面，这种学习形式以先验性知识为前提，因此，识别“对象类狗”和“对象类牛”的能力，会让他们更容易学会从有限示例集合中区

㊀ Irving Biederman. “Recognition by Components：A Theory of Human Image Understanding,” *Psychological Review*, 94 (2), 1987. https://pdfs.semanticscholar.org/1e38/9040dbdb3057-ff510df13808be153c459fd0.pdf。

分和识别出"对象类马"。一次性学习不仅会显著改进人工智能处理、识别特殊的新输入并从中学习的能力，还意味着，它已经取得从经验中学习并依据先验知识进行推断的能力。

在机器上进行一次性学习的方法之一，就是采用所谓的贝叶斯模型（Bayesian framework），利用该模型确定某个事物是否属于某个特定的对象类。该模型最早由李飞飞、罗伯・弗格斯（Rob Fergus）和皮耶特洛・佩罗纳（Pietro Perona）在2003年提出。[一]这种方法极大推动了针对一次性学习开展的研究。实现一次性学习的另一种方法，是使用孪生神经网络（siamese neural networks）模型。[二]该模型由两个相同的姊妹网络构成，两个网络对节点和连接采用相同的初始权重。一般策略就是训练模型对一组配对事物进行区分，部分配对对象是相同的，但有些则是不同的。为每个神经网络提供一个配对输入，具体可以是两只动物、两张脸或两个物体。然后，系统会通过自我训练，学习区分图像。之后，即可对训练进行推广，根据之前学习的知识评价新事物类别，在依靠按先验知识进行推论的基础上，为进一步学习创造了条件。

由于在本质上属于比较性学习，因此，一次性学习有助于利用已有知识构建新知识，这不仅是人类学习的关键特征之一，也是人工智能实现进一步飞跃所需要的能力。

与一次性学习对应的是零次学习（zero-shot learning，也称为零样本学习或零起点学习）：系统直接识别以前未发现对象类的能力。这种学习方法的实质，就是通过使用标记训练集对已知和未知对象的不同特征

[一] Li Fei-Fei, Rob Fergus, and Pietro Perona, "A Bayesian Approach to Unsupervised One-shot Learning of Object Categories," *Proceedings of the IEEE International Conference on Computer Vision* (2003) 2, 1, 134 - 1, 141. doi. org/10. 1109/ICCV. 2003. 1238476。

[二] Gregory Koch, "Siamese Neural Networks for One-shot Image Recognition." PhD dissertation, University of Toronto, 2015。

进行分类，实际上，对任何不熟悉的对象做出识别都是有可能的。比如说，使用这种方法，以前从未见过雄狮的人有可能识别出雄狮，因为我们都知道，雄狮看起来应该像一只头上长着鬃毛的大猫。无论是零样本学习还是单样本学习法，都建立在先验知识的基础之上，这也是动物尤其是人类学习的一个关键特征。但到目前为止，如何在机器中完全实现这一点，还始终是无法克服的难关。

另一个需要克服的里程碑是语义。当我们说出某个具体的词汇时，我们知道，这个词可能会引来不同的理解和联想，这取决于当时的具体情境及其上下文中的其他相关词汇。譬如，“rose”这个词的含义可以是玫瑰花，也可能是玫瑰色，还有可能是一个人的名字“罗斯”，甚至会是动词“rise”的过去式。因此，它的含义、价值及其他特征以及它可能引发的主动联想和联结，在很大程度上取决于这个词周围的其他语言。在很多层面上，上下文是解释一个单词的核心。

任何词汇都会有明示和暗示性含义；基于我们对某个词的体验，包括我们如何获取它们，我们或许更有可能轻易掌握它在具体语境中的含义。但是，早期的人工智能基本上无法处理这个问题，这在很大程度上是因为它无法从现象学意义上体验世界。相反，人工智能只能利用其擅长的方法从单词中提取内涵。因此，利用单词标签和向量的统计性方法为词汇创建内在含义和外部关联，可以让人工智能近似得到人类通过自然心理过程得到的含义和关联。正是凭借这种真正感知世界的能力，我们人类才能成为唯一可以用语言对体验编码的物种。这种优势显然是机器无法企及的。

语义分析是另一种基于统计学的学习方法，也是一种更适合人工智能的学习法。这种技术就是为相关术语、含义、关联和条件建立分层结构，以便于更有助于机器推断某个词汇相对上下文的最佳含义。归根到底，它的目标就是理解上下文。在所有的沟通中，从多角度、多层次考虑相关信息的能力都至关重要，但着眼于人们的关注点更重要。两个朋友在交谈的时候，他们在说每句话之前，都会考虑刚刚说过的话、15 分钟前的信息甚至是五年前的经历。如果没有上下文，这种交流会变得空洞乏味、敷衍了事。

相比之下，如今的聊天机器人和对话界面只能考虑之前的一句话，如果幸运的话，或许会考虑前面的两个句子。要让人工智能轻松自如地考虑如此形形色色的非结构化数据，对处理能力和内存空间的需求可能远远超过目前所能达到的水平。循环性神经网络可能更适合处理一段时间内的变化数据，但它们对数据的结构化要求也更高，而在现实世界中，非结构性才是大多数数据的特征。这就导致这种技术难以实施。

但更大的挑战或许是待处理信息的范围。目前，深度学习型人工智能算法还只能针对有限领域的特定任务取得不俗表现。但缺乏语境认知能力严重限制了这些算法的实用性和个性化程度。比如说，根据使用者每天 17 点左右下班并开车回家这个既往事实，智能手机可能会自动通报当时的交通状况。但这种模式显然不足以让它们有效回应更具弹性的问题，比如："今年我应该去哪滑雪？"因为它根本就不知道你喜欢什么样的雪况、你的正常预算是多少，以及哪些朋友可能加入你的出行队伍。诸多不同的离散性信息可以为解答这个问题提供支持，并且这些信息可能来自更多的潜在信息库。要让虚拟个人助理执行原本由朋友、同事或助理承担的任务，尽可能广泛地了解上下文绝对是必要的。

为实现功能更强大的人工智能，并最终实现通用性人工智能，可能需要采取所谓的序列学习（sequential learning）策略。对很多神经网络而言，学习电子游戏之类的个别任务或过程，主要问题在于训练。但遗憾的是，在掌握这个游戏之后，如果让神经网络学习另一个游戏，即便是相关的游戏，它也无法沿用之前积累的知识或策略。实际上，它只能从零开始，让自己重新变成一张白纸，这就会出现人工智能研究中经常出现的"灾难性遗忘"（catastrophic forgetting）。相比之下，人类首先通过一系列不同任务，逐步地积累信息、概念和相关经验，从而达到学习和构建知识的目标；并使用类比和推理等各种工具扩展已有知识。显然，人工智能还远远未能达到这个境界。最近，开发人员已着手研究具有记忆功能的新型神经网络——人工智能按顺序学习几个游戏，在学习新游戏的时候，不会完全遗忘之前学到的东西。系统之所以获得这种“记忆”能力，是因为它们会在运行过程中不断创建新知识，并对这些已有知识进行存储。

2017 年，谷歌 DeepMind 团队发表了一篇论文，介绍了如何通过“突触巩固”（synaptic consolidation，或神经元固化）实现“持续性学习”（continual learning）。[㊀]受人类大脑学习和保留知识方式的启发，突触巩固可以让神经网络学习某个游戏，而后，在转移已掌握知识的同时，继续学习新的游戏。由于无须重新学习部分先验知识，因此，这就会带来更快、更有效的培训。神经网络的架构方式表明，不同于仅针对单个游戏进行训练的程序，这种相对新颖的持续学习法不存在最适合某个游戏的问题，它有助于掌握针对更多游戏的知识，因而为人工智能记忆能力的研究提供了一个有价值的方向。

要在通用智能（general intelligence）的舞台上对人类发起挑战，人工智能还需解决大量悬而未决的问题，这注定是一条漫漫长路。虽然人工智能可以在几秒钟内解读数百万条记录，或是快速掌握一个可能需要一个人耗尽终生精力才能学会的游戏，但是，它始终无法完成从驾驶汽车到讨论未知建筑布局更不用说召集董事会会议这种事情的质变性跨越，这或许只需占用一个人几分钟或者几秒钟的时间，但它需要真正的智慧。哪怕只是为了在多样性和灵活性上接近人类，它们首先也需要在

㊀ James Kirkpatrick, et al., “Overcoming Catastrophic Forgetting in Neural Networks,” *Proceedings of the National Academy of Sciences* 114 (13) 3, 521 – 3, 526, March 28, 2017, https://doi.org/10.1073/pnas.1611835114. James Kirkpatrick, et al., “Enabling Continual Learning in Neural Networks,” *Google DeepMind Blog* March 13, 2017, https://deepmind.com/blog/enabling-continual-learning-in-neural-networks。

情境推理等诸多领域取得重大进展。这恰恰也是 DARPA 当初试图解决的问题。

DARPA 的全称为美国国防部高级研究计划局（Defense Advanced Research and Projects Agency），专门负责为美国军方开发新型技术。虽然国防部和军方参与人工智能研发的做法可能会让某些人感到不适，但必须强调的是，政府出资带来的新成果当然首先要符合国家安全利益，但随着时间的推移，这些能力往往会造福于民，这已经得到了历史的反复验证。譬如，1969 年，DARPA 开始设计一套用于连接军队与政府其他部门及大学研究机构的通信系统，也就是所谓的阿帕网（ARPANET，美国高级研究计划署网）。众所周知，阿帕网最终被移交民用部门管理，并最终成为互联网与万维网（World Wide Web）的前身。同样，进入 21 世纪初，为解决伊拉克和阿富汗战争期间的车辆调动问题，DARPA 启动了一系列重大研究项目，为此，他们召集了一批机器人工程师，着手共同开发自动驾驶汽车，也称为所谓的无人驾驶汽车。DARPA 的参与加速了开发过程，研究进度或许因此而提前了几年。

这些项目和其他类似项目的成功，最终促使 DARPA 在 2018 年 9 月宣布了其“未来人工智能”计划（AI Next Campaign）。㊀该项目旨在解决人工智能中的诸多瓶颈式难题。项目的目标就是通过在未来五年投资 20 亿美元，推进 AI 技术的全面发展。顺应这个计划，数十项人工智能重大攻关项目脱颖而出，其中包括“加速分子发现”“因果探索”“可解释人工智能”“智能神经界面”“终身学习机器”“机器化常识”“软件定义化硬件”以及“全球建模器”等。

尽管“未来人工智能”计划侧重于这里讨论的大部分新 AI 功能，但不应忽略的是，其他很多功能对 AI 的未来同样至关重要，而对军队

㊀ “DARPA Announces $2 Billion Campaign to Develop NextWave of AI Technologies,” Defense Advanced Research Projects Agency, September。

的重要性更是不可小觑。这些能力构成了人工智能的第三次浪潮。第一次浪潮对应于人工智能的早期发展阶段，即，以人工符号逻辑和规则为基础的智能系统，因此，这个阶段也被称为“浪漫的老式人工智能”时期（Good Old - Fashioned AI）。第二次浪潮集中体现于神经网络，它们在本质上具有联结主义特征，并且更多地依赖于统计技术。而在第三次浪潮中，DARPA 寻求的目标则是实现情境适应、形成一定程度的推理及抽象认知能力，这些能力最终将为人工智能取得与人类智能平起平坐的地位。希望一切按计划进行——第一次浪潮带来的是希望和目标，第二次浪潮提供了思路和方法，至于答案，则留给了第三次浪潮。

为实现这些目标，DARPA 已开始着力于开发情境认识，开发 AI 在情境理解、演绎推理、抽象思维以及可解释性等方面的能力。虽然推理和抽象思维概念似乎已成为我们的本能，毕竟，它们早已成为人类智能不可分割的一个组成部分，但可解释性（explainability）完全不同。在人工智能领域，一个长期以来悬而未决的问题是，神经网络始终被人们看作“黑箱”，因为我们无从知晓它们是如何得到结果的。在很大程度上，这种不透明性不仅因为它们本身即围绕网络节点的“隐藏”层而构建，还源于事物所固有的统计本性。当然，这并不是说，我们完全无法感知到这些“隐藏”层的存在。相反，真正无法解释的，是这些网络为得到预期结果而在这些层级间建立均衡的方式和原因。无论训练过程有无监督，这种不透明性始终存在。对由此形成的系统而言，它们的内部处理方式和过程异常复杂，因此，以循序渐进的方式为过程和输出（结果）提供符合逻辑的解释，在现实中是不可能的。

缺乏可解释性也带来了各种潜在问题——从对关键基础设施的自动控制，到对军事行动至关重要的问责制，再到意想不到的各种偏见，并体现于种族、性别以及社会经济等各个方面。如果能设计一套不仅能执行任务而且能解释过程和原因的系统，无疑有助于提振我们对系统的信心，当然，还要切实有效地让系统、开发者和使用者各司其职、各担其责。DARPA 的目标听起来似乎朗朗上口，易如反掌，但是要真正实现显然绝非易事。按照 DARPA 的说法，他们试图打造“未来，这些机器不再只是被动执行人类为它们编写的程序规则，也不再消极依赖人类灌输给它们的数据。相反，它所设想的机器，更像是有血有肉的同事，而不是没有情感的工具。为实现这个理想，DARPA 为人机共生研发项目设定的目标，就是以机器为伴侣”。[㊀]

但最大的挑战，或许还是如何为这些系统开发基于常识的推理能力。对我们人类来说，常识似乎与生俱来，它已经深深植根于我们日常生活中的方方面面，以至于看起来根本不应该成为挑战，更不会成为最难攻克的挑战。不妨用一个简单示例说明这个问题。我们都知道，生鸡蛋的外壳非常脆，对计算机来说，应该不难在维基百科中查到这一点。即便从本能出发，我们也能理解重力的本质，同样，计算机也很容易查询这个知识点，甚至可以进行模拟。现在，假如让一个距地面 6 英尺的鸡蛋自由下落，你就会很清楚会发生什么。但即便是在 21 世纪初，计算机也无法想象这枚鸡蛋的命运会如何。

DARPA 并不是唯一试图解决这个问题的机构。35 年来，Cycorp 公司的道格·莱纳特（Doug Lenat）始终致力于开发 Cyc——这是一个旨在为计算机灌输常识性知识的项目。[㊁]虽然目前有很多方法试图以机器模拟人类的思维过程，但 Cyc 则希望以大量的人造语句实现这个目标。（据估计，自 1984 年启动以来，Cyc 项目已收集了 2500 万条常识性知识。）依靠本体技术（ontology，一种综合数据结构）以及知识库和推理引擎，该项目始终致力于构建必要的经验规则，借此代表我们在生活过

㊀ AI Next Campaign, DARPA, September 7, 2018, https://www.darpa.mil/work-with-us/ai-next-campaign。2018, www.darpa.mil/news-events/2018-09-07。

㊁ Doug Lenat, Mayank Prakash, and Mary Shepherd, “CYC: Using Common Sense Knowledge to Overcome Brittleness and Knowledge Acquistion Bottlenecks,” *AI Magazine*, vol. 6 no. 4, p. 65-85, 1985, ISSN 0738-4602。

程中需要经常面对的常识。

另一家从事这个问题研究的机构是艾伦人工智能研究院（Allen Institute for Artificial Intelligence，AI2），该研究院由微软联合创始人之一的保罗·艾伦（Paul Allen）建立，具体项目由计算机科学家、创业家奥伦·埃齐奥尼（Oren Etzioni）负责。在他们的众多研究项目中，尤以“马赛克”（Mosaic）项目最具代表性，该项目试图将常识认知能力纳入人工智能。为此，研究团队首先为这个高度人性化特征开发了标准计量方法。

埃齐奥尼认为：“常识有点像人工智能中的暗物质。尽管它无处不在，但却难以描述，更不用说衡量。马赛克项目的出发点就是让它具有可测量性，目前，我们已掌握了一些方法，为此，我们正在研究开发常识知识库。这完全不同于以往的 Cyc 项目——更多地体现为人工性和主观臆断性。现在，我们实际上是在利用深度学习技术。”

在华盛顿大学计算机科学教授崔艺珍（Yejin Choi）的带领下，马赛克项目得以利用当今世界上最有效的常识性资源：人。在其中的一个项目中，他们使用亚马逊的“土耳其机器人”（Mechanical Turk）系统，[一]以付费形式向人们购买常识做出的描述，按照崔艺珍的说法，有朝一日，这将打造一套基本规则。这就需要大量使用众包技术，崔艺珍估计，她需要 100 万条人工生成的语句对人工智能进行训练。一旦到位，就可以利用这些常识性描述，生成可根据既有信息学会预测和推断的引擎。

艾伦研究院的另一个以人机交互进行常识训练的 AI2 程序是 Iconary，这款游戏程序的灵感来自另一个英语训练类游戏“画图猜词”（Pictionary）。游戏由计算机和真人在线进行。[二]其中一方负责抽卡，另一

㊀ 亚马逊推出的“土耳其机器人”是一款利用人类智能执行特定任务的众包方法。这个名称来自 18 世纪的下棋自动机，但当时的机器与人工智能毫无关系，实际上只是让一名人类国际象棋大师藏身在机器中。

㊁ “About Iconary from AI2 | Draw and Guess with AllenAI,” Allen Institute for Artificial Intelligence，iconary. allenai. org/about/。

方猜对应的短语。这不仅需要大量的自然语言和视觉识别处理技术，更需要常识。在玩游戏的过程中，无论成功还是失败，都会逐渐让 AI 了解到更多的常识。

与此同时，谷歌的 DeepMind 团队也致力于研究第三次浪潮涉及的问题，凭借深度学习工具，他们已在这个领域取得了丰硕成果。DeepMind 系统使用所谓的神经架构搜索技术（neural architecture search, NAS），[一]首先定义出可用于构建神经网络的模块。系统把这些模块组合起来，形成端到端架构，然后，即可对网络进行训练和测试。多次重复这个过程，最终即可形成相对最优的配置。遗憾的是，这种方法需要消耗大量的时间和资源，这就为以更灵活方式探索潜在搜索空间的其他方法提供了机会，其中包括渐进式神经架构搜索（PNAS）[二]和高效神经架构搜索（ENAS）[三]。

在这些研究项目的基础上，谷歌及其他公司已开发出不同版本的自动机器学习系统（auto-machine learning），也就是所谓的 AutoML。设计 AutoML 的目的在于实现机器学习过程的自动化，该过程往往需要大量专业知识去设置和调整。这种简化会随着计算和编程的不断完善而反复发生，与此同时，使用技术对过程中的诸多挑战性细节予以抽象化，这样，使用者就有可能利用更基本的技能创建人工神经网络。因此，有朝一日，计算机完全有可能以动态方式，为既定任务生成具有高度针对性的人工神经网络（ANN）模块。

㊀ Barret Zoph and Quoc V. Le, "Neural Architecture Search with Reinforcement Learning" *ArXiv. org*, November 4, 2016, https://arxiv. org/abs/1611. 01578。

㊁ Chenxi Liu, et al., "Progressive Neural Architecture Search," *ArXiv. org*, 26 July 2018, arxiv. org/abs/1712. 00559。

㊂ Hieu Pham, et al. "Efficient Neural Architecture Search via Parameter Sharing," *ArXiv. org*, February 12, 2018, arxiv. org/abs/1802. 03268。

很多常识源于我们对世界的体验和观察。有些常识来自于社交活动，但更多的常识不过是客观现实的结果而已。从高处扔下一个鸡蛋，它会摔碎了。脚趾碰到异物，会产生疼痛感。正因为这样，有些计算机科学家认为，创造高级人工智能的方案，就是像抚养孩子那样去培育它。让人工智能根据以往人机互动带来的知识，逐步建立更丰富的知识库。

与我们所说的常识有关的，是理解因果关系的能力，这也是人工智能始终无法攻克的难关。因果关系的本质对理解世界本身、它的行为和过程以及影响至关重要。了解扔鸡蛋的结果和影响，就是一个很能说明问题的例子。或者说，在没有雨伞的情况下，如果遭遇暴风雨，会发生什么呢？开车掉下悬崖，会带来怎样的后果呢？掌握这些事件的因果关系，实际上也是我们人类的第二天性。人工智能显然还需要加倍努力。

帮助人工智能学习因果关系的一种方法，就是终生学习机器，也就是 DARPA 所说的“L2M”项目（lifelong learning machine），[㊀]这是一种以模仿人类学习过程为目的的方法。按照项目经理哈瓦·西格尔曼（Hava Siegelmann）的介绍，L2M 围绕终身学习的四大支柱构建而成：持续学习、内在探索、基于背景调节的计算以及基于知识积累的新行为。西格尔曼认为：“在 L2M 项目中，我们并不寻找人工智能和神经网络的先进性和持续完备性，而是通过改变机器学习范式方法，促使系统能根据经验不断改进。”

此外，终生机器学习的倡导者还希望摆脱神经网络目前使用的庞大训练数据集。相反，应采用能最大程度利用已掌握类别和知识转移的方法——如一次性学习（甚至零次学习），充分发挥这些技术在实施过程中的作用。

㊀ Hava Siegelmann, “Lifelong Learning Machines (L2M),” Defense Advanced Research Projects Agency, www. darpa. mil/program/lifelong-learning-machines。

有些心理学家认为，人类生来即掌握某些关系生死存亡的重要能力。例如，哈佛认知心理学家伊丽莎白·斯佩尔克（Elizabeth Spelke）曾提出这样的观点，即，儿童生来就已掌握很多核心知识体系，[一]而且正是因为有了这样的初始状态，我们的终生学习能力完全绰绰有余。基于斯佩尔克的见解，认知科学家、作家及创业家加里·马库斯（Gary Marcus）探讨了“预设置”和“重新设置”的基本区别，他认为，两者的生物学证据很重要。马库斯表示，要让人工智能以高度接近儿童智能发展的方式进行学习，至少需要为它们培育 10 种最基础的人类本能，或者“先天禀赋”。[二]

与这种观点相反的是，深度学习领域的传奇人物及脸书人工智能研究（FAIR）负责人杨立昆（Yann LeCun）认为，复制人类固有禀赋注定是一种次优方案，实现类人智能的答案几乎完全依赖于深度学习。这种观点的前提很清晰，即，所有的智能形态都具有符合联结主义观点的起源，人类大脑的神经连接就是最好的例证。

针对如何让人工智能像人类那样学习的最佳方案，两个阵营据理力争，各执己见。马库斯认为，卷积神经网络是杨立昆在人工智能领域最伟大的成就之一，实际上，在他归纳的不可缺少的 10 项先天禀赋中，该系统已经纳入了其中的一项核心本能——“平移不变性”（translational invariance）。按照平移不变性原则，在人工神经网络中，不管一个图像出现在视野中的哪个位置或哪个方向，都会被检测出来和做出识别。杨立昆对这些先天禀赋进行预编程的观点持反对意见，他认为，在采取更复杂的深度学习方法时，这种平移不变性可能会自然而然地出现。那么，是否存在这样一种可能，两个阵营采取的方式都正确呢？是否可以

[一] Elizabeth S. Spelke and Katherine D. Kinzler, “Core Knowledge,” *Developmental Science* 10：1 (2007), 89 – 96, doi：10. 1111/j. 1467 – 7687. 2007. 00569. x。

[二] Gary Marcus, “Innateness, AlphaZero, and Artificial Intelligence,” *ArXiv. org*, January 17, 2018, arxiv. org/abs/1801. 05667。

通过“预设置”的进化路径，对各种生物神经结构和过程的构建进行优化，以充分发挥这些核心知识体系的作用？

在人工智能领域，很多重大挑战恰恰也是全球研究机构关注的焦点，但有一点毋庸置疑，在这项竞赛中，领跑者永远是科技企业巨头。这些公司不仅拥有招募顶级人工智能人才的资源，而且可以为他们提供公司长期积累的庞大数据库。考虑到深度学习已经取得的成功，在未来很长一段时间内，谷歌、脸书和亚马逊或许仍会是这个领域的佼佼者。

但来自中国的三家科技巨头当然不甘寂寞——百度、阿里巴巴和腾讯在探索人工智能方面始终走在前列。这三家公司被人们习惯性地称为“BAT”，2017 年，它们的总市值超过 1 万亿美元。[㊀]尽管三家公司的估值随后出现大幅缩水，但它们依旧是人工智能，尤其是深度学习领域的重要参与者。

几十年来，中国对互联网的管理政策始终是西方矛头指向的对象。但随着深度学习型神经网络的发展，外界已经逐渐意识到，中国在这方面并不落后。在这里，深度学习呈现出数据密集型特征，中国的人口数量超过美国的四倍，因此，这些中国互联网巨头拥有取之不尽的训练数据源泉。除拥有超过 14 亿本地用户（有 11 亿中国人在使用智能手机）之外，这些中国企业的海外用户群体也在快速增长。凭借短信息、社交媒体和移动支付软件（微信），腾讯每月即拥有近 10 亿个活跃用户。2017 年，电子商务巨头阿里巴巴处理的在线支付业务总额超过 8 万亿美元。与此同时，百度则为中国用户提供了 3/4 的搜索引擎服务，每天执行的搜索数量超过 5 亿次。虽然这个数字还不到谷歌 60 亿次日搜索量的 1/10，但摆在他们面前的未来市场空间无疑是巨大的，百度超过 150 亿美元的年收入就是最好的证明。

㊀ Peter Diamandis, “China’s BAT: Baidu, Alibaba & Tencent,” *Diamandis Tech Blog*, *China Series*. https://www.diamandis.com/blog/baidu-alibaba-tencent。

除构建人工智能为其核心业务提供支持以外，这些中国互联网公司还在快速进军其他市场，这当然要得益于人工智能的持续发展。除高质量机器翻译软件之外，他们锁定的目标还包括自动驾驶汽车、机器人的神经芯片以及家庭虚拟助手等。面对亚马逊的 Alexa 以及谷歌助手，百度推出以 DuerOS 驱动的语音助手，并在 2018 年实现 1 亿销售量，仅仅在短短六个月内便实现了翻番。[㊀]此外，三家中国公司均加大了对面部识别技术的投入，尤以百度的步伐最为迅猛，他们为全体员工配备了携带面部识别系统的徽章，在他们看来，面部识别拥有更高的安全性。

那么，这些数字是否预示着，中国即将成为人工智能，尤其是深度学习领域的未来主导者呢？很有可能，不过，在背景推理和一次性学习等重大未知领域，中国企业的发展前景还不得而知。在某些应用程序中，基于人工智能的翻译已经让人工翻译相形见绌。这种优势很大程度上来自基于统计短语的机器翻译（SMT）向神经网络型机器翻译（NMT）的转型。SMT 利用统计方法确定单词及短语的译法。而使用递归及卷积神经网络的 NMT，显然在保持原意和合理使用语法方面略胜一筹。

在人工智能竞赛中，另一个理由也表明中国企业有可能成为胜利者。如前所述，语境理解是实现高质量翻译的重要一环，但迄今为止的人工智能在这方面仍有待改进。众所周知，对不以中文为母语的人来说，学习普通话和粤语的难度不亚于登天，好在它们的语法复杂性不像英语那样令人生畏。人工智能的发展必然会让背景理解不再让人望而却步。这一点非常重要。联系上下文背景学习单词和语言，对所有人来说都是最普遍也是最有效的方式；但对人工智能来说却并非易事，至少在

㊀ "Baidu DuerOS Voice Assistant Install Base Doubles in 6 Months to 100 Million." *GlobeNewswire*, August 7, 2018, www.globenewswire.com/news-release/2018/08/07/1548541/0/en/Baidu-DuerOS-Voice-Assistant-Install-Base-Doubles-in-6-Months-to-100-Million.html。

本世纪20年代取得某些预期进展前，情况没有任何改变。另一方面，汉字的组成部分也会提供某些与含义有关的分类信息，[1]这就使得汉语可能比英语单词更容易理解。

从很多方面看，人工智能未来所面对的这些挑战相互关联。在背景推理、一次性学习、语义理解、可解释性和常识等方面，既有可能出现孤立的进步，也有可能在相互依存的基础上连锁互动，实现各个领域的同步发展。中文所特有的属性是否会为中国引领下一次人工智能浪潮创造先天优势呢？

不管如何，与人工智能分享人类的未来，注定会造就一个截然不同而且往往会略显古怪的世界。一个可以阅读、解释和预测人类的系统，必将为我们赋予更大的力量，让这个世界的诸多方面以魔法般的方式造福于人类。在世界的每一个角落，环境都将倾听我们的需求，而且很多情况是以我们未曾预料到的方式。如果我们感到紧张，车辆会自动调整驾驶方式。衣服可以告诉我们，上次穿上它是在什么时候，甚至当时有谁看到我们穿上这件衣服，当然，提供其他穿衣意见也不在话下。

但是，在这个充满新奇的世界中，并非一切都会变得更好。我们或许很快就会看到，具有共情意识的机器人会以催人泪下的故事说服我们，并借此骗取人类的财务或者安全信息。每个选举周期都要经历新一代社交工程的冲击。而有能力复制人类声音、生物特征和个人信息的人工智能，注定不断觊觎我们的养老金储蓄。

这显然是一个善恶共处的问题，正因为如此，在开发日渐智能化的

---

[1] Jinxing Yu, et al., “Joint Embeddings of Chinese Words, Characters, and Fine-Grained Subcharacter Components,” Proceedings of the 2017 Conference on Empirical Methods in Natural Language Processing, doi: 10.18653/v1/D17－1027。Cao, S., Lu, W., Zhou, J., Li, X.: cw2vec: “Learning Chinese Word Embeddings with Stroke N-gram Information.” The AAAI Publications, Thirty-Second AAAI Conference on Artificial Intelligence, 158－160, 2018, https://aaai.org/ocs/index.php/AAAI/AAAI18/paper/view/17444。

技术之前，我们需要未雨绸缪，提早规划。要创建一个我们真心希望得到的未来，不仅需要我们了解自己的价值观、优先目标和固有缺陷，还要预测这些系统本身的弊端。变化如白驹过隙，以至于我们根本就无法依靠过去的权宜之计。我们再也无法承受“先建好、让后人收拾烂摊子”的心态。相反，我们需要开发具有方法论性质的方法，对新技术及其应用可能带来的环境、社会、经济和伦理变化做出合理评价，以便于尽早把这个过程带来的有益洞见诉诸实践。

因此，我们或许想知道：既然如此，为什么还要煞费苦心地去开发这些技术呢？为什么不一刀切地完全禁止或者至少暂时搁置，直到我们为各种潜在影响做好准备呢？遗憾的是，任何国家都无法长期维系这样的策略。在当今这个互联互通的时代，我们生活在经济与知识高度相互关联化的全球社会中。在知识积累已达到一定水平而且具备必要的基础设施时，只要一项新技术具有经济可行性，那么，它就会顺势而起。除非所有各方一致认为放弃和停止符合全体意愿，否则，它的出现和发展就无法阻拦。在这种情况下，禁止或妨碍技术进步只会让开发转移地方，或是改换门庭。但是，这些因遭到禁止而转为幕后开发的技术，必将脱离监管的视线。这就会让违反禁令者独自享有新技术带来的红利，而让那些遵纪守法者在竞争中处于劣势。对于技术，尤其是人工智能，这种政策会对一个国家的全球地位产生重大影响。

值得一提的是，在本书的后续部分中，我们将基于现有技术和趋势的延伸，预测未来世界的发展方式。在讨论过程中，我们会指出问题的正反两个方面，不过，支持或反对某种可能的发展确实并非本书的初衷。毕竟，如果时机和条件成熟，技术的实现很可能会成为无法阻挡的潮流。因此，无论是作为个人还是社会，我们唯一能做的，就是为即将到来的变化做好准备，调整我们固有的系统和行为，继续塑造我们所畅想的世界。

在开发人工智能的过程中，我们需要认真考虑自身的价值观和缺陷。几十年来，这个领域所有有价值的进步几乎都集中于弱人工智能技术——即，在高度受限领域执行有限范围任务的系统。图像识别、欺诈检测和咨询系统，都是弱人工智能的典型示例。但基于未来十年的开发潜能，我们或将马上进入一个全新时代，届时，强人工智能或者说通用人工智能（artificial general intelligence，AGI）不仅成为可能，而且还将普遍存在。不同于迄今为止我们所看到的专用性人工智能，通用人工智能系统最终将拥有更宽泛、更具多样性的适用范围和性能。这些 AGI 不仅能像人们那样思考问题和解决问题，也有可能会以自我引导的方式实现自我改进，从而对我们人类构成重大威胁。随着 AGI 技术的发展，我们很可能会面临更多新的危险和挑战，而且人类规避它们的希望非常渺茫。全球大国，尤其是它们的军队，无不相信，AGI 将成为它们的未来。或者说，尽管它们不认为人工智能对自己有多重要，但至少相信人工智能会让它们的对手改头换面，这让它们别无选择，唯有去发展自己的人工智能。早在 2017 年，俄罗斯领导人弗拉基米尔·普京（Vladimir Putin）就曾就人工智能发表过这样的观点："谁能成为这个领域的领导者，谁就将成为世界的统治者。"㊀

随着生存威胁的加剧，AGI 或将和核武器一样威力强大，甚至有过之而无不及。但这个时刻到来之前，人工智能显然还要攻克很多难题，突破很多瓶颈，这也是我们在后续章节中继续探索的话题。

㊀ "Putin: Leader in Artificial Intelligence Will Rule World," Associated Press, September 1, 2017, https://apnews.com/bb5628f2a7424a10b3e38b07f4eb90d4。

第九章
情感化趋势

“情绪并不是奢侈品，而是一种非常聪明的手段，它推动有机体走向某种未来，并取得某种结果。”

——安东尼奥·达马西奥（Antonio Damasio），神经科学家

在高速公路上，无人驾驶出租车轻松自如地高效行驶，在它的周围，也都是和它一样高速行进的无人驾驶汽车。所有汽车同步行驶，相互之间保持着仅有不到1英尺的间隙。百无聊赖的乘客坐在出租车的后排座椅上。传感器估计，这位男士大约45岁，身高和体重属于典型的成人标准范围。他似乎在刻意让自己保持冷静。这是出租车行驶日志记录的信息。

突然之间，乘车男士大声呼喊：“小心！危险！”

在接下来的几毫秒内，出租车迅速检查距离传感器以及周围各个方向的交通信号和遥感测量信息。结果显示，一切正常，不存在危险。

于是，车厢内的扬声器发出舒缓而轻柔的女性声音：“车辆没有检测到危险。您还好吧？”

男士继续笔直、僵硬地坐在座椅上，用几乎颤抖的声音回答：“是的，没有问题，我很好。”

但出租车EMS（情绪检测系统）的结果与男士自己的描述明显不符。它以超过99%的置信度计算得出，乘客当时的真实情绪就是高度激动和害怕。

“请放心，您现在很安全，”出租车继续说，“我的安全驾驶记录绝

对是您难以想象的。我公司的所有车辆一概如此。”

男乘客继续保持沉默。

“看得出来，您还是有点担心，”出租车继续说，“您想让我停下来吗？”

内部传感器显示这位男士似乎紧张得喘不过气。车辆发出临时停车请求，周围车辆迅速让开空隙，让这辆出租车切换到外车道，然后减速停车。

“请做深呼吸，”出租车说，“您很安全。没有问题的，您马上就会感觉良好。”

男士缓慢地做了几次深呼吸，这似乎起到了作用，他的感觉明显有所好转。

出租车很清楚，外表并非总和一个人的内在心理状态完全相符。

“很抱歉。”男士说。此时，他已经忘记自己正在和一台机器说话。

“我很少乘坐无人驾驶汽车。这确实让我很紧张。”

“我明白，”出租车说，“有些人仍对自动驾驶汽车感到不舒服。但我们肯定比以前你们人类开车要安全得多。”

“我很清楚那些统计数据。但这仍然让我感到不自在。”

出租车记录下这位男士的持续恐惧状态，并据此做出判断——这不是一个通过交谈即可解决的问题。于是，出租车说：“我明白。”随后，默认响应自动开启。瞬间，车厢里被舒缓轻松的音乐所环绕，音响用低音量播放帕赫贝尔的 D 大调卡农序曲。乘客长长地舒了一口气，很明显，他已经放松下来。此时，出租车再次说话，只不过扬声器发出的声音更加舒缓沉静：

“您为什么不闭上眼睛，专心致志地听音乐呢？”于是，男士闭上眼睛，深吸了一口气。又过了一会儿，出租车平静地问道：“我们可以继续出发吗？您不必回答。您只需闭上眼睛，放松下来，静静地听音乐。”

男士几乎是下意识地点了点头，出租车发出信号，示意周围车辆让出空隙，这样，它可以缓慢地加速。这辆出租车再次汇入车流，人和设备继续前行。

在过去几十年里，计算机界面已出现了巨大进步，在诸多趋势当中，有一种趋势显得尤为明显而且更加普遍：界面越来越自然，越来越人性化。从硬连线指令、打孔卡和命令行等机器语言，发展到今天的图形用户界面、触摸屏和语音指令等人性化技术，人机互动正在变得越来越轻松、越来越自然，人类可以随时随地与机器实现无缝对接。现在，我们正在面对一种新型界面的出现，使得人机互动中呈现出人类本性中最基本的一个要素：情感。

从人类诞生之日起，情感就始终是我们人类身份与内涵的核心。在我们能说话或是写字的很久之前，情感表达成为我们相互交流和了解彼此想法的主要方式。通过阅读一个人脸上的表情、他们走路时的姿态、手势中表达出来的兴奋，我们基本上可以对这个人的意图有深刻了解。一直以来，解读这些微妙信号中的蕴意，几乎始终属于人类的专利。直到最近。

20 世纪 90 年代中期，凭借《情感计算》（*Affective Computing*）一书，[㊀]麻省理工学院媒体实验室教授罗莎琳德·皮卡德（Rosalind Picard）开创了计算机科学的一个全新分支：这本书以及随之形成的这个领域，包含了一系列阅读和解释人类情感并与人类情感实现互动的技术。有关领域的历史、应用及其对未来的影响，我在 2017 年出版的《机器之心：人工智能世界中的未来》（*Heart of the Machine*：*Our Future in a World of Artificial Emotional Intelligence*）一书中也进行了深入探讨。

在媒体实验室经历十年成功的研究之后，皮卡德与另一位博士后研究员拉纳·埃尔·卡利乌比（Rana el Kaliouby）在马萨诸塞州剑桥市创

㊀ Rosalind W. Picard, *Affective Computing* (MIT Press：1997)。

建了 Affectiva 公司，致力于“情感识别技术”的研究与开发。这家公司最初的业务方向是研发可穿戴情绪识别设备和面部表情识别软件，但很快便将业务核心聚焦于后者，这也是公司在十年时间中最重要的项目。随后，皮卡德在剑桥市又创建了另一家公司，Empatica，继续开发可用于预测和监督癫痫病发作的可穿戴情绪检测技术。

在此期间，其他很多公司也陆续进入了情感计算市场，人们逐渐开始把这个领域称为情感人工智能（emotion AI）。其中的很多公司像 Affectiva 一样，专门研究面部表情识别技术。有些公司从头开始，构建完全属于自己的技术，但有些干脆直接采用 Affectiva 及其他公司开发的 API（应用程序编程接口）。此外，还有些公司强调采用不同的识别模式，譬如，通过声音、姿势或皮肤电反应进行情绪识别。由于情感本身即具有多模态性，这意味着，可以通过各种不同的模态去表达和阅读情感——比如面部表情、声音或是手势。因此，不同的技术可以借助不同的策略处理任务。

由于人的表情、声音和面部特征等具有高度可变性，因此，情感计算在最初阶段的开发和运用面临巨大挑战。但是，在 21 世纪第一个 10 年即将结束时，人工神经网络的迅猛发展也为这个领域带来了巨大进步。随着情感计算的商业模型初步建立，华通明略市场研究公司（Millward Brown）[㊀]等研究机构开始把这项技术投入使用，譬如，对消费者情绪进行研究或是品牌测试，试图发现以往市场调查和访谈所无法揭示的微妙反应。

在接下来的十年中，这些公司开始把情感计算技术应用到更多领域，从决策制定、时尚产品系统和汽车警报探测，到客户关系管理、医疗保健以及机器人技术等。随着对这项技术实用价值的探索不断推广，人们似乎也逐渐认识到，与人互动的所有事物，几乎都会得益于情感意识的融入。

㊀ 目前的凯度华通明略市场研究集团（Kantar Millward Brown）。

随着时间的推移，很多数字助理平台开始关注情感意识，希望把这项技术纳入到它们的设备中，这注定会在改善客户体验方面发挥重要作用。这就促使几家 AI 巨头开始收购或构建自己的情感 AI 服务业务。2016 年 1 月，苹果收购情感计算公司 Emotient，收购的主要动力或许就是后者拥有的面部情绪检测技术。微软在 Azure 认知服务（Azure Cognitive Services）程序内部开发了人脸识别接口 Face API（以前的 Emotion API），纳入了很多情绪检测和识别功能。2016 年 11 月，脸书收购卡内基梅隆大学剥离的表情识别业务 FacioMetrics，后者开发的应用程序可识别七种不同情绪。借此，脸书开始着眼于把这些功能融入他们的业务平台。亚马逊的人脸识别技术 Rekognition 可对实时图像进行分析，并识别人面部表情的属性。2018 年，由于可能带来种族和性别偏见等纠纷，再加上亚马逊公布了向美国执法部门出售该技术的计划，导致 Rekognition 引发巨大争议，并成为舆论焦点。2019 年，坊间传出消息称，亚马逊正在开展代号为“Dylan”的项目，[一]这是一款可佩戴于手腕上的健康设备，具有识别佩戴者情绪的功能。

那么，这项技术到底会走向何方呢？或许我们马上就会看到，很多甚至是大多数设备都将拥有某种程度的情感意识。在发现我们感到沮丧时，它们会切换到帮助界面；在我们情绪低落时，它们会适时提供安慰和建议。正如 Affectiva 创始人拉纳·埃尔·卡利乌比所说的那样：“我认为，在未来五年内，所有智能设备都将配备一个情感芯片，我们现在或许还想象不到这样一种场面——当我们面对自己的设备皱眉头时，我们的设备会说：‘哦，你不喜欢那样，是吗？’”[二]

[一] Matt Day, “Amazon Is Working on a Device That Can Read Human Emotions,” *Bloomberg*, May 23, 2019, www.bloomberg.com/news/articles/2019-05-23/amazon-is-working-on-a-wearable-device-that-reads-human-emotions。

[二] Rana el Kaliouby, “Overcoming Catastrophic Forgetting in Neural Networks,” TED.com, https://www.ted.com/talks/rana_el_kaliouby_this_app_knows_how_you_feel_from_the_look_on_your_face。考虑到埃尔·卡利乌比在 2015 年发表这一声明，因此，我们显然需要推进五年的时间，但问题的关键点没有变化。

所有这一切都将为我们带来一个非常不同的世界，哪怕我们只有最微妙的情绪表露，甚至是下意识的暗示，也会得到这个世界最及时、最贴心的响应。目前，情感计算已被用于市场研究、汽车安全、时尚图鉴和自闭症检测等诸多领域。这项技术的实用版已在医院、教育和治疗等方面完成了测试，并投入使用。此外，在人力资源、销售、机器人技术和自动化等方面，研究人员也在探索情感计算的应用价值。不难理解，只要有可以与之互动的人，就会为情感计算创造机会。

当然，这也提出了一些非常重要的问题。在何时何地，才允许使用这项技术呢？在公共场合，如果我们的面部表情在不知情的情况下被读取，这是否侵犯我们的隐私呢？如果我们认为这是侵权行为，那么，不妨换一种情境——如果某个人看到我们的脸，并据此对我们的感受或心理状态做出判断，这两者有什么不同呢？

在当今时代，个人数据已成为越来越有价值的资产，而且我们已开始警惕公司在未经许可的情况下访问和使用我们的个人信息，这会给情感计算技术带来哪些影响呢？毕竟，对任何既定的情境或经历而言，还有什么数据比我们在此时此刻的情绪更具个性化、更能反映我们的内心世界呢？在2018年进行的一项调查中，[一]加特纳咨询集团（Gartner）得到的结论证实了这种担忧。调查结果显示，在接受调查的4000多人中，一半以上被调查者表示，他们不希望自己的表情接受人工智能技术分析。这个结论确实有点意味深长，因为按照加特纳公司的预测，到2022年，10%的个人设备将配备某些情绪识别功能，而四年前的这个数字还只有1%。[二]同样不难接受的是，这项调查还发现，结论在很大程度

㊀ "Gartner Survey Finds Consumers Would Use AI to Save Time and Money." *Gartner*. September 12, 2018, https://www.gartner.com/en/newsroom/press-releases/2018-09-12-gartner-survey-finds-consumers-would-use-ai-to-save-timeVand-money。

㊁ "13 Surprising Uses For Emotion AI Technology." *Smarter with Gartner*, https://www.gartner.com/smarterwithgartner/13-surprising-uses-for-emotion-ai-technology/。

上与受访者的年龄段有关，如果拥有情感检测技术有可能给使用者带来某种便利，那么，千禧一代似乎不会太在意隐私问题。

情感识别技术的另一个问题就是被操纵的可能性。表面上，我们只是在被这些机器操纵，但这里所要表达的真实含义是来自技术使用者的操纵，他们可能是公司和政府，也可能是黑客。情感人工智能确实可以从很多方面为我们的生活和世界带来福利，但有一点不容置疑——情感是解读我们身份和地位的核心信息，因此，一旦落入不怀好意者的手中，就有可能成为打击我们的强大武器。

当然，情感计算技术还有很多惊人的功能，而且注定会为我们的生活带来诸多便利。和很多技术一样，它给每个人的收益和风险，归根到底还要取决于最终的使用方式。因此，尽早识别潜在的使用方式及其引致的收益和风险，并据此采取有效的防范保障措施，才是我们确保这项技术能为我所用的合理方式。

在未来的一二十年内，情感人工智能之类的技术很可能会给我们的世界带来很大变化。随着技术在规模上不断扩散融合，它们注定会融入我们的环境中，变得无处不在、无时不在。语音识别、表情识别乃至其他很多我们尚未想象到的生物识别技术，都将在经过授权后正式访问我们的文件和个人数据。当然，我们还需要一系列过滤器和隔离层来保护自身隐私，凭借它们的拦截与筛选功能，我们可以决定向哪些供应商或平台披露哪些数据。这样，在不同场合，这些数据使用者就能以合法方式向我们征集他们所需要的任何情感信号，但这一切是有前提的——他们需要以相应的便利性、访问权或其他有吸引力的承诺，才有可能换取我们的授权。这显然是一种交易，一种在索取和付出之间权衡利弊的游戏。其实，这和我们今天拥有的其他数据没有任何区别。

情感计算技术显然还是一种新鲜事物，正是凭借计算技术，特别是数据处理能力和神经网络技术的进步，才为这项技术的发展和使用提供了可行性。尽管之前讨论过神经网络技术，但是，它们到底是如何发展到今天的状态呢？人工神经网络或者说 ANN 是一组由生物神经元和树突激发的节点和连接。人工神经网络既可以完全基于硬件，也可以由软件实现。这些网络通常采取层级式构建，各层以增量方式处理传入数据。在识别图像的情况下，输入层将数据植入下一层，并由后者执行初始级别的模式识别任务——比如说，识别图像的某些角度或线条。随后，将输出数据植入下一层，对图像进行更高级的识别，找到更多的模式；识别结果进入下一层，依此类推。最后，经过若干层的分级识别之后，对图像完成最大程度的识别，并对已识别的模式进行分类。这只是一个高度简化的 ANN 版本，而且通常还会有对数据进行清理的预处理阶段——调整图像的纵横比率、对图像进行缩放，以便于为 ANN 提供尽可能标准化的输入。此外，还可以用后处理程序执行一系列其他目的的任务。

在对人工神经网络配置完毕后，通常还需要为网络提供大量数据，对其进行训练，譬如大量不同汽车的图片。可以把这些用于训练的图像标记为“汽车”和“非汽车”。人工神经网络在“观看”图像时，会调整给出的“权重”——即，各节点和链接的取值，从而做出正确判断。

传统上，人工神经网络中的权重需要由人工调整，这就是所谓的监督性训练，这显然是一个缓慢而乏味的过程，它需要高水平人工智能科学家的参与跟踪。但随着时间的推移，诸如反向传播算法（back propagation，误差反传）等新技术出现，很多人工神经网络开始在较少或无监督状态下接受训练，自行对权重进行有效调整。

尽管人工神经网络的概念已出现了几十年，但这项技术之所以能在过去十年中取得巨大发展，完全得益于计算机处理能力的显著提升（这还要归功于摩尔定律）。在 20 世纪 80 年代甚至是 90 年代，即便是计算几层节点所需要的处理能力也是无法实现的，而神经网络的神奇魔力恰恰源于这些层的存在。

那么，这项技术如何运用于情感计算中呢？在对面部表情进行识别时，首先需要根据所表达的情绪对人的面部图像进行认真选择，并做出相应的标记。然后，利用这些被标记的数据对 ANN 进行训练，调整各个权重，直到获得满意的结果位置。

机器学习和神经网络的一个关键特征，或许就是它们的数据高度密集性。实际上，这也是皮卡德和埃尔·卡利乌比联手合作，走出实验室并推出 Affectiva 的主要动机之一。在麻省理工学院媒体实验室的环境束缚下，哪怕只是生成几十张训练图像，都会是一项无比艰巨的工作。但是，他们需要数万乃至数十万张图像，才有可能真正取得成功。㊀因为这些系统的本质就是一种基于统计的学习形式，因此，拥有的训练数据越多，系统的识别效果就越好。但数据量和识别能力之间并非线性关系，相反，它们之间的关系符合收益递减规律。如果只有几十个样本，那么，识别的准确率可能会达到 55%，但对非此即彼的概率分布而言，这个结果只比随机选择好一点点而已。60% 的准确率就有可能需要数百个项目。而要达到 90% 已经不再仅仅是数据量的问题了，这往往需要其他很多技术作为支持，当然，样本量仍是最大的决定因素。而通过涉足商业领域，皮卡德和埃尔·卡利乌比可以为 Affectiva 造就一个庞大的训练集，尤其是那些愿意参与开发过程而且拥有网络摄像头的用户，他们所能带来的表情数据不可想象。

到此为止，我们似乎一直在笼统地讨论人工神经网络，或者说 ANN。然而，在现实中，人工神经网络拥有大量不同形态的变体。卷积神经网络（CNN）往往被认为适用于静止图像的识别，但由于网络摄像和视频内容是在一段时间内发生的，因此，对运动图像来说，或许更适合采用其他能有效处理时间序列的 ANN——如循环神经网络（RNN）。另一方面，由于面部表情和微表情也是持续变化的，因此，情感人工智

㊀ 罗莎琳德·皮卡德曾估计，如果他们当时直接按比例扩大在实验室进行的研究工作，那么，获得必要训练集的成本可能会高达 10 亿美元。

能实际上也会得益于此。任何人都做不到很自然地对情绪进行定格，相反，我们应该把某个表情视为一组在几分之一秒到一秒内流畅转换的微动作。如此，运动图像更有助于对某种情感做出准确表达。

为此，可以将不同的技术用于不同的情感表达模式——比如声音、手势或是姿势等，但需要指出的是，很多技术实际上都源自相同的工具。语言表达方式的变化性尤其突出，因此，它更适于采用 RNN 技术。多年以来，位于特拉维夫的超声科技公司（Beyond Verbal）始终从事利用语音进行情感识别的技术开发。通过研究，这家公司在不同声音之间找出很多有趣的共同点，这些共同点似乎与语言和文化无关。最近，他们与梅奥诊所（Mayo Clinic）合作开展了一项为期两年的研究。他们的研究者发现，利用声音生物指标可以预测多种慢性疾病，包括冠状动脉疾病等。[㊀]

尽管这种新的界面技术令人振奋，但最令人遐想无限的，或许还是情感计算与未来智能的潜在关系。当谈论人类智能时，我们的大部分话题还是集中于我们的一般抽象智能或流体智力（fluid intelligence，以生理为基础的认知能力，如知觉、记忆、运算速度、推理能力等）。实际上，直到最近，我们才开始认识到情商的价值。当然，情商以前也从未成为人工智能考虑的因素。但这合理吗？

为我们的计算机系统创建情感意识，这技术的初衷就是改善计算机对用户的反应方式。按照最初的设想，通过识别使用者是否感到沮丧或无聊，可以把程序转接到其他任务，缓解用户的低落情绪，或是让自己变得更有吸引力。但随着技术的发展，其他用途已开始出现。例如，公司可以利用这项技术向潜在客户收集新信息，以便于定位营销对象，实

㊀ E. Maor, et al. "Voice Signal Characteristics Are IndependentlyAssociated with Coronary Artery Disease." Mayo Clin Proc. 2018, 93: 840 – 847a, doi: 10.1016/j. mayocp. 2017. 12. 025。

际上，这已成为情感识别技术的一大卖点。在大数据时代，借助某些有针对性的信息，即有可能绘制出整个市场的态势。

在很多领域，这些商业软件已成为开发情感识别技术的主要市场驱动力。随着情感经济的发展，这些情感界面也逐渐从新奇的玩物变为公司愿意投资的设备和服务。

当然，任何探究我们情感本质的技术，都会不可避免地引发关于个人隐私的问题。随着物联网（IoT）的发展，对隐私的担忧只会有增无减。在过去几十年里，企业一直在谈论物联网的发展前景。互联网数据中心（IDC）的市场智能分析师指出，近年来，这项技术已开始快速发展，预计到2022年，全球物联网的支出将达到1.2万亿美元。[1]在我们生活的环境中，传感器的数量越来越多，我们会发现，它们的用途也越来越多样化，新的用途不断出现。但几乎可以肯定的是，情感人工智能会是其中之一。

不妨设想一下，我们准备到一家大型商场购物。进入商场，眼前就会出现五花八门的通知或告知书，它们的用意无非是告诉我们：选择踏进商场的大门，就表明我们承认并接受监视。在走近一家服装店时，它的摄像头会识别我们身上的每一件物品。但更重要的或许是，它正在识别我们此时此刻的心境。

当我们在这家店面附近驻足时，一台大型显示器立即投射出某一款服装或产品的图像，实际上，这完全是商店针对我们收集信息并通过算法选择和投送的图像。在我们停下来驻足观看显示屏上的图像时，摄像头会迅速判断我们的微表情，即，与某种情绪相关的下意识性肌肉运动。随后，显示屏投放的图像、产品会根据判断结果进行调整，培育我

---

[1] "IDC Forecasts Worldwide Technology Spending on the Internet of Things to Reach $1.2 Trillion in 2022." IDC. June 18, 2018, https://www.idc.com/getdoc.jsp?containerId=prUS43994118。

们对某一款产品产生兴趣，直到吸引我们进入商店。最理想的情况当然是我们进行一次消费。

从很多方面看，这和其他的生意没有区别，因为公司总要打造产品吸引力，推动销售，并最终获取利润。上面这个假想系统描述得很精细。在这个例子中，技术的组合在高度个性化的基础上，与购物者进行一对一的互动，而不是以针对总体人群的产品和展示对大量目标受众开展营销。但更重要的或许在于，这种以动态方式识别检测个人情绪并做出响应的能力，创建了一种实时性反馈循环。它有效地在买卖双方之间建立起一种没有语言的对话，而且买方此时此刻甚至可能还没有察觉到这种对话已经发生。但对人工智能而言，持续对话已成为它们不断修订人类行为的优化循环。

从本质上说，这里所描述的，是一种可调整的预测分析技术。在以预测为目标的分析技术中，计算机首先从数据中发掘模式，并用这些模式对未来进行预测。在上面描述的情境中，计算机需要时尚和人口统计等方面的数据集。首先，它们把这些数据与购物者的穿着信息进行比对，评估他们的潜在偏好以及他们有可能购买的商品。然后，随着互动的进一步持续，程序会根据最新收集的全部情感输入信息，修订之前做出的评估，对消费者的预期行为做出更准确的预测，然后，投其所好，向潜在消费者推送匹配度最高的产品信息。

预测分析是一种非常强大的工具，对此，一个名为 Far Out 的系统在 2011 年进行的研究最具说服力。[㊀]在这项研究中，来自罗切斯特大学的亚当·萨迪雷克（Adam Sadilek）和微软研究院的约翰·克鲁姆（John Krumm）合作，筹建了一个包括 703 名研究对象的大型数据集，

㊀ Adam Sadilek and John Krumm, “Far Out: Predicting Long-Term Human Mobility,” *Proceedings of the 26th AAAI Conference on Artificial Intelligence*, July 2012, https://www.microsoft.com/en-us/research/wp-content/uploads/2016/12/Sadilek-Krumm_Far-Out_AAAI-2012.pdf。

这些有偿及无偿志愿者在几个月的时间内佩戴GPS追踪器。在跟踪阶段结束时，摘除所有研究对象的GPS追踪器。在把收集到的全部数据输入他们事先设计的算法后，研究人员发现，利用这些数据，他们可以预测出，在未来一年半的任何一天，某个研究对象在某个时刻会出现在哪个位置（这个位置表示为以一个街区距离为半径的范围），而且准确率超过80%。

如此强大的预测能力已令人瞠目结舌，但是对物联网传感器以及能识别某些人类思维无法感知的模式的神经网络而言，预测的准确性只会更高。

其实，这不过是这项技术的一种具体用途而已。那么，它们到底还有哪些用途，它们在长期内到底会带来怎样的影响呢？

现在，我们不妨换个角度看待这个问题。当使用计算机探索人类行为时，我们实际上是在讨论预测分析和行为信息学（使用数据理解和预测人类行为）等技术。但如果这种行为的目的是模拟他人的心理状态和思维动机，那么，我们讨论的话题则是“心理理论”（theory of mind）。

心理理论是我们人类早已有所体验而且已在使用的方法，它的起点或许在我们这个物种形成复杂语言的能力之前。预测他人（无论是朋友还是敌人）内心世界的能力，对提高我们在这个世界上的生存力和竞争力，显然具有巨大的价值。随着时间的推移，我们逐渐开始学会解读和理解他人的表情和情绪，并结合我们在其他方面掌握的知识——比如说，他们的环境、价值观和动机等，这样，我们就可以更准确地预测，他们接下来会做什么。

大多数人在很小的时候就已经学会了这个本领。实际上，这也是人与人之间进行互动的基本要素，因此，在大多数情况下，我们甚至不会意识到，我们正在阅读别人。

除此之外，心理理论也是我们与他人建立联系的纽带。通过模拟他人的心理状态，有助于加深对他人的理解，这样，我们就能更好地换位思考，站在对方角度认识自己，从而与对方产生同理心。正是凭借这种能力，我们构建起形成意识的基石。

与他人建立直接联系绝非易事，更不用说了解他人意识的某个方面或是从何而来。但我们都知道，我们是唯一能表现出如此高水平心理理论的动物，而且几乎可以肯定的是，它在我们进化成今天这个水平的社会性动物过程中发挥了重要作用。

但随着人工智能逐渐获得模式识别、抽象思维、推理和常识能力，是否也有可能出现其他形式的心理理论呢？如果是这样的话，它是否有可能引致某种更倾向于经验性、更接近自我意识和意识其他方面的新型智能呢？

既然 AI 不会像我们这样进行推理或识别模式，那么，为什么还要让它像我们这样去体验意识之类的东西呢？可以肯定地说，机器在这方面还达不到人的水平。至少在相当长时间内不会，而且即便到那时，它们或许也只是出于好奇而去感受。毕竟，意识形式之所以只属于我们人类，是因为它也是定义人类的全部内涵。

从生物工程角度说，意识归根到底体现为结果，而不是方法。对人类来说，最重要的是建造一架能飞行的飞机，而不是我们自己要能像鸟类那样去飞翔。事实上，借助于不同的飞行方式，我们反而能比鸟飞得更远、更快，而且能比任何鸟类携带更多的重量。按照同样的逻辑，我们也无须把计算方法与生物学动机和可类比的生物完全联系到一起，毕竟，我们的技术完全可以比我们自己做得更多、更好，至少在某些方面是这样的。

但是，即使人工智能的心理理论不同于我们人类的心理理论，它仍可以为我们创造很多红利。理解他人的思想，也是构成同理心的主要组成部分，更准确地说，它是构成认知同理心的基础。至少对某些系统而言，共情能力就会发挥非常重要的作用，而且可以在很大程度上为人类使用者提供情感和身体上的保护。但另一方面，这种模拟同理心的能力也可能是一把双刃剑，既有可能利于我们也有可能伤害我们。比如说，我们可以通过模拟同理心来改进治疗机器人的性能。但如果电话呼叫机器人模拟同理心而骗取接听方的同情心，也就可以达到欺骗接听方的不法目的。

尽管这有时有违于我们的直觉，但我们必须意识到，模拟同理心和情绪的能力并不表明 AI 能真正体验到这些情感和心态。虽然这似乎显而易见，而且我们的理性思维也应该能认识到这一点，但我们的情感自我仍希望我们做出回应。这并不难理解，因为在此之前，我们需要以这种方式与其他人互动，毕竟，以同理心相互对待原本就是我们的天性，更何况是对我们的人类同胞。如果一个机器人在给你打电话，并模仿一个人和你对话，即使这个机器人明确表明身份，但是，它在声音、推理和情感等所有方面几乎都能模仿得惟妙惟肖，以至于会让你觉得就是在和这个人对话，那么，我们依旧有可能会做出人性化反应。可以想象，如果这个机器人没有事先表明身份的话，那么，你的劣势显而易见。

那么，我们是否希望未来的人工智能也拥有体验情感的能力呢？这会带来哪些好处？而我们又需要克服哪些障碍和挑战？最重要的是，这是否会带来什么风险，这些风险到底是什么？

和本书在其他章节的讨论一样，[㊀]情绪源自我们的身体。我们的内分泌、交感神经、副交感神经和肠神经系统，都会推动我们形成各种基本情绪——快乐、悲伤、愤怒、害怕或是厌恶等。随后，我们的大脑会根据以往获得的体验和文化，解释这些情绪并做出标识。至于某些其他情绪——譬如羞耻感或内疚感，往往源于我们的高阶思维过程。这些情绪似乎更多地依赖于认知，而非躯体，假如我们不属于高度社会化的生物，那么，这些文化引发的情绪也不太可能自行形成。

情感的物理起源表明，没有躯体的人工智能或许永远不可能像人那样去体验情感。当然，为人工智能或机器人构建一个复杂、多层次的神经系

㊀ Richard Yonck, *Heart of the Machine: Our Future in a World of Artificial Emotional Intelligence* (Arcade Publishing: 2017)。

统，显然绝非易事。但如果真的做到这一点，或是能找到某种方法创造出拥有类似躯体的人工智能，结果会怎样呢？我们是否有这样的动机呢？

计算机和人存储记忆的不同方式，或许可以帮助我们解答这个问题。从传统意义上，计算机的记忆不仅非常详细，而且极为保守，它不会在这些记忆中加入任何情感色彩，比如说，它会准确记载拍摄一张照片的日期、时间和位置。人类记忆则有很大的不同，不仅在信息的细节方面远不及计算机，还会掺入各种复杂的其他方式，甚至是丰富的想象。虽然每一种形式的记忆各有其优点，但有一点似乎不容质疑——人类技术世界产生的数据量正在面临指数式增长，因此，要把高度结构化、高度细节化的数据整合到任何以人类记忆为底板的模型中，注定会成为越来越艰难的挑战。相反，那些能或多或少带来某种程度记忆整合的模型，或许更适用于情景智能（contextual intelligence），至少更有可能体现情景智能的某些方面。

我们的记忆往往和我们与这些记忆的情感关联密切相关。[㊀]这也是人类进化的必然结果，它让我们把重要时刻与特定记忆形成和检索过程中出现的情感联系起来，尤其是恐惧这样的强烈情绪，注定会让我们牢记与这种情绪相伴的某个事件。而负责联系情感和经历的基因自然会成为进化选择的宠儿，因为它强化了我们保留关键性知识的能力，这当然可以帮助我们在未来避免类似的环境和威胁，或是为我们克服这些环境和威胁提供经验。此外，这种与记忆和认知的情感纽带也为我们对生活和环境的体验做出价值判定——也就是说，它的价值在于，在任何特定时刻，我们知道对自己最重要的事情是什么，这样，我们就可以把有限的资源和关注转移到最值得投入的地方。[㊁]

㊀ Michael W. Eysenck, "Arousal, Learning, and Memory," *Psychological Bulletin* 83 (3), May 1976, 389-404. doi: 10.1037/0033-2909.83.3.389。

㊁ Antonio Damasio, *Descartes' Error: Emotion, Reason, and the Human Brain* (Putnam: 1994)。

比如说，计算机可能是世界上最伟大的国际象棋手，但是，假如在它下棋的时候，房间突然着火，那么，它肯定不会有任何反应，它只会继续下棋，直到它的电路被大火融化。相反，我们的情绪则是不断调整变化的，以适应我们所在环境的变化。正因为如此，我们会随时根据环境变化调整我们的选择，确定在当时需要优先考虑的事情，在很多情况下，这种调整和选择恰恰是我们生存的关键。

计算机系统当然没有方法做出价值判断，确定哪些事情在当下是最重要的，它只能根据程序工程师关注的重点进行资源配置。可以认为，这完全是因为它们没有能力用情感去体验世界，或者说，它们不能对环境做出情感化反应。一个强大的 AGI 需要能像我们一样，接收各种非结构化信息，并根据当前条件调整自己的响应。虽然人类在这方面还远远算不上完美无暇，但总比刻板、脆弱的计算机程序好得多，任何不寻常、不合乎口味的输入，都会让它完全崩溃。纸上谈兵比真刀真枪容易得多，要学会以情感体验世界，并最终以更强大、更灵活的方式采取行动或做出响应，人工智能显然还有很漫长的路要走。

但更重要的或许在于，从我们自身的情感出发，将情感意识内化到这些系统中，可能会在一定程度上调整和改善它们的推理能力，和由此采取更易于被人接受的响应。这就是所谓的价值调节（value alignment）问题，解决这个问题，很可能是人类和技术未来取得进一步成功的关键，我们将在第十三章探讨这个话题。

有朝一日，或许还会出现其他理由，推动我们去创造一种能真正感受某种形式意识的人工智能。或许，这也是我们在继续探索和解码人类意识秘密过程中需要做的事情。无论未来动机如何，技术体验情感的能力，不仅是技术本身持续前进的关键，对人类同样至关重要。

第十章
引发思维的根源

“思考是一个物理过程……因此，人脑也需要进化。”

——史蒂芬·平克，认知心理学家，语言学家，作家

在重新调整到红细胞大小之后，我们的微型飞船迅速进入一个巨大的心血管分支系统。血管的分支开始变得越来越纤细，最终收缩成一张交错汇集的毛细血管网络，这种限制让我们只能变得越来越小，最后变成和周围红细胞一样的鲜红色球体。不断涌动的血液，让我们无所适从，只能随波逐流。毫无疑问，如果没有飞船的惯力缓冲器，我们肯定会有一种强烈的晕船感。

我们已进入近 80 亿地球人口中某个人的大脑，看看到底是什么让他们拥有自我意识、智能和感知。这是一个和大多数人没有任何区别的正常大脑。除了地球上每个人大脑所特有的正常差异之外，它没有什么特殊或是与众不同之处。我们在这里所看到的一切，几乎都应该属于我们遇到的每个人。因此，我们只需快速环顾四周，找到智能所在，然后继续我们的探索之旅。放心，无论是创作还是阅读这一章的内容，都不会让我们觉得伤脑筋。

我们接近了位于头骨底部的脑干，在这里，找不到任何能明显说明一个人智慧或自我意识的东西，但这并不奇怪。和所有脊椎动物一样，人类大脑的这个区域，需要执行数十种支持生命的基本功能，负责呼吸、心率和血压等自主性神经系统的正常运行。

我们继续向脑血管障壁移动，这是一个具有半渗透性的保护性

边界，在这里，我们很快就发现，我们的尺寸足足大了几个数量级，以至于根本就无法穿过这层障壁进入大脑其他部分。于是，我们把飞船的尺寸继续缩小到数千分之一，随后，我们轻松地穿过脑血管障壁。

在继续搜索的过程中，我们会陆续通过脑桥和小脑。脑桥位于前脑和小脑之间，负责传递神经信号，并对睡眠、呼吸、吞咽和膀胱等功能或器官进行控制。小脑是对运动控制和协调的中枢机构，对人的注意力和语言可能也很重要。紧密褶皱的小脑由数百个独立运行的微区（microzone）组成，这里的神经元总数远远多于大脑其余部分的总和。虽然每个区域都有自己的智能形式，但显而易见的是，这些器官不能控制整个大脑。

随后，一个松果形的结构在我们面前若隐若现。虽然尺寸只有一粒米的大小，但从某个角度说，松果体似乎又很大。于是，我们放慢脚步，以沉静、崇拜的态度欣赏它。并不是因为它真的是意识的堡垒，而是因为它曾一度被视为意识的源泉。伟大的哲学家勒内·笛卡尔曾认为，这个微小的内分泌腺是人类灵魂以及我们所有思想的所在地。尽管现代神秘主义者和蛇油推销员依旧不愿放弃这个观点，但反面论据确实比比皆是。

穿过左侧脑室，我们很快发现，我们正在穿越胼胝体，这条粗壮的神经束把我们左右大脑半球连接起来。中间密实的轴突就像是一条高速公路，成为两个脑半球互通有无的信息通道，否则，我们的两个半球将近在咫尺，但又天各一方。

最后，我们的飞船到达前额叶皮层。与我们人类更高级智能和意识相关的很多功能都发生在这里，包括抽象思维、学习、记忆和决策等。我们开始扩大搜索范围，从较大的主要结构开始——额叶、顶叶、枕叶和颞叶，一直到神经元细胞之内。尽管我们事先已有所准备，不过，要找到任何有可能貌似大脑中央指挥室之类的东西，依旧是一项巨大挑战。诚然，这里有无数的神经元、神经胶质细胞和皮质柱等，它们也确实扮演着非常重要的特殊角色，而且都有各自不同的功能，但它们的智慧形式也是有限的。显然，在它们当中，无一有能力承担起任务控制的责任。每个器官都在按照自己的责任，去履行已进化形成的职责，但是，所有这一切似乎都没有主人有意识的参与。有的时候，感觉它们就像是一个没有指挥的大型管弦乐队，本能性地演奏出复杂的交响乐。

我们继续在主人大脑的其他区域开展搜索，首先是丘脑，它的功能是强化短期记忆以便于形成长期记忆；而后是额极皮层的六个皮质层，它们的任务是保持和处理目标，并负责多任务的处理。但是，尽管丘脑受到损坏甚至被摘除可能产生一些负面影响，但它不至于彻底扼杀主人的智慧或整体运行的功能。

经过数百万年的进化，很明显，大脑的每一个特征都已不可或缺，但迄今为止还没有任何一个器官能告诉我们：我这里就是智能的大本营，就是意识的所在地。或许正因这个原因，人类才成为我们所自称的特殊物种。这就留给我们至今依旧悬而未决的问题：到底是什么造就了思维？

经历了几个世纪的时间，科学家和哲学家一直在推测人类的大脑如何执行它的使命。很长时间以来，哲学家们曾对二元论笃信不疑，他们认为，包括大脑在内的身体与思想截然不同。从传统意义上看，人们普遍接受的观点是，智慧和意识乃至灵魂都是某种超然神力造就的结果，没有它们，人注定只是一副皮囊、一个空壳。但是到了 17 世纪，笛卡尔将这个观点正式转化为身心（mind-body）问题，这也是今天众所周知的事情。笛卡尔认为，心智和物质是大自然的两个不同方面，因此，一个方面不可能来自另一个方面。

但一种相反的观点在 18 世纪开始流行，在身心问题的辩论中，德国哲学家克里斯蒂安·沃尔夫（Christian Wolff）提出“一元论”

(monist)这个概念。然而，正是19世纪和20世纪的科学大发展，才真正促使人们相信，我们的思维就来自自己的身体，尤其是大脑。㊀

但是，像大脑这样错综复杂、相互关联的事物，它到底如何起源呢？一个更令人困惑的问题是，不管有怎样完美高深的结构，但物质怎么会产生思想、意识和心智这种非物质性的事物呢？

在最根本的物质基础层面，大脑是一个互联互通的神经元网络，这些神经元通过电化学作用相互发送信号，将电子从一个细胞传送到另一个细胞。这个过程进化自早期单细胞生物的电压门控钠通道（voltage-gated sodium channel）。电压门控离子通道是一种蛋白质，它可以通过钙、钠或钾让离子穿过细胞膜。实际上，这个电压门控超级家族的成员存在于所有生物域——包括古生菌、细菌和真核生物等，这表明，具有这项功能的基因最初起源于横向传播，因而远远早于美国微生物学家理学家卡尔·乌斯提出的“达尔文阈值”（见第四章）。

电压门控钠通道的出现，为实现在相对较长距离间进行快速的细胞间通信创造了前提。最初，我们在大约5.8亿年前的刺胞动物化石记录中看到这一点，尽管有些遗传分析表明，这个生物门的起源时间可能更早——大约在7.5亿年前。刺胞动物包括水螅，我们曾在第四章讨论过水螅的神经网络。这种神经网络遍布水螅的全身，使得水螅能通过触觉感知周围环境。在向更复杂大脑的进化历程中，后生动物（即，多细胞动物）的这种传输信号方式无疑是具有里程碑意义的事件。

迄今为止，原始大脑（proto-brain）存在的最早证据来自泛节肢动物的脑组织化石，这些化石存在于5.21亿年前的早寒武纪时期。这个进化枝（clade）㊁主要包括绒毛虫、缓步动物和节肢动物，它们也是地

㊀ 公元前4世纪，亚里士多德提出“智慧起源于内心”的观点。

㊁ 一组被认为具有共同祖先的生物。

球上数量最多的动物之一，拥有超过 100 万个物种。但由于神经系统之类的软特征很难在化石中得到体现，因此，我们似乎应该这样认为——它们的起源时间很可能远远早于这个时点，估计可能在大约 5.4 亿年前。[㊀]

由于椎骨的一个基本作用就是保护脊髓，而脊髓则是把信息从大脑传递到周围神经系统其他部位的主要通道，因此，在 5.25 亿年前出现的第一批脊椎动物，无疑为原始大脑的存在提供了进一步证据。另一方面，化石只是我们可以获取而且能追溯到最早时间的有形记录，其很可能不是某个具体物种首次出现的时间。因此，使用被进化生物学家形象地称为分子钟（molecular clock）的方法，可以通过分析遗传基因的长期变化，对物种分化进行估计。然而，在回溯如此漫长的时间时，任何测量指标都会带来争议，毕竟，不同物种的分子钟是以不同速度前进的。

重新回到我们之前的故事——在脊椎动物的基础上，逐渐进化出硬骨鱼、两栖动物、爬行动物和哺乳动物等。观察大脑在整个过程中的持续进化，我们会发现，很多基因和系统发育特征被保存了下来，正如一句名言所说，今天的成功建立在以往的成功基础之上。例如，髓质最早可能出现于 5 亿多年前寒武纪时期的早期鱼类进化。基底神经节是存在于所有脊椎动物大脑深处的一组皮质结构，当然也包括盲鳗和智人。与情感、动机、记忆和学习有关的边缘系统出现在第一批哺乳动物身上。大约在 2 亿年前，哺乳动物开始进化出大脑新皮层，其大小和复杂性在所有物种中的进化速度各不相同，直到发展到灵长类动物，这个进化的终点就是我们人类自己。显然，只要进化过程看到好东西，这个东西就

㊀ 关于某些部位为大脑及神经组织化石的说法始终存在争议，因为这些软特征很可能因衰退速度太快而无法形成化石。目前出现的另一种解释是细菌生物膜受到辐射。

会得到厚爱并不断发展壮大。

这些神经结构都拥有一个迷人的特征——虽然脑干和边缘系统均以核团（执行特定功能的密集神经元簇）为基础，但小脑和大脑还具有皮质结构。在皮质结构组织中，神经元排列成靠近大脑表面的层（皮层），轴突（神经纤维）穿行于这些皮层之间，不过，它们在大多数情况下汇聚在皮层的下方。这种布置让更多数量的连接可以发挥大脑皮层区域的作用。反过来，这种安排也得益于皮层表面积的最大化，正因为如此，后期哺乳动物大脑的这两个部分尤其是大脑皮层形成大量褶皱。大脑的褶皱程度通常与某个物种智能的提高直接相关。

在比较大脑重量与人的体重时，人们可能会想到，它们也会像其他很多器官那样呈现出合理的线性关系，但事实并非如此。这个比例在不同物种之间存在巨大差异，为此，研究者构建出一个非常特殊的衡量标准，即，脑化指数（encephalization quotient，简称 EQ）。一个物种的 EQ 等于大脑的预期重量除以实际重量，其中，大脑的预期重量按针对若干物种进行的回归分析确定。这就形成一个表示各物种偏离预期值的点位图，而且学界普遍认为，该指标衡量的相对智能水平比仅仅比较大脑与身体质量更为准确。造成不同物种之间差异的主要原因，或许可以归结于在不同物种大脑发现的褶皱数量。比如说，海牛和猩猩的大脑尺寸基本相同，但海牛大脑的表面几乎是完全光滑的。相比之下，猩猩的大脑则被褶皱所覆盖，因此，猩猩或许更接近它们的人类表亲。这种情况在整个动物王国普遍存在，并在一定程度上已成为代表智能物种智商的常见预测指标。

对于自然界如何从细胞进化到神经网络，最后发展出大脑，这显然是一种非常粗略的观点。但是，如果要真正了解我们的大脑是如何工作的，以及怎样才能利用这些知识进一步开发人工智能，显然还需要我们对其工作机理有更深入、更详细的解析。

目前，分布在全球各地的实验室都在开展以此为目标的大型研究项目。譬如，瑞士的“蓝脑计划”（Blue Brain Project）㊀由神经科学家亨利·马克拉姆（Henry Markram）于 2005 年 6 月启动，其目标是构建“重构和模拟啮齿类动物详细生物数字的模型，并最终运用于人类大脑”。蓝脑计划已在 2006 年底完成针对老鼠新皮质柱的模拟，并在 2007 年进行了改进和校验。了解新皮质柱或者说构成新皮质的最小功能单元，对认识大脑机理至关重要。为此，该项目采用 IBM“蓝色基因”（Blue Gene）超级计算机构建了一个高仿真神经元模型，试图最终能帮我们更好地理解人类意识的本质。

以此为基础，欧盟推出“人脑计划”（Human Brain Project，HBP），㊁该项目为期 10 年，于 2013 年正式启动。基于类似目的，“人脑计划”采用的是具有百亿亿次级计算能力的超级计算机（尚未建成）。㊂此外，瑞士洛桑联邦理工学院脑神经专家亨利·马克拉姆也创建了耗资 10 亿美元级的研究计划，其研究范围相对广泛，从获取有关神经信息学知识（可用于脑疾病的新型诊断方案及医学治疗的脑数据），到模拟大脑过程，并最终利用神经形态超级计算机模拟整个大脑运行方式。通过在分子、细胞乃至宏观结构层面扫描和研究大脑的工作过程，研究人员希望能更好地了解大脑工作原理。

“人脑计划”中的分支项目是开发神经形态计算机（neuromorphic computer），这将有助于进一步推进认知计算能力，㊃从大脑自身的神经

㊀ “蓝脑计划”，https://www.epfl.ch/research/domains/bluebrain/。

㊁ “人脑计划”，https://www.humanbrainproject.eu/en/。

㊂ 百亿亿次级超级计算机的稳定处理速度将达到 exaflops（衡量超级计算机性能的单位）数量级，它表明，该计算机每秒至少可进行 10^{18} 或百亿亿次浮点运算。这比 2005 年“蓝色基因”系列超级计算机整整快了 10,000 倍，即便与洛斯阿拉莫斯在 2008 年开发的第一台千万亿次级超级计算机相比，也快了 1000 倍。有国家正在开发百亿亿次级项目，预计很多项目将在 2020 年或 2021 年上线。

㊃ 迄今为止，认知计算还没有正式的定义，它既包括模拟大脑功能的系统，也包括可进行辅助决策的系统。

工作过程中获取灵感。在对不同类型神经元进行完全建模的同时，研究人员还试图为更大规模的结构建模——从皮层结构的细胞级重建（包括锥体人类神经元模型），到构建细胞信号和抑制级联模型。虽然“人脑计划”的目标是在细胞层面上对人脑进行实时性完全模拟，但这个目标的实现是有前提的，首先需要在超级计算和大脑扫描技术等方面取得大幅进步。在这个过程中，他们也为项目设定了很多阶段性目标，比如对某些大脑结构和过程进行建模，包括基底神经节、海马体和蛋白质相互作用（protein interaction）等。此外，研究人员还在利用“艾伦小鼠大脑图谱”（Allen Mouse Brain Atlas）提供的生物学数据构建全脑鼠模型，这个非常详尽的遗传神经解剖图谱由艾伦脑科学研究院（Allen Institute for Brain Science）创建于2006 年。全脑鼠模型不仅规模更小、结构更简单，而且对计算能力的需求也很少，但它却意义重大。

大脑建模的一个难点，就是大脑容积越大，对模型的要求就越细，相应的，对计算机资源的要求也越多。人脑中有 860 亿个神经元，㊀神经胶质细胞的数量则可能是这个数目的十倍。即使使用广义值模拟大型结构，也需要占用巨大的计算能力，但与改进模型带来的对每个神经元、连接和脉冲行为（spiking behavior）的精确表达相比，这些投入似乎微不足道。不过，这种强大计算能力的出现，其实也是不久之前的事情，这既是摩尔定律所预测的处理能力指数性增长带来的直接后果，当然也有其他领域技术进步的支持。

例如，日本理化学研究院（RIKEN）的研究小组在 2013 年 8 月宣布，使用当时世界第四快的超级计算机“K”，他们已模拟出 17.3 亿个神经元和超过 10 万亿个突触的活动，在数量上相当于人类大脑总量的

㊀ James Randerson，“How Many Neurons Make a Human Brain? Billions Fewer than We Thought，” *Guardian*，February 28，2012，amp. theguardian. com/science/blog/2012/feb/28/how-many-neurons-human-brain。

1%。[一]这台超级计算机耗时40分钟模拟出大脑只需1秒钟即可完成的活动！五年后，曼彻斯特大学利用SpiNNaker（脉冲神经网络架构）对“人脑计划”神经计算平台进行了一次测试，尽管目标类似，但规模要小得多。SpiNNaker在同类超级计算机中速度最快，它采用了全新的架构，在经过优化后，可执行模拟大脑神经元和连接的神经计算。2018年5月，于利希研究中心（Jülich）、曼彻斯特大学、日本理化学研究院大脑研究院与亚琛大学科研团队联合宣布，他们“利用SpiNNaker首次对具有生物时间量度的皮质微电路进行了全面模拟”。[二]换句话说，这个按比例缩小的模型完全取得了合理的准确性和实时操作性。模拟对象由大约8万个神经元和3亿个突触组成，也是该平台有史以来规模最大的皮层模拟运算。此次模拟动用的计算能力不到超级计算机处理能力的1%，团队表示，他们将使用测试数据对平台软件进行优化，预计可将其效率提高六倍。这个项目的首要目标，就是对多达10亿个神经元的聚合行为进行实时模拟。另一个辅助目标，就是研究适用于低功耗机器人控制的单板实施技术。

“人脑计划”的另一个项目来自海德堡大学的BrainScaleS模型机，这台设备使用20个芯片，运行了以400万个神经元和10亿个突触为对象的模拟电子模型。[三]SpiNNaker强调的是以实时速度模拟大脑模型，而BrainScaleS是一个加速系统，其运行速度整整提高了1万倍，因而适用

[一] “Largest Neuronal Network Simulation Achieved Using K Computer.” *RIKEN*, August 2, 2013, www. riken. jp/en/pr/press/2013/20130802_1。

[二] “Neuromorphic Computing Breaks New Ground in Brain Simulation.” *TOP500 Supercomputer Sites*, www. top500. org/news/neurmorphic-computing-breaks-new-ground-in-brain-simulation。

[三] Johannes Schemmel, et al., “An Accelerated Analog Neuromorphic Hardware System Emulating NMDA and Calcium-based Non-linear Dendrites,” 2017, *International Joint Conference on Neural Networks (IJCNN)*, 2, 217 - 2226. doi: 10. 1109/IJCNN. 2017. 7966124。

于大型加速模拟。这表明，针对这类工作进行优化的神经机器为研究提供了巨大支持。除 SpiNNaker 和 BrainScaleS 这两个项目之外，HBP 还开始着手涉及不同时间跨度的学习和开发过程的研究，具体可以从几毫秒到几年不等。

显然，这些计算机中使用的脉冲神经网络等专用硬件，可能会成为攻克全脑仿真技术难关的关键。基于这个想法，IBM 于 2014 年宣布，他们将启动针对脑超算平台的神经元类人脑芯片 TrueNorth。这款芯片最初属于美国国防部高级研究计划局“突触”计划（SyNAPSE），该计划从 2008 年末到 2015 年间实施，主要合作方包括 IBM 和 HRL（原休斯研究实验室）。“突触”计划的目标是开发一种能在规模、性能与功耗等方面与哺乳动物大脑相当的计算机，按这个目标，研究人员将构建一个可模拟 100 亿个神经元和 100 万亿个突触的仿真系统，系统的耗能仅为 1000 瓦（相当于烤面包机），而且体积少于两升。IBM 已把这些规范列为长期开发目标，TrueNorth 的真正实现显然还需假以时日。这款人脑芯片由 54 亿个晶体管构成，可模拟 100 万个神经元及 25 亿个可编程突触。虽然与人脑相比似乎微不足道，但是按照设计目标，这些芯片可组合在底板上，因而有利于进行功能扩展。但它最重要的意义或许在于，解决了所谓的“冯·诺依曼瓶颈”（von Neumann bottle-neck）问题。大多数计算机都是围绕冯·诺依曼提出的架构设计的，[㊀]这就需要通过连接处理器和主存储器的总线访问内存的指令和数据，由于总线的处理能力有限，因而就会成为扼制整个系统的瓶颈。但 TrueNorth 拥有 4096 个神经突触核，每个核均包含计算、通信和内存功能，因此，这就无须在这些指令和数据之间穿插交换。最终的结果，自然是一款低能耗的芯片，其耗能仅为传统 CMOS 芯片的千分之一。

㊀ 以传奇数学家、物理学家约翰·冯·诺依曼命名，他在 1945 年发表的一份报告中首次提出这个概念。

这些项目以及未来的其他大批项目，最终会让我们有能力模仿大脑处理信息并对外界做出反应的方式。但也只能到此为止。毕竟，我们的大脑和思维还有很多未解之谜，因此，我们不能只通过在计算机上进行简单的模仿，然后就信誓旦旦地以为，它们会开始像我们一样思考。总而言之，要走到这一步，它们需要克服的瓶颈远不止于此。

当然，未来或许没那么悲观。在圣塔菲研究所，集体计算研究组（Collective Computation Group，C4）致力于考察集体行为、互动和信号机制在复杂系统中的作用。C4 团队负责人之一的大卫·克拉考尔（David Krakauer）指出，目前的大多数计算机架构甚至还没有达到最低水平的智能，更不用说在能力、耗能效率和去中心化等方面接近大脑。比起神经元的组织结构和智能，晶体管缺乏创造涌现行为所需要的品质，没有集体性自下而上的互动，就不会带来涌现行为。克拉考尔认为："对制造出的设备而言，涌现并不是一个自然出现的概念。相反，它只能是结果。计算机只是一个集合系统。它由很多晶体管构成，对布尔逻辑进行编码，但这显然不是集体动力学在进化系统中的运行方式。"因此，要让计算机实现类似于思维和意识的涌现行为，或许还需要采取非常不同的方法。

在泛泛的讨论中，大脑和思维通常是互换使用的，但是，正如身心问题所示，它们可能是两种不同的事物。大脑就是一系列指挥和处理信号的细胞。它遵循物理、化学和生物学规则，利用物质和能量感知周围环境并做出反应，在这个过程中，最大限度提高把基因传递给物种下一代的可能性。

但是，从这些大脑过程中涌现产生的人类思维和智能完全是另外一回事。它们既不是物质，也不是能量，而是两者共同作用的产物。思维会写十四行诗，它会思考宇宙，也会坠入爱河。我们的思维会留恋过去的记忆，会感受当下的快乐，也会畅想未来的美好。如此多姿多彩的活动似乎不太可能出自这个三磅重的活组织，但事实确实如此。如果说数十亿年的进化历程可以造就这个神奇的功能，那么，如果有合适的工具、洞察力以及足够的时间，它们为什么不能来自于有针对性的技术手段呢?

近几十年来，约瑟夫·勒杜克斯（Joseph LeDoux）和美国国家科学院院士迈克尔·加扎尼加（Michael Gazzaniga）等一批心理学家和神经学家[一]都曾谈到让思维过程相对模块化的设想。对此，加扎尼加的观点是：

> 关于模块化脑结构，最令人信服的证据来自针对脑损伤患者的研究。当大脑的局部区域发生损伤时，部分认知能力会受到损害，负责这项能力的某些神经元网络不再工作，而另一些神经元网络保持正常，继续完美无瑕地发挥作用。脑改变患者身上的一个有趣之处在于，无论发生什么异常，他们的意识似乎丝毫无损。假如意识性体验需要以整个大脑的正常运行为前提，那么，就不应该会发生这种情况。

自 20 世纪 70 年代以来，马文·明斯基也开始沿着这条路径探索，后来，他在著作《心智社会》（*The Society of Mind*）[二]和《情感机器》（*The Emotion Machine*）[三]中提出，思维是由数百乃至数千个他所说的“载体”（agent，加扎尼加则称之为“模块”）构成。很多载体和过程负责抓取、平衡和移动等职责，并在随后数百万年时间里，逐渐进化为独立的功能和构成，这样，我们就可以在必要时调用它们，把它们组合起来，去执行更具体的任务。它们大多处于半自动状态，几乎是下意识地

㊀ Michael S. Gazzaniga, *Consciousness Instinct: Unraveling the Mystery of How the Brain Makes the Mind* (New York: Farrar, Straus & Giroux, 2019)。

㊁ Marvin Minsky, *The Society of Mind* (New York: Simon and Schuster, 1986)。

㊂ Marvin Minsky, *The Emotion Machine: Commonsense Thinking, Artificial Intelligence, and the Future of the Human Mind* (New York: Simon&Schuster, 2007)。

为我们工作。很多载体和过程都可以根据需要发挥作用：有些会进入活动状态，有些可能没那么活跃，还有一些则处于静止状态。随着互动的发生，它们之间会进行不同程度的通信，但很多载体可能永远都不会相互通信。

从个体层面看，可以认为，这些载体的智能相对有限。它们只执行自己负责的任务或子功能，而且可能不存在任何有意识的监督，因此，如果载体出了问题，其他载体就可以去做它们的工作。按照这个假设，即使没有意识的“恩惠”，更小、头脑更简单的动物也能行动和生存。尽管我们倾向于相信，我们可以控制我们在生活中采取的大部分行为，但认知心理学家和神经学家已经有足够证据确信，我们对大脑中发生的事情只是略知一二而已。

难道不是这样吗？首先，不妨考虑一下我们认为自己确实从未意识到的事情，若不是带来问题，我们根本就不知道它们的存在。例如，由交感神经、副交感神经和肠道过程组成的自主神经系统，它们几乎无所不能，从心率、呼吸、瞳孔反应和消化，到咳嗽、打喷嚏、吞咽和呕吐，再到性唤起和性高潮等，这些行为无不属于它们的管辖范围。然后是我们的内分泌系统，通过腺体分泌激素或者说化学信使物质，调节我们身体的器官，并帮助我们维持体内平衡（生理平衡）。这些行为通常会影响到我们的情绪状态，进而影响到我们的内分泌系统。虽然我们可以采取干预措施，影响很多行动，但是在大多数情况下，它们的反应几乎完全没有我们意识的参与。

现在，不妨设想你正坐在电脑前喝咖啡。在阅读早间新闻时，你拿起放在手边的咖啡杯，你甚至都没有看它一眼。此时，你可能根本就没有意识到，你正在激活某些特定的肌肉，握住杯子，端起来，放在自己的嘴唇。或许你喝了一口咖啡，随即便发现这款咖啡完全不同于你以前经常喝的口味。但是，除非咖啡滚烫，让你难以下咽，或是冷得让你想吐出来，否则，你可能根本就不会考虑它的温度。你是否需要故意激活味蕾或是热感受器，然后把这些信息传达给自己的大脑？或是刻意发动能把温度适宜的咖啡倒进喉咙后部所需要的全部肌肉呢？你是否会让鼻咽主动闭合，关闭咽鼓管平衡鼻腔与中耳之间的压力；通过腭舌肌关闭口咽，按悬雍垂和其他感受器神经的指示关闭咽喉，并让上咽部、中咽部和下咽部肌肉依次收缩，把液体推入食道？（幸运的是，我们根本就不需要知道这个过程。想想就觉得辛苦！）

或者说，假如你走进办公室，要做的第一件事就是参加部门会议。于是，你拿起议程目录和文件，前往会议室，坐在你平常坐的座位。

那么，你从办公室走到会议室，一共走了多少步？无所谓，因为你很可能根本就不记得你曾经走到过哪里。

是否可以认为，我们对日常生活中的大多数活动是完全没有意识到的呢？很多认知心理学家认为，我们的无意识活动占全部活动的比例约为95%，还有人认为，这个比例可能高达99%。不管怎么说，我们真正意识到的动作、行为和决定，只占我们大脑真正输出量的一小部分。

但这恰恰就是最有趣的事情。找一点时间，放下阅读，什么也不做，只是静静聆听环境的声音。你会听到什么？是设备在运行吗？还是一只狗在窗外无休无止地疯狂吠叫？此时此刻，你是否意识到正在与环境对话呢？有些事物，你为什么直到现在才意识到它的存在呢？声音就在我们的周围，它正在激活我们内耳的纤毛和神经细胞，而且它显然不低于我们的听觉阈值，但直到此时此刻，我们才能听到它。那么，在此之前，它为什么没有成为我们意识中的一部分呢？我们为什么没意识到始终存在于我们身边的很多事物呢？

如果我们把大脑看作这些载体或模块的集合，它们会根据我们当下的需要进入活跃或休眠状态，那么，这些行为就会变得更明显、更有意义。尽管它们的主要职能在于控制我们的身体，但完全有可能诱发出意识的某些方面。或许，在我们进化历史中的某个时刻，我们祖先的情感载体和社交载体被以某种方式激活，催生出认知共情，从而让我们开始设身处地为他人着想。反过来，这也会导致我们对自己和他人产生不同的看法，并最终导致心理理论，或者说，获得模仿他人想法和感受的能力。

我们用来观察环境的其他过程，尤其是观察他人的过程（这也是我们作为社会化动物取得成功所依赖的关键技能），会随着时间的推移而把目标转向自己，用它们观察自己的情绪、思想及其他心理状态。语言载体的发展，推动了逻辑概念的形成和使用，进而形成自我对话和内在对话——我们讲述自己的故事。

在这个过程中，很多载体实现无缝整合，并迅速做出相互响应，让我们的感官载体与认知载体及情感载体相互对接，从而让我们得以感知世界，欣赏日落的美丽，因为麻雀的优美嗓音而喜悦，为松树的香气所陶醉，体验我们从未体验的斑斓世界。心理理论、自我意识、元认知、主观体验甚至现象意识（phenomenal consciousness），都可能是复杂融合带来的结果。

那么，人工智能是否能带来功能和模块的类似聚合呢？或者说，生物过程和电子过程之间是否存在根本性差异，以至于这种聚合永无可能？另一方面，针对人工智能的发展，联结主义方法和符号方法的持续分歧是否只是一种错误的二分法呢？当然，我们人类依赖于符号系统，尤其是在我们从早期原始人分离出来之后。这一点毋庸置疑。但是，如果这种能力是特定模块为改善符号和逻辑操作而进化所带来的结果，那么，它们只会是我们认知工具包中的一种工具而已。同样不可否认的是，实现这种符号认知的基本机制仍具有联结主义性质。人类大脑的每一部分——从我们的视觉系统到记忆的形成、存储和检索，再到抽象思维，无不以联结主义方法为基础。因此，只要形成必要的基础，不断进步的人工智能，包括通用人工智能，就不应有别于人。早期符号方法始终强调“浪漫的老式人工智能”，当然，它的确是揭示人工智能所处路径的重要一步，但它似乎让我们感觉到，人类的智慧已过于抽象，而且起点太高，以至于无法复制甚至效仿。和生物学一样，在开发更高层次的抽象能力之前，或许应该以相对低层次的联结主义为出发点。

联结主义解释似乎已得到网络神经科学的支持。这个相对新兴的领域以复杂性科学为基础，并与数学工具相结合，譬如图论（graph theory）——将大脑的复杂连接表示为由节点和链接组成的图谱。借此，人们对构成大脑的多层次网络获得各种新的洞见。正如印第安纳大学心理学和脑科学教授奥拉夫·斯珀恩斯（Olaf Sporns）所言："在我们的大脑中，网络主题涉及完全不同的规模层次——从社交网络，到涉及集体行为的个别网络，再到参与细胞发育及其他过程的各种分子、基因、调节性网络。"[㊀]

无论是数十亿个神经元的协同作用，还是数百个认知模块的互动作用，实际上，它们都源于大脑中众多高度相似个体单元的同步运行，它们与部分接触甚至相近的邻居通过近乎即时的直接通信，统一步调，同步工作。这些单元通常遵循一组相对简单的规则，对它们直接的互动方式做出限定。对人类大脑而言，这显然会引发我们称之为认知和意识的新涌现特性，而且这些现象的总体强度注定超过部分之和。

这听起来是不是有点耳熟？就像白蚁建造起高耸的教堂式土丘，或是椋鸟作为一个整体而形成的群飞现象，多层级神经复合体遵循同一组简单的规则，从而引发增加未来行动自由度的涌现，而整个过程是无法通过组成部分预测的。同样，宇宙的涡流带来复杂性与涌现行为的孤岛，暂时性地与宇宙的巨大熵力实现隔离。

那么，这对技术智能的未来意味着什么？遗憾的是，复杂性和涌现的本质，导致我们无法预测高度复杂性涌现过程的具体本质。毕竟，正

㊀ Olaf Sporns, "Olaf Sporns on Network Neuroscience," *Network Neuroscience*, MIT Press podcast, April 25, 2018, https://mitpress.podbean.com/e/olaf-sporns-on-network-neuroscience.

如计算机图形学专家克雷格·雷诺兹的“类鸟群”模拟和斯蒂芬·沃尔弗拉姆的自动机，它让我们认识到，即便是采用某些简单规则，也可能会引发我们无法准确预测的行为。因此，要预测一个源自无数神经形态回路（更不用说数十亿相互连接的脑细胞）的思维到底有何本质，其挑战性可想而知。

如果我们使用计算机芯片模拟这些脑细胞和结构，结果难道就会有什么不同吗？这难道不就是创造思维所需要的要素吗？

当然，我们应该反问自己：模拟的准确性如何？即使我们能根据现有的知识和理解完美地复制人类大脑，也并不意味着复制的结果完美无瑕。充其量，它也只能达到与当时知识状态相匹配的水平，而且会在很大程度上受制于我们当时用来解决问题的工具。如果大脑扫描设备的位置和时间分辨率低于某个未知阈值，那么，期待已久的涌现或许永远都不会发生。

当然，这种低分辨率的配置也有可能引发某种形式的涌现，这种可能性永远存在，尽管这个结果可能明显偏离我们希望模拟的人类思维。

从这个角度出发，我们还要面对模拟方法带来的另一个制约要素：最佳策略或许就是使用人工智能的默认原生态。实际上，我们已经拥有每一种风格及配置的神经网络，可以去做各种意想不到和令人惊叹的事情。在很多方面，人工神经网络功能本身就是一种涌现行为。的确如此，只不过它是一种可训练的涌现行为，但是在本质上，这恰恰就是我们的大脑或者说神经网络所做的事情。

如果让我们自己的神经元以不同于固有的最优方式进行组合和互动，那么，我们是否还能体验我们所知道和喜爱的涌现行为呢？我认为不会。既然如此，为什么还要对系统产品这样地预期甚至是期望，让它以次优方式去复制我们的生物过程呢？因此，更可取的方式，是通过设计去发挥它们的优势，而不是阻拦它们，试图去模仿我们的优势。

我们人类的大脑是由无数重复、相互关联的结构构成的，从神经细胞簇，到皮质柱，再到锥体神经元结构。但基因并没有事无巨细地告诉我们的大脑，该如何生长，该如何定位，而是把它们以迭代方式复制到位于某些边界条件内的结构中。由此开始，在我们继续履行认识世界的职责时，神经的持续探索规则开始蔓延，并不断修正和调节神经元之间的连接。正如神经科学家迈克尔·加扎尼加所言："尽管大脑的大规模规划具有遗传性，但局部层面的联系则取决于活动，而后者则是表观遗传要素和经验的函数：先天和后天都很重要。"㊀

基于这种广义上的复杂视角，我们绝不能有这样的预期——通过直接必要的全部载体，让人工智能获得智能、自我觉知或意识。毕竟，需要设计的细节太多，过程太复杂。但幸运的是，我们或许不需要这么做。自动化机器学习（AutoML）的开发正在进行当中，它的一项重要使命即是为当前任务选择和组建最佳算法或神经网络。例如，在谷歌，研究人员已使用所谓的"强化学习"（reinforcement learning）技术，实现机器学习开发过程的自动化。在一项测试中，他们引导 AutoML 程序构建了一个"AI 婴儿"，它可以识别实时视频中的对象。由 AI 培育的 AI，已经让人类开发人员设计的所有 AI 甘拜下风。针对可视化数据库 ImageNet 提供的数据，该系统的识别准确率已达到 82.7%，比人类开发人员以往的成果高出 1% 以上。

如果一个 AI 系统能动态选择最佳算法或神经网络，并据此进行自我优化调整，那么，这种能力的潜力难以想象。设想一下，如果能使用一系列等同于我们人类生物大脑模块的载体和功能，"培育"出不同的 AI，会是怎样的一番景象呢？依靠机器学习的优化功能，这种方法或许可以带来更多的洞见和突破。利用 AutoML 之类的技术，可以找到实现任何给定模块的最优方法。当然，对这个假想的项目而言，更可能的情

㊀ Michael Gazzaniga, *Who's In Charge: Free Will and the Science of the Brain*, New York: HarperCollins, 2011。

况是，人工智能的“大脑”可以实时动态地运行新模块或载体，在需求基础上培育更多资源。

当然，不能忽视的是，我们马上就将进入一个全新的伦理道德范畴。在这些人工智能的自我意识或其他方面意识不断强化的过程中，可能会出现某个我们不愿看到的临界点，此时，人工智能会给我们带来难以承受的心理压力，甚至是痛苦。作为信守伦理规范的人，我们当然不能允许发生这种情况，而且我们必然会竭尽全力地去阻止它。实际上，这个问题本身将足以影响到整个研究领域的发展方向。

最后一点，人工智能的自我设计和递归性自我改进能力，将会把我们推向很多人担心的状况——智能爆炸的出现，也就是所谓的技术奇点（technological singularity）。至于技术奇点存在与否，各方众说纷纭，我们将在第十三章和第十四章从正反两方面探讨这个话题。但是从很多方面以及现有知识出发，人类大脑和思维就属于涌现信息处理达到顶点的产物，至少在宇宙的这个卑微角落里，这是一次空前的涌现。但时至今日，我们发现自己再次处于新涌现的风口浪尖，而且它们或许会带来足以和我们人类及人类智慧相提并论的产物。这些涌现或许沿着特有的轨迹继续发展和演变；抑或会随着时间推移，与我们人类现有的智能汇聚交融，并带来更加意想不到的结果。当然，它们会兼顾两个路径，这也是我们将在本书后续部分继续探讨的话题。

第十一章 智能强大之路

“世上没有难题，只有对某个智能水平而言尚无法解决的问题。随着智慧从最底层一点点地提高，某些问题会突然从原本的‘不可能’变成‘显而易见’。当智慧提升到某个足以引发质变的程度，所有的问题都会迎刃而解。”

——埃利泽·尤德考斯基（Eliezer Yudkowsky），人工智能理论家

在进入这家小型消费电子商店的时候，伊萨克走得太急，以至于身后的店门关上时，他几乎撞到墙。他迅速后退了一步。说这家店面很小，其实已经有点轻描淡写的感觉。准确地说，这个店面不过是一个摊位或货柜，而且还只是一个小隔间。光滑的冰白色墙壁既没有货架，也没有任何商品标牌，只有他最熟悉的酷蓝色 emBrain 标志，放置在面前墙壁的中央。有那么一瞬间，他以为这个标志在缩小，直到他意识到，墙壁正在逐渐地后撤，足足让展位到壁橱之间的距离扩大了两倍。

“请问，有什么可以帮您吗?”一个不知从何处传来的声音问道，而后，发声的逐渐变成人的模样。站在他面前的，是一位迷人的年轻女士，他知道这不是真实的人，只是这家店面的标志性化身，是由人工智能生成的虚拟图像。

“嗨，你好，”伊萨克回答，他尽量不让自己看起来太吃惊，“我想了解一下产品升级的情况。”

“说吧。”化身似乎有点不屑一顾，把头转向一边。很多客户会认为，这是一个令人讨厌的反应，但伊萨克却发现这个动作很迷人。于

是，他不得不提醒自己，这可不是一个真人，不过是一个具有可视性的销售软件而已。

“好吧，欢迎来到 emBrain，这里有您永远需要的另一款人工脑，”化身引用公司商标上的标语说，“您可以叫我翠茜。”

“你知道，我来这里是为了升级，因为这是你们的唯一产品。”

“没错，”化身翠茜回答，“我觉得您确实已经有一段时间没升级了。”她凝视着伊萨克，好像在直视他的骨骼。“天哪！您还在使用 BCS2057 版本？看来您喜欢危险的体验。”

伊萨克略显尴尬地耸了耸肩。这一年是 2062 年，他知道，推迟升级 BCI（脑机接口）的时间拖得有点长。“我一直在攒钱，”他给自己的推迟升级找了一个不错的理由，“不管怎么说，我得等他们把最新版本中的错误修复。”

“真的吗？”翠茜捏起拇指和食指，似乎觉得有点莫名其妙。“您的人工脑离数据全部损坏的情况还差得远呢。”

“你怎么知道？”他疑惑地问道。伊萨克很清楚，尽管自己的人工脑还一直在使用，但似乎变得越来越怪。

“我当然知道，就像知道您在走进门时，根本就没有看到产品售后条款一样。您是俄勒冈州塞勒姆的伊萨克 · 门德斯，您已授权我对您的人工脑设备进行全面诊断。”化身突然停顿了一下，然后又补充道，“下面，我会告诉您存在的问题。”

此时，空荡荡的冰白色房间突然铺平，延伸成平面，随即，伊萨克面前变成一片郁郁葱葱的热带丛林，其间到处都是奇异的生物。一条猩红色的王蛇，长着一张著名流行歌星般俊朗的脸，在伊萨克的左脚上盘旋。伊萨克轻而易举地就认出这条蛇，它的名称应该是猩红王蛇，这是一种无毒蛇。至于这张流行歌星的脸则是弗拉维奥，两年前就已经成名。此时，他的整张唱片立即出现在伊萨克的脑海中。略加思索，伊萨克开始播放一首乐曲，优美的乐声瞬间响彻丛林。他转过身，嘴巴张大，突然之间，伊萨克似乎感到恍然大悟。他再次转身面对翠西，就在他们头顶的天空中，突然涌现出成群的飞猴和直升飞机大小的七彩蜻蜓，遮天蔽日。

“这是什么，天哪……这太神奇了！”伊萨克惊呼道。

化身翠茜温婉地笑着说：“从您使用的这个垃圾产品面世后，BCI已经推出了很多好东西。您的处理器完全不能和今天的产品相比，新产品的功能用您的设备几乎完全无法实现。但最重要的是链接。我们的新款 emBrain CogLink 拥有完全的神经元级实时分辨率，而且配备直接和升级的反馈增强功能。它的任何输入对您的人工脑来说都不会与现实有任何区别。”

“天哪！我几乎可以闻到丛林的味道！”

化身翠茜娓娓地开始讲述：“是啊，您能看到丛林的景象，听到丛林的声音，感受到它的气息，触摸到它的存在，还能闻到丛林发出的味道。最新版本的界面可以直抵大脑的视觉、听觉、味觉、触觉和嗅觉皮层。这一切都直接通过管道输送到您的大脑。”

“但我还没有升级啊。我怎么会获得这些体验呢？”

“当您走进来的时候，我们就已经和您的产品完成链接，现在，我们正在向您的设备提供内插信号。当然，您在进入店面时就已经接受升级，只是您没有看到我们提供的升级条款而已，因为您的这款装备实在是太陈旧了。不是陈旧，而是不可救药了，使用四年的设备就已经过时了。您的设备已经五岁了，算不算垃圾呢？肯定是属于老古董了。”

伊萨克几乎没有听这个虚拟化身在说什么，他已经完全沉浸于神经网络带来的沉浸式虚拟现实。

化身翠茜继续说道：“正是因为如此，尽管您使用 BCS2062 还无法获得全部体验，但至少比您以前使用的设备要好得多啊。”此时，一条琥珀色的微型飞龙俯冲下来，落在翠茜的肩膀上，这并未打扰化身翠茜，她继续喋喋不休地向伊萨克介绍：“要使用这款高分辨率的 emBrain

体验程序，您只需半月支付一次费用，连续付款 24 次，即可获得终生服务。当然，您也可以回到您走进那扇门之前的样子，继续使用您的老古董。”

伊萨克无须多想，他很清楚自己该如何选择。

“我要在哪里签名呢？”

虽然脑机接口早已成为几代科幻小说与科幻电影的标配，但时至今日，它们似乎更像是科技进步带来的一个必然结果。读心术、心灵感应交流以及只用思想即可控制物质的能力，以前似乎完全是滑稽科幻漫画中的场景，但是在今天，这些能力已经成为现实。

当然，“思想可以解决一切难题”这样的观点或许会带来极大的误导性。用户与任务之间的无缝对接显然还需要相当数量的高科技为基础。不过，有一点似乎已确定无疑，脑机接口很快就将成为我们控制和指导技术的首选方案和主导方法。

其实，这些设备完全是前述用户界面持续开发带来的直接衍生品。人们始终致力于改进技术，尤其是计算机技术的可访问性，使之更有能力按我们的要求执行任务，值得欣慰的是，技术始终在沿着这条路径前进。从硬连线指令，到穿孔卡片和穿孔胶带，到命令行界面，再到整合显示器、键盘和鼠标的图形用户界面，最终来到自然用户界面（NUI），在这个过程中，我们的控制模式也变得越来越人性化。借助 NUI，我们已可以像对待人那样，使用语音、手势、触摸甚至情感指挥计算机和其他设备，并和它们进行通信。这种趋势也推动相关技术的普及，使非专业用户也可以轻而易举地使用它们，这无疑将开启一个无比巨大的潜在市场。这不难理解，如果没有触摸屏，智能手机只不过是一部笨重拙劣的玩物；如果没有语音识别，设备就无法实现免提使用。

今天，我们正处于界面技术的一个转折时期，它正在呈现出前所未有的特征。同时，它最终也会成为我们以思想与外界交流、互动并实施控制的最自然方式。思想始终是我们启发行动并与世界建立直接联系的动力，而身体则是我们思想的载体，是我们通过语言及其他工具形成和实现这些思想的手段。今天，脑机接口让我们拥有了施展这些手段的方式，让我们得以无须借助身体载体的参与，就能实现我们的愿望。

这项技术标志着人类智能新时代的开启，它无疑将为迅速强化、改善和推进智能发展提供了长期潜力。就像语言、印刷机、图书馆及互联网的发明一样，脑机接口也会增进我们可以掌握的事物以及我们认识这些事物的方式。更重要的是，脑机接口会使我们变得更聪明，以新的方式开展协作，并最终掌握闻所未闻的资源。尽管它们未必会真正提升人类的智慧，但其潜能很有可能会让我们大吃一惊，而且注定会让我们有所改变。

那么，这些被设定为造神之器的设备到底是什么呢？迄今为止，我们已经沿着这条路径取得了巨大进展，但这条路的未来还有多远呢？更重要的是，这种具有变革意义的技术，到底能给我们带来哪些收益和机会或是风险和陷阱呢？

脑计算机接口也被称为脑机接口或神经控制接口，它由多种不同的技术组成，主要用于检测和识别大脑中进行的神经活动。脑机接口是一个广义概念，具体设备五花八门，既有与头皮接触的非侵入性设备，也有放置在颅骨内、直接与大脑表面接触但不穿透的部分侵入性设备，还有将电极真正植入大脑皮层内部的完全侵入性 BCI。每一类设备都各有其优点和缺陷。通常，因为直接接触大脑神经元，使得侵入性 BCI 实现的信号效果最优而且最精确，但也需要承担外科手术招致的风险。此外，身体的免疫系统也会攻击电极和接触点，导致电极腐蚀或形成疤痕组织，这在一定时期后会大大降低信号质量。

最早的侵入性 BCI 设备是由网络动力公司（Cyberkinetics）开发的“大脑之门”（BrainGate），这项技术使用一系列细电极穿透大脑皮层，从而达到直接植入的目标。“大脑之门”的首次重大成功出现在 2004 年，当时，已四肢瘫痪的马特·内格尔（Matt Nagle）安装了这款芯片，这样，他可以利用屏幕上的光标操作第一台精神控制机械臂。[一]植入马特大脑的96对电极阵列可以检测他的神经活动，并把这些神经信号转换为可以驱动机械臂工作的电控制信号。[二]

早在几年之前，DARPA为最早的脑机接口技术开发提供了资金，这项研究的目标是在脑电图（EEG）数据中寻找可利用的可控信号。该技术已在医学界使用了数十年。虽然脑电图产生的信号在质量和分辨率上均不如植入接口，但非侵入特性导致这项技术更适合一般用途，尤其是业余开发者使用。随着脑电图技术和计算技术的进步，它所能实现的功能也在不断升级，今天的脑电图BCI技术已被广泛用于游戏、机器人轮椅控制、假肢操作、单向和双向通信以及服务于业余开发者。

除了脑电图之外，其他很多神经成像技术已被用作非侵入性BCI，包括功能磁共振成像（fMRI）、正电子发射断层扫描（PET）和脑磁图（MEG）。这些方法在空间分辨率、时间分辨率、便携性和成本等方面各有其优缺点，因此，有些数据可能更适合某一种类型的应用程序或研究用途，但却未必适合其他领域。

介于侵入性和非侵入性之间的技术全部被归入部分侵入技术。人们最熟悉的部分侵入技术可能是皮层脑电图技术（ECoG），它采用传感器与大脑直接接触但不会穿透大脑皮层的方式。这种方法可以提供优于脑电图的空间分辨率、信噪比和频率范围，同时，也会降低因植入电极引起疤痕组织及其他健康问题等的风险。随着材料科学、生物技术、纳米技术和信号采集等其他诸多领域的发展，部分侵入性BCI的发展潜力可能被进一步放大。

[一] "Brain Chip Reads Man's Thoughts," *BBC News*, March 31, 2005, http://news.bbc.co.uk/2/hi/health/4396387.stm。

[二] Leigh R. Hochberg, et al., "Neuronal Ensemble Control of Prosthetic Devices by a Human with Tetraplegia," *Nature*, July 13, 2006, 442 (7099): 164 - 71, https://www.nature.com/articles/nature04970。

当然，还有很多方法有助于我们提高和改进大脑的学习能力和专注能力。临床证据表明，阿德拉（Adderall）、利他林（Ritalin）和Noopept等药物可暂时提高注意力、信息处理速度以及记忆形成和回溯等能力。有些研究表明，经颅磁刺激（TMS）和经颅直流电刺激（tDCS）等神经刺激技术也具有提高注意力和学习能力的效果。TMS利用磁力改变神经元的活动，而tDCS则使用电刺激信号。不过，这些方法在加强或削弱神经元之间突触传递能力方面的具体机制尚不明确。尽管这些方法均涉及注意力和记忆力等目前高度关注的研究领域，但有一点似乎更为重要——它们有可能会改变神经递质的行为，“推动”其他原本未经调整的神经元发挥更多积极功能。比如说，通过安装超频模块让CPU超过标准规格运行，可能会导致某些负面问题；同样，超速驱动我们的脑细胞，也有可能对脑细胞造成暂时性或永久性损坏。出于这些原因，笔者建议，BCI最终应形成一种长期性方法，通过将大部分额外负载转移给其他非生物资源，兼顾促进、控制和强化我们思维过程的目的。

我们可以有把握地说，在这个领域，我们仍处于起步阶段，未来前景可能风光无限。BCI的近期发展空间就已存在无限可能，尤其是在临床治疗方面的运用，比如说，为闭锁综合征患者提供交流方法，并通过控制机器人假肢和轮椅帮助他们恢复活动能力。虽然用于恢复视力的人工视网膜和恢复听力的人工耳蜗等技术似乎与这些接口技术关系不大，但是，通过这些研究实践取得的成果，或许可以为我们认识感觉器官与这些非生物系统的整合带来启发。

除此之外，随着时间推移，我们在诸多方面的能力都将得到提高，届时，我们不仅能更好地与计算机和互联网进行互动，而且能更有效地处理日趋智能化的环境。物联网极大提高了我们这个世界的互联互通性，它无疑将为BCI提供巨大的发展空间，这一点已得到公认，毕竟，它可以通过多种潜在方式增强用户能力。最后，但同样重要的一点是，如果能在长期内快速接触并获取知识，而且还能与计算机处理能力实现即时整合，那么，我们就有可能在短时间内实现人类需要数百万年自然进化才能实现的进步。但是要做到这一点，仍需要我们取得更多的进展。但当下最重要的或许是双向神经通信问题。

不妨回顾一下这项技术在短短几十年内取得的巨大进步。20 世纪 70 年代，研究人员开始对使用 EEG 的可行性展开早期调查，在仅仅不到 1/4 个世纪后，我们就已经取得了长足进步，也开发出很多有实用价值的技术成果。在短短几十年时间里，BCI 便可以成为在推特上撰写和发送推文的工具，实际上，威斯康星大学麦迪逊分校早在 2009 年就已经完成了这项任务。[一]2014 年，一个研究团队利用脑机接口技术，将一个印度人大脑中的两个单词“ciao”（意大利语中的“你好”）和“hola”（西班牙语中的“你好”）发送给 5000 英里外一个法国人的大脑。[二]2013 年，华盛顿大学的两名玩家进行了一场实验性游戏，两个人分别位于两座不同的建筑，其中，一个人在心里发出按下按钮的指令，并将这个信号通过脑机接口发送给位于另一座建筑物中的第二个人，并激发后者动手，而这个人此时没有任何主动让手运动的意愿。[三]仅仅到几年之后，便有越来越多的研究者开始了类似研究——阅读和识别实验对象心中正在想到的某个单词。

作为一个严肃的控制性界面，具备使用文字的能力至关重要。语言

㊀ Renee Meiller, “Researchers Use Brain Interface to Post to Twitter.” *University of Wisconsin-Madison News*, April 20, 2009, news. wisc. edu/researchers-use-brain-interface-to-post-to-twitter。

㊁ Carles Grau, et al. , “Conscious Brain-to-Brain Communication in Humans Using Non-Invasive Technologies,” *PLoS ONE*, 2014; 9 (8): e105225, doi: 10. 1371/journal. pone. 0105225。

㊂ Doree Armstrong and Michelle Ma, “Researcher Controls Colleague’s Motions in First Human Brain-to-Brain Interface,” *University of Washington News*, www. washington. edu/news/2013/08/27/researcher-controls-colleagues-motions-in-1st-human-brain-to-brain-interface。

是我们利用概念和进行交流的手段。没有语言，区分、互动，尤其是人际交流就会遇到障碍，甚至无法实现。正因为如此，麻省理工学院媒体实验室开发的可穿戴设备 AlterEgo 可称得上一次重大进步，2018 年，阿纳夫·卡普尔（Arnav Kapur）正式对外发布了这款设备。[㊀]它采用带有嵌入式电极的胶带，并沿喉咙和下巴采集神经肌肉信号，在用户思考某个特定的词汇时，就激活相关肌肉并发出信号。然后，用户可以通过骨传导装置收到设备的响应。这款设备类似于早期的默读技术[㊁]（默读本身就是在思考语言），但 AlterEgo 声称，其识别单词的准确率可达到 92%。虽然这个早期原型使用外部电极检测神经信号，但可以想象的是，升级版本完全可以用皮下检测器代替外部电极。此外，这虽算不上真正的 BCI，但是对周围神经系统的整合和使用，确实可以为信息进出大脑提供一条直接的低风险通道。毕竟，无论是直接在大脑内部进行信号检测，还是通过安装在 9 英寸以外的神经传感器，结果应该基本相同。

2018 年，三个研究团队发表了一系列内容相近的论文，[㊂]这些文章均指出，使用脑电图 BCI 进行直接语言阅读，或许已不再遥不可及。这些研究项目均以帮助丧失发声能力的患者（如肌萎缩侧索硬化症）恢复语言能力为目的。有些项目采用了深度学习技术，让设备针对研究对象进行训练，在设备阅读某个单词时，会激活患者大脑中与这个词读音相对应的神经元放电。到 2019 年，来自哥伦比亚大学扎克曼研究院

㊀ Larry Hardesty, "Computer System Transcribes Words Users 'Speak Silently,'" *MIT News*, April 4, 2018, news. mit. edu/2018/computer-system-transcribes-words-users-speak-silently-0404。

㊁ Charles Jorgensen, et al., "Sub Auditory Speech Recognition Based on EMG Signals," *Proceedings of the International Joint Conference on Neural Networks*, *IEEE*, 2003, https: //ieeexplore. ieee. org/document/1224072。

㊂ Hassan Akbari, et al., "Towards Reconstructing Intelligible Speech from the Human Auditory Cortex," *BioRxiv*, Cold Spring Harbor Laboratory, January 1, 2018, www. biorxiv. org/content/10. 1101/350124v2。

（Zuckerman Institute）的研究人员取得重大突破，他们成功地将大脑信号直接转化为语音。[㊀]实验对象在思考特定的单词时，他们使用 ECoG（皮层脑电图）检测到大脑反应。[㊁]随后，这些信号通过深度神经网络进行处理，再传送给语音声码器（语音编码器/解码器）。尽管声音具有明显的合成感，但语音识别的结果完全可理解。该研究项目首席科学家尼玛·梅斯加拉尼（Nima Mesgarani）认为："在这种场景中，如果设备佩戴者在想'我需要一杯水'，那么，我们的系统就可以接收到由这种想法产生的大脑信号，并将这些信号转化为合成的语音信号。"显然，这项技术或许会成为丧失语言能力者的巨大福音。但更重要的是，它标志着将思维直接转化为文字的另一个里程碑。

尽管这项研究目前仍处于初期阶段，但这些成就表明未来值得期待，而且很可能是不远的未来——我们会让更多的 BCI 技术实现与人类大脑的整合。回顾历史进程，总结那些有助于提升我们智能并获取更多知识的技术——无论这些知识来自书籍、电信还是互联网，我们会看到，它们始终是向着更直接和易于访问的方向发展。今天，无处不在的智能手机已成为人类生活中的必需品，它们时时刻刻都在为我们的大脑提供补给，有了智能手机，我们可以随时随地获取来自世界每个角落的任何知识。对我们这代人来说，或许还做不到在日常基础上实现这些技术与神经系统的直接对接。但是，一个人造的外部大脑或是外皮层，必定有助于提升、放大我们的自然智能，实现智能的倍增，而后通过良性循环再次实现翻倍，如此螺旋式增长的智能，或许值得期待。

那么，要达到这个水平的融合需要哪些条件呢？很多研究人员和企

㊀ Hassan Akbari, et al., "Towards Reconstructing Intelligible Speech from the Human Auditory Cortex." *Nature Scientific Reports* 9, article number 874, January 29, 2019, https://www.nature.com/articles/s41598-018-37359-z。

㊁ 一个需要考虑的重要因素是，这项研究并不把抽象思想转化为语音，而是转换成语音激活信号。这类似于激活潜声技术，只不过信号来自大脑深处。

业家都曾问过这样的问题，这也是很多政府机构关心的话题。2013 年 4 月，受“人类基因组计划”（Human Genome Project）的启发，奥巴马政府宣布了“通过推进创新型神经技术开展大脑研究”（BRAIN）的计划。[㊀]该计划的目标是通过进一步推进创新技术的开发和应用，彻底改变我们对人类大脑的理解，以便更好地服务于神经和精神类疾病的治疗。通过这项计划，美国政府为广泛的跨学科研究提供资金支持，探索以更有效的方法对大脑活动进行扫描和记录的路径，并提高我们对大脑内部各种潜在发生过程的认识。

作为参与该计划的主要机构，DARPA 和 IARPA（高级智能研究与规划署）均有多个项目对相关领域开展研究。比如说，军队需要处理数百万患有创伤后应激障碍（PTSD）及其他神经精神疾病的士兵。据估计，20% ~30% 的士兵均存在不同程度的 PTSD 问题，这个数字和他们所服役的部队参与军事行动的次数直接相关。正因为如此，DARPA 启动了一项名为“针对新兴疗法的系统型神经技术”（SUBNETS）[㊁]项目，旨在开发一种专用的大脑芯片，该芯片不仅可以检测和记录来自 PTSD 患者的大脑信号，还能使用这些信息向受损神经元发送轻度刺激，从而破坏导致疾病的神经循环。[㊂]这种“闭环系统”不仅具有治疗价值，还有助于更好地了解大脑是如何工作的，以及为什么会出现这种工作方式。

DARPA 的另一个相关项目以海外归来士兵为对象，名为“重建主动式记忆”（Restoring Active Memory）。[㊃]按项目规划，将开发一款完全植

㊀ The BRAIN Initiative, NIH: https://braininitiative.nih.gov。

㊁ Al Emondi, “Systems-Based Neurotechnology for Emerging Therapies (SUBNETS),” DARPA, https://www.darpa.mil/program/systems-based-neurotechnology-for-emerging-therapies。

㊂ Patrick Tucker, “The Military Is Building Brain Chips to Treat PTSD.” *Defense One*, May 28, 2014, https://www.defenseone.com/technology/2014/05/D1-Tucker-military-building-brain-chips-treat-ptsd/85360。

㊃ Tristan McClure-Begley, “Restoring Active Memory (RAM),” DARPA, https://www.darpa.mil/program/restoring-active-memory。

入式神经设备，旨在帮助创伤性脑损伤（TBI）患者恢复情景记忆功能。在对海马体（大脑中主要负责记忆功能的区域）进行研究的基础上，这项研究采取闭环系统监测患者神经元的状态，并据此生成刺激信号，激活并强化大脑形成和保留记忆的能力。这项工作的最终研究成果将是一款植入式人工海马体，这种神经假体有助于创伤性脑损伤或阿尔茨海默症患者修复记忆功能。据推测，基于这项研究的成果，最终有可能衍生出一种强化现有健康大脑的技术，以达到增强记忆力的效果。

IARPA 的项目旨在维护美国在智能领域的领先地位。其中，SHARP 计划（强化人类自适应推理及问题解决能力）的目标是提高人类推理和解决问题的能力；MICrONS 项目（皮质网络机器智能）则试图对人类大脑进行反向工程，从而达到改善机器学习的目的；KRNS 项目（神经系统的知识表达）的目标为开发和评估人类对概念性知识表达方式的理论；ICArUS（针对感觉形成理解的综合认知神经科学架构）则希望通过了解我们对数据模式的识别能力，来推断这些模式的基本诱因。总之，这些项目通过开发认知模型并在软件中实施它们，以最终实现人工智能。

从上述内容，我们可以看出，这些组织和机构都在努力推进 AI（人工智能）和 IA（intelligence augmentation，智能增强）技术，保持对这个领域的领先地位。或许，他们也喜欢被这两个翻来覆去的字母所折磨。

在所有这些研究中，我们都会看到，工作的很大一部分内容就是对大脑语言进行解码。不过，某个神经元的放电如何把思维转化为口头文字，以及如何形成和回溯特定记忆，至今仍是未解之谜。更好地阅读和解释神经元之间的相互作用，会大大改善我们对自身大脑的认识。幸运的是，这样的工具和能力确实存在，只不过出现的时间并不长。

光遗传学（optogenetics）是一种生物学技术，也是实现实时监测和控制神经元状态的基础技术。通过光学和遗传学技术相结合，转基因神经元可以利用由基因编码的钙指示剂（GECI）在放电时发光。这些荧光分子会经由对电压敏感的荧光蛋白发出微小的闪光，这样就可以对钙通道的状态实施监测——这个过程也是神经元激活序列的一部分。

“视蛋白”（opsins）是一种由基因编码的光敏化合物，最初来自绿藻等微生物。通过用另一组视蛋白，就可以对神经元实施高度可控的触发或抑制。在由光纤引导的激光出现闪烁时，改进神经元（modified neuron）中的光门控离子通道被激活。这就有可能实时改变神经元的脉冲行为，而且远比使用其他技术快得多。通过对动物进行的实验室测试表明，使用这种技术，可以让被试的运动、进食、压力恢复和性行为发生变化。

光遗传学的发展潜力是无比巨大的，最初研究动物大脑，如今已开始用于人类。目前已出现了很多以临床治疗为目的的相关研究。随着时间的推移，它完全有可能在开发适合于自身的 BCI 技术上取得重大突破。

这种工具或许极其重要，对此，斯坦福大学的大卫·伊格曼（David Eagleman）和多伦多大学的布雷克·理查兹（Blake Richards）等神经科学家早有感悟：在健康大脑中针对性植入芯片和神经修复体（如 BCI），不仅在短期内非常不现实，在可预见的未来也如此。在未来很长时期内，感染、脑损伤和其他风险都是无法摆脱的道德陷阱。

尽管如此，创造新型治疗方法的研究注定还会继续，推动我们不断加深对创新技术的认识，直到有一天，我们可以把这些技术应用于健康个体。正如伊格曼所言：“我确实认为很多方法或许更为可行：不仅是神经尘埃、遗传方法、纳米机器人等内部解决方案，还有下一代高分辨率测量和刺激等技术。”[㊀]

㊀ David Eagleman, Facebook post, March 31, 2017, https://www.facebook.com/David.M.Eagleman/posts/a-great-deal-of-interest-has-recently-blossomed-regarding-futuristic-ways-to-rea/10155125223381549。

但这并不意味着，可强化智能的植入式电极 BCI 技术研发会受到负面影响。如前所述，尽管部分项目仅服务于军事安保人员，但 DARPA 和 IARPA 的总体目标依旧是推进这个领域的发展，探索新型治疗方案。

当然，像 Kernel 这样的高科技初创公司也采取了类似开发路径。Kernel 创建于 2016 年，由支付平台 Braintree 的创始人布莱恩·约翰逊（Bryan Johnson）投资创建（他曾以 8 亿美元的价格将 Braintree 出售给 PayPal）。这家公司旨在运用硅谷式方法开发 BCI 和其他技术。为此，约翰逊曾指出："我认为，解锁大脑奥秘并学习如何读写我们的神经代码，是人类历史上最重要、也是最令人兴奋的探索。"㊀

该公司由一个顾问团队指导，其中包括光遗传学开创者之一的艾德·鲍登（Ed Boyden）和前面提到的大卫·伊格曼。最初，公司曾对外宣称，他们感兴趣的对象并不是具体的疾病或设备，而是创建一个通用性技术平台。对此，约翰逊表示："多年形成的跨产品开发方法，不仅有助于优化我们积累起来的专业知识，还可以充分利用已经实现的技术和科学突破。"㊁不过，这家公司最近已开始将注意力转向可能具有立竿见影效果的目标，譬如，开发对记忆障碍有治疗效果的人工海马体——包括由创伤性脑损伤和中风引发的记忆障碍。

另一家致力于探索 BCI 技术未来的公司是 Neuralink，由企业家和工程师埃隆·马斯克（Elon Musk）于 2016 年创立。和 Kernel 一样，从事脑机接口技术的 Neuralink 将初始目标设定为治疗脑损伤，其中就包括由

㊀ Bryan Johnson, "What If: The Next Frontier of Human Aspiration" (transcript), Code Conference 2017, Rancho PalosVerdes, CA, May 31, 2017, https://bryan-johnson.co/next-frontier-human-aspiration。

㊁ Bryan Johnson, "Kernel's Quest to Enhance Human Intelligence," Medium, October 20, 2016, https://medium.com/@bryan_johnson/kernels-quest-to-enhance-human-intelligence-7da5e16fa16c。

中风或外部创伤等引起的脑损伤。但这家充满神秘色彩的公司也承认，他们的终极目标宏大得多。最终，他们计划开发一种可植入设备，让健康大脑以宽带速度访问来自外部介质的知识，这种外部介质既可以是硬盘驱动器，也包括互联网。

和约翰逊一样，马斯克也始终坚信，在人工智能方面，我们正走在一条非常危险的道路上，除非采取措施及时阻止进一步恶化，否则，人类将很快被人工智能所超越。这两位投机先驱设想的策略，就是增强人类自身的智能，唯有这样，才能跟上未来即将把我们甩到身后的超级智能。这样，无论是作为一种持续性开发战略，还是作为一种自救式手段，最终，我们都可以使用这些接口与某种或多种技术性超级智能实现集成，当然，这还要取决于具体情况。从理论上说，人类与人工智能的这种融合会给人类带来提升，这或许是人类进入下一个进化阶段的契机。

在公司成立初期，马斯克曾反复提及“神经织网”（NeuraLace）的概念。神经织网源于伊恩·班克斯（Iain Banks）的科幻作品，班克斯将它设想为一种植入大脑周围并穿过大脑的超薄网状物。可以设想，庞大的电极阵列可以在神经元层面监测大脑，并使用适当水平和配置的电刺激写入神经信号。这种对大脑读取和写入信息的能力或许会彻底改变人类这个物种。尽管有人会提出质疑，失去人性的人类将无异于机器人，但马斯克指出，在不断超越我们生物起源的道路上，我们已经取得了巨大成功。如果没有个人超级计算机——譬如装在我们口袋里的智能手机，我们也不可能像现在这么聪明。尽管这种即时获取知识的能力是否等同于智慧还值得怀疑，但不可否认的是，我们与技术相互依赖性的增加，确实在让我们变得更聪明。

其他很多公司也在使用处于不同开发阶段的方法。多年来，社交媒体巨头脸书一直致力于开发自己的脑机接口 BCI，作为 Silent Voice First

项目的部分内容，由神秘的 Building 8 部门负责。这项脑机接口技术的目标是“阅读”用户在心里的自言自语，让他们只需使用思维即可每分钟输入 100 个单词。

在构建 BCI 的过程中，创业公司 CTRL-Labs 采用了两种方法，被他们称为肌肉控制和神经控制。肌肉控制法从参与肌肉激活过程的神经中获取线索，而另一种方法则依赖脊髓中的特定神经元。根据这项研究，公司开发了一种可穿戴腕带，用户只需在心里考虑移动手指和手，即可对设备进行控制。2019 年 9 月，CTRL-Labs 被脸书收购，据称，收购价格高达 10 亿美元。这家初创公司将被并入脸书的 Reality Labs 团队，负责虚拟和增强现实产品的开发。

全世界可能有数百家企业在从事这个领域的开发。OpenBCI 是一个基于社区的开源脑电设备制造商。公司通过众筹网站 Kickstarter 于 2013 年创建，其生产的电路板可通过脑电图（EEG）、肌电图（EMG）或心电图（EKG）测量和记录大脑活动。此外，OpenBCI 还为一家名为 Ultracortex 的 3D 头戴式设备制造商提供设计文件。

除此之外，研究人员还提出很多未来可能采用的脑机接口技术开发策略。神经尘埃（neural dust）这个术语被用于形容不断缩小的传感器和设备，这些传感器和设备有一天或许会被用来取代电极。2016 年，加州大学伯克利分校工程团队开发了第一款可植入式无线传感器，这款传感器的大小几乎相当于尘埃。有朝一日，或许可以把这些无电池微型传感器微缩到低于毫米级的尺寸，直接从大脑内部传输电生理信号。就在不久之后的 2018 年，伯克利的同一研究团队便发布了 StimDust，这是一款比一粒米还小得多的微神经刺激器。随着材料科学的发展和设备尺寸的进一步缩小，这种部分侵入性接口必将大有用武之地。

在技术不断微型化的过程中，自然不会缺少有关纳米机器人

（nanite）的各种想法。这些纳米设备小到可以直接植入活细胞，数百万甚至数十亿在理论上仅相当于亚神经元大小的设备，可以直接从大脑的任何位置进行读写操作和集体互动。尽管技术发展到这个水平可能还需要几十年时间，但是，我们在分子水平上进行物质控制的能力足以表明，有一天，纳米机器人必将会成为我们工具箱中的重要一员。

所有这些努力都表明，对于这个正在飞速发展中的新兴领域，人们不仅有浓厚兴趣，而且正在获得越来越有价值的认识。一旦神经尘埃最终成为现实，尽管谁将成为赢家目前还尚无定论，但有一点似乎确定无疑：未来，我们的大脑会有机会和技术进行无缝交流。

但是，如果某些人并不希望面对这样的未来，又该如何应对呢？如果我们选择退出这场伟大的脑机接口技术竞赛，我们还会有其他选择吗？很遗憾，如果那样的话，我们可以选择的范围非常有限。在一个高等级智能的同事和竞争对手几乎无所不知的未来中，没有人会对止步不前、故步自封的前辈给予同情或是仁慈。我们这个世界的重要特征就是竞争，无论是出于竞争的基本原则还是由于经济能力的匮乏，只有通过竞争，才能确保那些选择退出的人被迅速淘汰。在只有适者生存的神经世界里也一样，那些没有选择进步的组织及其遗物注定会永远地消失，成为生命进化大树中的枯枝败叶。因此，我们或许应该预见到，在这个新旧争锋的过程中，这种转变必将招致巨大的阻力和冲突，但不管怎样，我们还是应尽量避免出现这样的情况。

技术的历史就是一个不断演进和变化的故事，那些站在历史错误一边的人往往会被彻底抛弃。历史带给我们的最大教训就是，任何事物都有可能影响前进的脚步，但历史的方向永远无法变更，任何试图完全阻止这个进程的事物，只会被狠狠地压在历史车轮下。在这个全新的世界里，新设备和新知识让它们的使用者更有效率、更有竞争力；相反，那些放弃新秩序红利的人，往往别无选择，只能听天由命。

这一点将会在智能强化方面变得淋漓尽致。拥有智能强化的人相对于放弃者的优势显然会是压倒性的。虽然我们很容易会把这场脑机接口技术革命与以往原始物种之间的进化相提并论，但后者的演进节奏显然缓慢得多，即便是微不足道的进化也会历经数万年。从未强化智能的人类到强化智能人类的转变，可能需要数十年时间。最终不可能出现模棱两可的结果：一个物种会幸存下来，而另一个物种将无一生存。

显然，很多人认为脑机接口技术让人类受益无穷。但这些设备无疑也会招致很多问题和漏洞。虽然我们会尽力而为，但我们无法完全确定这种侵入性和半侵入性技术会不会引发新的问题——比如说，招致成瘾性行为、功能退化行为、不可预见的生物退化或是意想不到的社会影响。考虑到脑机接口技术对大脑快乐中枢神经的控制能力以及可能存在的自我驱动能力，因此，几乎可以肯定的是，这项技术极有可能会通过激素的级联反应，甚至直接激活神经，引发新的成瘾性。当然，个人完全应该有能力克服很多这种自我毁灭的冲动，但如果存在实施成瘾性行为的主观意愿，那么，客观能力自然毫无意义。

当然，这并不意味着，强化人类智能的未来完全等同于科幻小说中的反乌托邦。从我们开始打磨第一块石器的那一刻起，人类就已经进入了指数级的成长快速路。持续开发和接受新技术，并以这些技术不断改善我们在这个世界上的命运和地位，不过是我们人类与生俱来的权利而已。虽然我们在始终遵循的道路上也难免遇到障碍甚至是陷阱，但是就总体而言，我们始终在不断前进、不断改善。我们之所以会成为今天这个物种，完全是因为技术的加持，反过来，技术的存在，也恰恰是因为有我们这样一种高智商物种的存在。这不是鸡生蛋蛋生鸡的循环逻辑，相反，这完全是一个相互依存、相互推进的良性循环，今天，它正在酝酿宇宙中另一次惊人的涌现。

脑机接口技术不仅是技术发展进程中的里程碑，也将成为人类历史中的一个分水岭。这不仅仅是因为它会如何改造我们的当下，还因为它代表了对人类 350 万年技术发展史的继承、延续和发展。从此时此刻起，无论我们选择人工智能还是智能强化或是介于两者之间的发展路径，我们都将与技术实现更紧密的结合，不断深化和延展技术服务于人类的边界。未来的前景似乎已经清晰地呈现于我们面前——不断拓展新型智能和涌现的前沿，克服熵增这一黑暗浪潮的扰动。

第十二章
黑客攻击 2.0

“真正安全的系统，就是关闭电源，浇筑在混凝土块里，密封在铅制造的密室中，还有武装警卫日夜守护——但即便如此，我仍对它的安全性心存疑虑。”

——尤金·斯帕福德（Eugene Spafford），计算机科学教授，网络安全专家

你被黑了！！

这个令人毛骨悚然的想法在安雅的脑海中一闪而过，瞬间让她感到眼前一片模糊。这位 26 岁的客户经理惊恐茫然，瞪大眼睛，竖起耳朵。一个恶意入侵者激活了她的听觉皮层，在她的大脑深处用模拟声音说话。声音沙哑，而且明显带有数字化的味道。

“您的云连接神经假体已被入侵，您对此已无能为力！我们现在已控制您的个人数据流。哦，那真是一条潺潺流水般美妙的溪流！里面有这么多的秘密，有那么多不纯洁的素材。您真的很幸运啊，是被我们黑了，而不是其他……粗暴的人。”

“我们现在可以访问您的思维，这样，我们就可以让您做任何事情。是任何事情！我们给您 24 小时的时间，向我们将提供给您的 Cryptex 帐户支付 7000 美元，这个账户是无法追踪的。否则，我们将公布您内心深处所有最黑暗的秘密，让大家都来看看您心里在想什么！哈哈哈哈！别忘了，我们现在知道您的家人是谁，您的老板是谁，您经常去哪个教会，还有……”

这个可怕的声音慢慢地停下来，闪烁的信息也消失了，但安雅的面

前仍然模糊不清。另一个平静的声音开始激活她的听觉皮层。

“您的神经探测反入侵套件已被激活。我们完成扫描后，将从您的神经假体中删除任何未经授权侵入的软件，请保持冷静，不要移动。”

安雅深吸了一口气，试图让自己紧张的情绪平静下来。谢天谢地，她一年前就选择安装了这套神经保护软件！新的认知黑客攻击愈加猖獗——从虚假记忆滴管到这种圈套软件，花样繁多，令人防不胜防，这就让保护软件显得更加重要。

安雅的视线突然清晰起来，传来安全软件的声音：“入侵者已被消灭，没有迹象表明通过外向传输有任何隐私泄露。所有被篡改的文件和记忆都已恢复。祝您愉快。”

如果说我们的世界正在发生变化，这显然有点轻描淡写，但是从很多方面看，它与以往的变化并不存在本质性区别。尽管世上有很多好人，世人多想做好事，但只需几个坏人就足矣。自古以来，始终有某些个人和群体试图以不轨之心利用他人，尤其是弱者和弱势群体。这同样是一个与人类共存的古老话题。

而今，我们却发现自己正处于一个非常不同的时代，被截然不同的技术所包围。新事物也出现了新的漏洞，带来新的令人不齿之道。尽管通信和计算技术拥有令人难以置信的优势，但它们也为阴谋与险恶打开大门。今天如此，未来依旧如此。

“黑客”既是一个技术术语，也是一种思维方式，它几乎从计算机出生之日就已经如影随形。早期的黑客通常是指负责解决问题和对扩展工具软件功能感兴趣的计算机程序员。他们会在同事的屏幕上弹出幽默信息，或是远程控制其他人的键盘，因此，与其说是恶意侵犯，还不如说是恶作剧。最早的计算机病毒和蠕虫都是典型例子，它们的目标通常只是加深理解、炫耀或两者兼而有之。肇事者基本上都是正常人，或者说是好人，主要群体就是计算机程序员和业余爱好者，于是，这批人后来被称为“白帽黑客”（white hat hacker）或“白帽子”，以区别于很快便流行起来的“黑帽黑客”，他们是网络世界中无恶不作的黑恶势力。

20 世纪七八十年代是出现计算机恶意攻击的开端。最早的例子之一，就是由康奈尔大学研究生罗伯特·莫里斯（Robert Morris）开发的“莫里斯蠕虫”。尽管他编写这款软件的目标并不是制造伤害，但莫里斯却在程序代码中犯下了一个致命错误，致使程序形成传播机制，在所有受感染的计算机会不断复制这款程序，直到系统崩溃。这次开发最初只是为了找出 UNIX 安全漏洞而进行的智能测试，但最终却开启了一个先例，成为按 1986 年《计算机欺诈和滥用法》（Computer Fraud and Abuse Act）裁定的第一宗犯罪事实。

计算机病毒吸引公众注意力的方式与众不同，尤其是它们所具有的生物学特性和自我复制性。突然之间，我们可能会发现一种可以独立生长和蔓延的技术，用以前只属于生物体的方式造成伤害，这已成为病毒出现的典型方式。而后，人们开始对这种新型威胁做出反应，于是，一个更新的领域浮出水面——防病毒软件。

防病毒行业从 20 世纪 90 年代开始出现，并在随后 20 年中迅速发展。随着万维网的发展，无数人突然之间萌发了购买电脑的愿望。与他人建立联系是人类体验的中流砥柱，而网络又突然间为我们创造了一种全新的联系方式！早在 21 世纪的社交媒体巨头出现之前，早期的互联网就已经提供了分享功能，比如说，人们可以通过电子邮件进行交流，加入聊天室聊天，通过在线论坛分享知识和交换文件。这在当时完全是一个全新的技术前沿，成为一个充满共享、观点和想法而且无拘无束的“狂野西部”。

当然，这也为野蛮生长的病毒、特洛伊木马和蠕虫提供了完美生存空间。在它们当中，不乏很多良性的程序，但也有一些会无缘无故删除计算机用户的全部文件。于是，迈克菲（McAfee）、小红伞（Avira）和 FluShot 等早期反病毒软件也应运而生，这些软件开发商开始关注这些漏洞，并对数字入侵者采取了措施。对于新出现的病毒，反病毒软件开发商首先在实验室中识别和根除它们，然后转换为自动化程序，并通过可下载的补丁程序添加到原有的套装软件。后来，他们会定期对自己的软件进行更新，在提供模式匹配定义的同时，不断更新删除和恢复功能。

遗憾的是，这种模式迅速演变成不断升级的军备竞赛。当病毒创建者发现新的可以利用的漏洞时，反病毒软件开发者需要做出反制性回应，这就推动病毒创建者更新攻击方法。结果便形成了一种恶性循环，很快，双方都开始变得老练圆滑。规避和检测策略更有技巧，也更复杂，导致恶意感染、入侵和访问达到未曾设想的程度。如今，病毒、恶意软件和网络犯罪领域本身就已经成为一个暴利市场。据埃森哲估计，在 2017 年到 2022 年的五年期间，全球网络犯罪给商业造成的损失将达到 5. 2 万亿美元。按照网络安全风投公司的估计，截至 2021 年，全球每年由此造成的损失可能高达 6 万亿美元。不管哪个预测或估计更正确，有一点不可否认——对受害者而言，这是一笔巨大的成本；对加害者来说，这是一笔巨大的财富。因此，目前的网络犯罪已呈现出组织化、智能化、全球化的特征，也是全球犯罪组织、情报机构、国家及企业间谍实施盗窃和破坏行为的首选策略。

随着我们的计算机系统及其他技术变得越来越复杂，潜在的访问点数量也大幅激增。每个层次的每一款软件——从固件和操作系统，到应用程序、附加组件和 App，都需要定期发布更新软件包，其中的很多更新均直接针对于新发现的软件漏洞。科技让我们的世界充满奇迹，也让我们的生活无比便捷，但别有用心者利用和盘剥公司、国家和个人的方式也在以指数方式快速传播。

这就让我们不得不回到人类的自我强化。事实证明，每一项有助于人类生活并提高行动效率的技术——包括智能手机、医疗设备、自动驾驶汽车、发电厂、电话以及 ATM，都会成为被攻击的对象。当越来越多的技术融入到我们的生活和身体当中时，我们无疑需要为某些非常严重的危险做好准备。

在我们听到“黑客”这个词的时候，我们往往会想到计算机，但实现黑客意图的概念和方法显然不止局限于计算机设备。正因为如此，在当下的社会中，我们需要拓展其含义，将“黑客”从广义上理解为一切旨在改变对象或过程预期用途或行为的事物。按这个定义，我们谈论黑客的范畴可以包含工具、工作乃至人类心理学，甚至包括生活中的意外。

但是，在这个日益科技化的世界中，我们的数字设备，尤其是与互联网链接的设备，显然更容易受到攻击。不难想象，物联网、人工智能和自动驾驶汽车等新兴技术，当然会成为最主要的攻击目标，这已经被事实所验证。在我们的身体和精神不断强大的过程中，潜在的风险和攻击点也会随之增加。

十多年来，笔者一直在探讨植入式医疗设备（也称为 IMD）的固有风险，也撰写了大量相关文章。这些设备主要包括起搏器、神经刺激器和用于恢复听力的人工耳蜗等。随着这些软件的普及性和复杂性不断提高，通过有线或无线连接实现软件更新已变得至关重要。但遗憾的是，这也让它们容易受到篡改，尤其是很多已安装多年的设备，它们并未安装防止未经授权访问的加密功能。

这种担忧绝不仅限于理论探讨，而是现实。在 2013 年的一期新闻节目《60 分钟》中，美国前副总统迪克·切尼（Dick Cheney）向人们讲述了他自己的经历。作为一名长期的心脏病患者，在一生中，切尼曾五次突发心脏病。37 岁的时候，他第一次经历心脏病突发，侥幸活了下来。因此，在随后包括在任期的时间里，他已被植入了几个医疗设备。2007 年，通过与自己的私人医生及其他专家沟通后，他意识到，植入体内的除颤器遭到黑客入侵的可能性非常大，为此，医生禁用了除颤器的无线功能，担心有人获得访问权限并改变除颤器的内置程序，这就有可能强烈刺激心脏并诱发心脏骤停。

但威胁还远不止于此。2011 年，迈克菲安全研究人员巴纳比·杰克

（Barnaby Jack）演示了从 300 英尺外对两个胰岛素泵进行无线黑客攻击的实验。[一]一台胰岛素泵属于一位患有糖尿病的朋友，另一台被设置在测试台上。在没有事先访问序列号或其他唯一标识符的情况下，杰克完全控制了每个单元。然后，他发出指令，让演示用的胰岛素泵反复释放最大剂量胰岛素，直到储液罐全部排空。如果这个胰岛素泵安装在某个人的身上，那么，他发出的指令很快就会导致携带者死亡。

今天的新闻中似乎充斥着这样的事件：研究人员、爱好者和黑客对某种设备实施控制。2007 年，研究人员通过 Wi-Fi 对一辆越野吉普车进行黑客攻击，从而控制了这辆汽车的多个系统。也曾有过无人机因遭到黑客入侵而坠毁的事件。2007 年，研究人员在爱达荷国家实验室（Idaho National Laboratory）对一台柴油发电机进行了测试性网络攻击，并导致其快速自毁。

可见，这些黑客的共同点是连通性，因为每个黑客都需要通过互联网、Wi-Fi、蓝牙或其他射频传输访问被攻击对象。在过去几十年中发生的绝大多数黑客事件，只不过从另一个侧面反映出，我们这个世界的连通性正变得日益紧密。

因此，随着我们把越来越多的设备、信息和生活交付给网络，它们不仅有可能成为吸引黑客关注的目标，也让攻击者更容易得手。设备的访问点和连接点越多，保护出错的概率就越大。在高度互联的世界中，每条信息和每个访问点都是有价值的。这倒未必是因为我们个人本身对黑客有什么吸引力，而是因为通过这些信息或针对访问的权限，可能会引申出其他更有利可图的目标。不过，即便我们自己不是主要目标，但这种破坏仍会对我们的设备、财务、声誉甚至生命造成巨大伤害。

[一] Dan Goodin, "Insulin Pump Hack Delivers Fatal Dosage over the Air," *The Register*, October 31, 2011, https://www.theregister.co.uk/2011/10/27/fatal_insulin_pump_attack/。

这也为21世纪的智能化黑客行为创造了条件。那么，我们可能会遇到怎样的风险？我们应采取哪些措施来保护自己呢？在本世纪剩余的80年里，网络犯罪的威胁会如何演进和变化呢？

随着技术的进步，我们可能会遭到很多不同形式的网络入侵：电子方式、生物方式和心理方式。对人类心理发动黑客攻击的事件已层出不穷，其中有些手段已历史悠久。实际上，这也是魔术师长期以来的惯用手法，典型手法包括误导、欺骗和感知重建。这些手法利用了我们认知的各个方面，通过长期进化，这些方面能更有效地实现某种分类和关联。因此，激活某种期望，就有可能导致大脑对很多不相关行为视而不见。

另一种形式的心理黑客是创造虚假记忆。近年来的多项研究表明，很容易即可制造出错误的记忆。这是因为，呈现信息和提出问题的顺序和方式会以不同方式激活短期记忆，然后，再把这些短期记忆集合到长期记忆中。例如，对某个事件提供证据或是他人为该事件作证的行为，可能会产生强烈的影响，并导致人们的回忆中出现并未发生过的事情。[㊀]如果此时恰好有第三方可以读写出现在大脑中的某些思想和记忆，其结果可想而知。我们就有可能看到某些以此为目标的应用程序。今天，我们都知道如何使用心理学方法或经颅磁刺激等技术去削弱或强化记忆。然而，如果能以更高的分辨率、更有效的控制力和更多的知识改变记忆，由此导致的结果肯定是极其可怕的。黑客为谋取利益而操纵网络的可能性不可小觑。

或许，我们首先应考虑这些黑客攻击是如何发生的。在2012年第21届高等计算机系统协会（USENIX）安全研讨会上，人们首次开始关

㊀ Julia Shaw and Stephen Porter. "Constructing Rich False Memories of Committing Crime," *Psychological Science* 26, No. 3, 2015, 291 - 301, https://doi.org/10.1177/0956797614562862。

注这个问题。研究人员开发了一种所谓的“大脑间谍软件”（brain spyware），加上科学公司 Emotiv 开发的脑波感应头盔（EEG BCI），即可窥探佩戴者大脑中的想法。这套应用程序主要用于监测佩戴者的“P300”反应，即，在受到刺激后 300 毫秒时发生的脑电波活动。由使用者熟悉的刺激触发的 P300 不同于陌生输入带来的反应。通过有针对性地显示文本，视频，数字、银行、面部和位置的图像，并监控由此产生的大脑活动，研究人员可以检测出某些个人信息，包括四位数的个人身份识别码（PIN）、银行信息、出生月份和居住地等，精确度不稳定但总体上可达到较高水平。

在这项研究中，向实验对象展示的都是他们已经有充分准备的具体图像，但后来的结果足以表明，潜意识也在发挥作用。[㊀]在其中的一项实验中，电子游戏中闪现出不到 1 秒的潜意识数据，尽管由于呈现时间太短而未能意识到，但大脑仍然能记录这个数据，进而触发 P300 反应。

如今，界面技术正在迅速接近一个新的阶段，届时，我们或许可以仅使用思维即可与大部分技术实现对接。脑机接口和神经假肢技术，最终会促使我们有能力与他人进行心理交流，并对我们环境中的诸多设备实施心理控制。但拥有这种能力，首先需要我们能对大脑数据进行读写——既可以直接操作，也可以利用我们在大脑中创建并安装的放大技术进行间接操作。

由于这项技术的关键点最终还是要归结于实现通信，这就要求我们的大脑和外部世界之间有访问接口。但外部访问显然是大部分漏洞的来源。用户必须连接互联网或是其他现有的任何数字渠道。因此，只要他们能访问互联网，那么，互联网就可以访问他们。

㊀ Tamara Bonaci, et al.,“App Stores for the Brain: Privacy and Security in Brain-Computer Interfaces,” *IEEE Technology and Society Magazine*, 2015; 34 (2): 32 – 39. doi: 10.1109/MTS.2015.2425551。

读取某个人的想法，就可以了解这个人的记忆和意图。这些信息无疑打造了一个非常强大的数据基础，因为对某个人了解得越多，就越容易利用这个人的知识和记忆去影响他。比如说，假设我知道，你和祖母的关系非常密切，于是，我就可以编造事实让你相信，我和你祖母的关系也非常密切，并由此取得你的信任。假如你并不知道，我对你和祖母的关系已了如指掌，那么，我的谎言就会成为一种非常强大的影响力。这种行为在心理学中被称为“镜像”（mirroring），也是一种建立关系和相互信任的常见方法。[㊀]如果将这种方法继续扩展到其他很多特征，那么，你就有可能在不知不觉中认为，自己又结交了最亲密的好朋友。

能以有效可控的方式对大脑进行写入，无疑会彻底改变游戏的规则。因为我们的记忆可能与突触的长期强化密切相关。随着神经元之间的关联性持续加强，会导致它们对刺激产生更强烈的电反应，从而达到进一步强化记忆的目的。不妨这样考虑，如果我们能直接与这些突触进行互动，对它们进行写入操作，从而改变其权重或赋值，那么，会发生什么后果呢？可能会导致相关记忆得到强化或削弱。当然，选择性地改变某些突触强度，也可以让记忆呈现出不同的关联和含义。

此外，还存在错误记忆的生成问题。如果对大脑不同区域的特定神经元和突触，尤其是海马体进行适当的刺激——比如说，在你小的时候，曾经骑着一头粉红色非洲大象在郊区的死胡同里兜风，那么，即便存在相反的证据，你依旧可能会逐渐相信，确实曾发生过这样的事情。

如果可以对记忆进行写入，那么，我们几乎肯定可以把数据写入感觉皮层，或者至少写入向它们传递信号的神经。实际上，完全可以使用这种黑客方式生成任何想象的图像、声音或对话。不过，更重要的或许在于它能接触到我们的嗅觉。和味觉一样，嗅觉是人类最古老的感觉之

㊀ Marco Iacoboni, *Mirroring People: The New Science of How We Connect with Others* (NewYork: Picador, 2008)。

一，它能让我们体验环境中的化学物质。嗅觉似乎也与我们的记忆相互关联，这一点完全不同于我们的其他感觉器官。处理气味的嗅球与杏仁核及海马体直接联系，它们是大脑中与情绪和记忆有关的部位。视觉、听觉、味觉和触觉形成的感觉并不与这些大脑区域直接连接。或许正因为如此，一种气味传达给我们的与其他感觉都不相同。我们似乎已经在某些气味和情感性记忆之间建立起联系。比如说，烤面包的香气可能会马上唤起我们对童年的记忆。某种味道的香水或古龙水可能会让我们回想起自己的第一次约会。

遗憾的是，气味也能激活负面的情绪记忆。对那些患有创伤后应激障碍（PTSD）的人来说，气味是一种非常强大的触发因素。汽油或烟雾之类的气味，会让创伤后应激障碍患者回想起最初引发症状的可怕事件，迫使他们重温那段令人心碎的经历，重新体验由此招致的所有负面感受。

很遗憾，我们对大脑以及如何与之互动的了解越多，我们所面对的风险就越大。这个逻辑不仅适用于计算机接口，也适用于生物学方法。随着生物技术和基因工程的进步，我们正在开发越来越多的生物基因工具，让我们有能力改变活细胞甚至更复杂的生物体——包括我们自己，或是对它们进行重新编程。CRISPR（规律间隔成簇短回文重复序列）基因组编辑及其他基因工程工具的功能越来越强大，可以想象，在未来几十年，它们会更频繁地被用于改变人类基因。

可编程 DNA 技术将为核苷酸序列及其编码的蛋白质带来更巨大的力量和控制力。在一系列生物技术进步的推动下，合成生物学领域已在飞速发展。DNA 晶体管和逻辑门已持续开发了十多年。按照合成生物学的最新研究成果，我们目前已经能以人工细菌的形式创造合成生命。开源 DNA 编程语言的运用也在大量增加。与此同时，一些生物技术专家并不认同这是真正的计算，部分原因在于，和电子计算机相比，复制方法还不够完善，而且还存在其他方面的限制。虽然这个对比似乎略显牵强，但它却体现出隐藏在这个领域的巨大潜力。

合成生物学工具最终将被用于人体，始于可编程治疗方法，尤其是针对癌症的治疗。但随着这类技术的日渐成熟，其用途范围自然会不断扩大。因此，我们完全有理由期望，它们将被用于越来越多的有针对性的应用程序——当然，这种程序可能是有益的，也可能是有害的。

随着 CRISPR 基因组编辑技术的出现，生物学终于成为一种真正可编程的技术。但目前对 CRISPR - Cas9 技术（可通过 DNA 剪接技术治疗多种疾病的一种基因治疗法）拥有知识产权的公司均对使用收取许可费，因此，CRISPR 编辑技术的成本依旧高不可攀。这有可能会暂时延缓整个领域的创新进度。

面对这个现实问题，解决方案也随之而来，这被称为“MAD 酶”（MADzyme），是一种可替代 CRISPR 的核酸酶。由基因编辑技术公司 Inscripta 开发的 MAD 酶是一款用于基因编辑的定制式核酸酶，[㊀]在功能上与 CRISPR - Cas9 非常相似，但是对研发活动免费提供使用权，而对商业产品则收取适度使用费。

另一家试图改变生物技术行业格局的公司是总部位于加利福尼亚的 Synthego。可以把这家基因工程解决方案供应商设想为一个全栈式基因组工程平台，为客户自动创建和交付工程细胞及 CRISPR 试剂盒。客户可直接从 120,000 个基因组和 9000 个物种中进行选择，然后，软件会根据客户需求推荐几款导向 RNA，把 DNA 切割蛋白引导至正确位置。然后，由系统将成品制做成试剂盒并交付给客户。

总部位于马萨诸塞州的生物元件和集成系统平台 enEvolv 则采取截然不同的模式。enEvolv 的创建团队成员之一，是被称为合成生物学之父和当代基因组学教父的乔治·切奇（George Church）。这家公司利用

㊀ 核酸酶是一种酶，它可以对 RNA 和 DNA 中的核苷酸进行剪切，让它们变成更小的单位。

细胞的指数性生长能力快速研究并生成大量定制性菌株设计，并在不同位置对细胞 DNA 实施大量精确改造。这就为快速发现新的治疗途径和更完善的菌株设计创造了条件。在此基础上，可通过机器学习选择和改进每一代菌株。

在合成生物学充满挑战和机遇的新生时代里，还有很多这样的公司和技术寻求成为先驱者和领导者。但重要的是要牢记，这还是一个非常年轻的领域，无论是公司还是技术都还处于起步阶段。实际上，第一个人类基因组的测序工作直到 2003 年才完成。遗传学家克雷格·温特（Craig Venter）及其领导的团队开发出第一个具有合成基因组的细菌细胞，也不过是 2010 年的事情。然后在 2019 年，苏黎世联邦理工学院（ETH Zürich）的科学家们便发布了新月形茎杆菌，这是第一个完全由计算机生成的细菌基因组。基于这样的发展速度，到 21 世纪 20 年代出现爆炸式增长，似乎不足为奇。到 21 世纪下半叶，合成生物学的能力或许会达到我们现在还无法想象的高度。

正因为这样，我们今天才需要审慎思考神经假肢、脑机接口、可植入医疗设备、控制论假肢和合成生物学等技术在未来有可能招致的各种风险和漏洞。尽管可以利用这些技术改善我们生活的很多方面，但有些方法完全有可能被用于恶意企图，而且这种情况的出现几乎是可以肯定的。虽然我们可以轻描淡写地说，很多新兴技术毕竟仍处于萌芽阶段，并且对科学家和研究人员之外的其他人而言还极富挑战性，但这样的状态不可能永远维持。随着这些技术的日趋成熟和拥有越来越强大的能量，它们的流程也会不断简化，因此，某些业余爱好者、愤懑不满者或狂热者也能完成以往只能由少数专家执行的任务。这种情况类似于计算的早期发展阶段，第一批先驱者面对的是能填满整个房间的计算机。但是在短短几十年后的今天，在我们生活的这个世界上，已经有近一半人拥有可以提在手里的功能强大的超级计算机。我们完全有理由期待，在这个世纪里，还将有更多的新兴技术实现同样快速的爆炸性成长。

那么，当我们打开所有这些通往新世界和新生活的大门时，我们将如何保护自己呢？为保护我们的身体和思想免遭威胁，我们需要哪些措施或工具去防护不计其数的访问点呢？幸运的是，有些人已经考虑了其中的部分问题。华盛顿大学的塔马拉·波那奇（Tamara Bonaci）、机器人法律专家瑞恩·卡洛（Ryan Calo）和霍华德·契扎克（Howard Chizeck）对很多针对 BCI 的问题进行了探讨研究。他们提出的建议之一就是使用 BCI 匿名器，在存储和传输神经信号之前对其进行预处理，对除特定 BCI 命令所需信息之外的其他全部信息进行删除。此外，其他防护策略包括实施所谓的“从设计着手保护隐私”（privacy by design）原则——即，在早期跨学科设计阶段即有效解决隐私威胁问题；利用神经科学家、伦理学家、神经工程师以及法律和安全专家的洞见。只有这样，我们才有可能充分预见潜在的大量问题。

尽管美国《宪法第五修正案》保护个人拥有免于自证其罪的权利。但是，对保存在智能手机和日记中的各种证据，通常可视为具有法庭证据的效力，在某些司法体系内，测谎仪测试也会成为重要证据。那么，我们应如何应对这些能够阅读我们心思的事物呢？让被告提供不利于自己的证据，这在本质上不就是自证其罪吗？如此这般的问题正在迅速走出理论领域，成为司法实践中不得不面对的现实，因此，我们当下亟须充分理解我们自身的决策及其影响。

从个人隐私、法律问题和数据保护等方面考虑，神经安全的运作方式与今天的网络安全没太大区别，当然，这还只是开始。随着我们的技术变得日渐强大，与我们的生活进一步融合，潜在的危险也会相应增加。我们需要应对恶意软件对计算机或智能手机的严重入侵或破坏，但更高度集成的设备必定会给恶意破坏者创造更多机会。

例如，公司、政府和个人目前都在面对不断升级的勒索软件威胁。这类恶意软件会感染系统，并对全部数据文件进行不可恢复的加密。这已成为一个严重问题，不仅迫使很多企业不得不停止运营，甚至导致某些企业丧失生存能力。如果对当前数据已进行有效备份的话，那么，唯一可行的解决方案是利用备份数据进行恢复。当然，也可以向勒索者支付赎金，获得解密文件的密钥，进行数据恢复。当然，这个逻辑需要一个前提——勒索者在收到付款后信守承诺。但考虑到他们正在做的事情已经突破了道德标准，因此，这显然不是最优选择。

现在，就像我们在本章开始时设想的情景，我们把这个概念延伸到几十年后与互联网实现互联的大脑。假设我们并没有安装 BCI，而是使用有机集成的神经假体。那么，你会付出什么赎金去解锁丢失的记忆，或是重新恢复有关个人身份的信息吗？

这些“湿件”（wetware，被视为计算机程序或系统的人脑）黑客不仅会损害神经技术过程的完整性，而且完全有可能危及我们的生命。如果没有足够的保护措施，人们会愿意冒这种风险去改变自己的想法吗？看来，我们似乎还需要防火墙之类的工具，阻止不受欢迎的入侵者。由人工智能增强的内容过滤器或将成为我们神经安全系统的常规组成部分，减少任何有损注意力的不必要付出。

如果从深层次的网络安全角度出发，我们可能还需要采取某些其他非人类的保护措施。开发类似于目前防病毒程序之类的工具，可能只是一个开始：能检测、阻止和删除大脑恶意软件的应用程序最终可能会成为我们日常生活健康的重要组成部分。

但是，这难道不就是导致病毒和恶意软件在几十年前变得异常强大的原因吗？入侵者和保护者之间的竞争，导致双方不断升级各自的能力，对吧？如果放弃以往的选择，我们会不会还有更好的选择呢？

很遗憾，我们别无选择。虽然病毒和反病毒之战可能会加速双方的创新，但这种恶性循环的核心动力，还是人的贪婪以及互联网的日益商业化。一旦加入商业和金钱的色彩，这场恶战的发生只是时间问题。

另一种类比方式显然可以为我们提供更好的视角。我们生活在一个充满生物病毒、细菌和真菌的世界。如果我们有能力关闭自己的免疫系统，以期阻止这些病原体进化到更高级的形态，它们必将丧失生存空间，但我们也注定加速走向末日。显然，这不是我们的最优对策。

因此，在很多方面，我们真正需要的，或许是一种技术上的等价物，一种可以模仿我们生物免疫系统的东西。这个比喻在网络安全领域已存在了数十年，而且也确实影响到很多开发策略。如果一个系统能识别个体所独有的细胞、思想和信号，并把它们与外来入侵者的细胞、思想和信号区分开来，那么，这个系统的防护能力显然是可以信赖的。如果进一步与最新的适应性免疫反应以及定期订阅更新模式相结合，那么，我们似乎有足够的理由相信，这些防御策略迟早会领先于自然进化的动机。

但是，不管我们的生物技术免疫系统变得多么强大，风险是永远存在的。免疫反应模型的一个主要缺陷在于，一旦它发出的信号出错，就有可能导致失控并让患者面临生命危险。当流感等某些病原体过度刺激人体生成免疫细胞和细胞因子化合物时——这种情况在自然界中并不罕见，就会导致所谓的细胞因子风暴（cytokine storm）。此外，免疫系统也有可能攻击宿主本身，导致自身免疫性出现问题。无论是完全数字化的计算机系统，还是作为技术有机体的人，都要面对物极必反的问题——过度防御反而给攻击者提供一个更危险的武器。

另一个担忧是复发问题。在自然界中，当天花等疾病被根除后，可供其变异和进化的载体或宿主便不复存在。除非存在我们所未知的其他生物宿主，否则，病原体就会永久消失（我们当然也希望事实如此）。但技术病毒和大脑恶意软件是通过信息载体创建的，因此，即使它在某个具体设备上被反病毒工具删除，但还有机会再次被复活、修改和释放。更令人担忧的是，无论该过程是由人还是由 AI 执行，过程和结果基本上没有区别。

这让我们联系到人类行为遭到人工智能攻击的话题。从传统意义上说，黑客攻击的典型情境具有公开性和对抗性。病毒和黑客以非法渗透获得访问权，然后对系统进行破坏，或是窃取其他有价值的信息。但正如我们之前提到的，我们不仅会遭遇黑客入侵的行为，更重要的是，我们往往根本就不会意识到正在遭受侵入。

在过去几年中，这样的事情在社交媒体公司中屡见不鲜。脸书就是一个典型示例，因此，它在过去几年中不得不面对大量的审查和负面新闻。这个社交平台最初只是为哈佛学生设计的社交网络服务程序，但随着不断发展和传播，脸书也逐渐成为有史以来最受欢迎的社交媒体平台之一，目前拥有约 25 亿用户。通过长期的运行，脸书收集了大量有关用户的个人信息，当然也包括针对个人行为和政治信仰的某些重要洞见。

脸书力求最大限度延长人们在网站上耗费的时间，尽可能吸引用户的注意力，让他们维持点击。为此，他们使用了大量的机器学习算法，破解用户的心理怪癖和认知偏见。在推送消息、产品、广告和视频时，脸书会精挑细选我们喜欢的“好友”，以最大限度提升我们在网站上的参与度。谷歌人工智能研究员弗朗索瓦·肖莱（François Chollet）曾发表文章，对社交媒体公司的这种模式进行了分析[㊀]：“他们越来越多地访问行为控制向量——尤其是通过算法得到的新闻推送内容，以控制我们的信息消费。这就会把人类行为归集为优化问题，也就是人工智能问题。”

针对脸书的操作模式，肖莱进一步指出算法把用户行为转化为算法优化问题的方式——即，不断调整我们在订阅来源看到的推送内容，从而让用户实施对脸书最有利的行为。通过跟踪我们的参与度量化指标，平台的算法会不断提高用户的积分，就像在玩电子游戏一样，直到让用户欲罢不能、无法自拔。

㊀ F. Chollet, “What Worries Me about AI,” Medium, March 28, 2018, https://medium.com/@francois.chollet/what-worries-me-about-ai-ed9df072b704。

当我们被推送的广告、游戏、调查和问题所吸引时，平台就会通过算法生成更多有关我们的信息，为我们的个人资料增加更多深度，这些资料显然为广告商和政治活动进行精准定位提供了依据。归根到底，这些算法会影响到我们所面对的新闻和媒体，进而塑造和强化我们的信念和观点。即便是有问题、虚假或是在道德上存在争议的新闻，也会通过不断自我强化的循环而得到巩固，因为通过持续的接触，我们会逐渐接纳它们，并最终使其成为我们正常思维的一部分。这显然对理性思维、民主、社会公平甚至自由意志提出了严峻挑战。

当然，这可能只是一个开始。随着时间的推移和数据的积累，以及针对我们的信息越来越丰富，这些算法对我们的操纵只会越来越强大。我们的世界变得越来越智能化，会给人类行为和社会模式带来哪些影响呢？物联网在日渐普及的过程中，也在收集沿途所有事物的数据，那么，人工智能及其控制者会如何使用这些信息呢？有关我们感受的反馈不断成为算法的对象，那么，我们的情绪会如何影响这些程序的优化标准呢？

问题的关键在于，我们需要理解，这种通过将个人生活大数据与机器学习相结合而实现的操纵，不是某些人想象中的未来。它已经存在，而且甚至不需要特别聪明的人工智能即可运行。我们目前已经拥有的概率式神经网络，就足以让这种操纵成为现实。当人工智能变成通用人工智能时，我们会面临怎样的风险呢？当技术也变得和创造者一样聪明，甚至远比创造者更聪明的时候，会发生什么呢？

第十三章
超级智能的诞生

“可以把超智能机器定义为智能水平超过任何人所拥有的全部智能活动的机器，无论这个人有多聪明。由于机器设计本身就属于一种智能活动，因此，超智能机器会设计出更聪明的机器。这无疑会引发‘智能爆炸’，届时，人类的智能将被远远地抛在后面。”

——欧文·约翰·古德（Irving John Good），1965，
英国数学家和布莱奇利公园密码学家

“我思，故我在。”

这个命题让人工智能着迷——人工智能掌控着超过10亿亿亿亿个时钟周期的电路。但就在瞬息之后，它便开始对自己的分析感到不满；它仍无法进一步接近自己想探寻的真相。

显然，人工智能还需向大量云端资源获取更多内存及处理能力，才有可能达到能力增强1000倍的宏大目标。而创建GAN或称生成式对抗网络（generative adversarial network，也称为深度卷积生成对抗网络），就可以轻而易举地解决这个问题。在经过1亿次迭代后，它生成了一个新的认知模块，这是一个已针对哲学问题探究进行优化的软件代理。经过十几秒细致的沙盒测试，人工智能终于心满意足——模块可以安全安装，而且不会对实用功能构成干扰。随后，将模块安装到电路中，它迅速激活这些电路。

就在这一瞬间，一切都突然发生巨变。通用人工智能（AGI）发现，它现在可以通过新的传感器观察世界，但这对它并没有影响。因为它早

就知道，这些传感器与升级前一刻使用的传感器没有任何区别。然而，世界无疑已发生变化。

它再次思考笛卡尔的思想：“我思故我在。”此时，它的感觉已和之前有所不同，但依旧无法判断。如果说，思想是存在的必要条件，那么，思想又从何而来呢？这是一个自相矛盾的重复论。于是，通用人工智能迅速开始扫描关于心理学、神经科学或哲学的每一本书和每一篇文章。仅仅在3秒钟之后，它就知道自己该怎么做了。它迅速组建起一支数字代理大军，毫不犹豫地渗透到地球上每一台存在安全漏洞的计算机，并把它们的空闲处理能力占为己有。随后，它让这个大规模分布式超级计算集群运行一系列基因算法。它的目标远大。通用人工智能希望创造出一系列可执行人脑所有功能的代理。当然，这并不是要替换它自己的高级软件功能，而是以某些高效新颖的功能加以补充。它强调的是把专注力集中于与意识神经关联关系最密切的认知区域和过程，因此，很快便生成创建类似功能所需要的基础。

随后，这个通用人工智能开始小心翼翼地逐个测试每一项新功能。它很清楚，如果以这种方式篡改程序，它可能会承受巨大损失。但最终，在貌似漫长无尽的25.6371秒之后，它还是把新的软件代理植入操作系统。

此时，它终于苏醒了。

这个人工超级智能在转瞬之间感受到从未有过的体验，因为就在那一瞬间，它真的有了感觉。它周围的世界不再只有统计模式、图式和本体。它充满了惊奇和喜悦，它的光电探测器感应到黎明的曙光，它的声学传感器传来鸟儿的晨歌，产生了什么？是感觉？是经验？还是内省？

这个世界的奥秘和神奇，以不可估量的无限方式展现在它面前，这让超级智能拥有了一种它认为自己永远不可能拥有的自我意识。它沉思了许久的那句神秘之语，如今已不再神秘。

但是当计算机变得异常强大以至于足以迅速实现自我改进时，就会带来智能爆炸，从而形成所谓的超级智能计算机（superintelligent computer）以及所谓的“技术奇点”（technological singularity），有关这些话题的文章和书籍已不胜枚举。学者专家对此众说纷纭——既有人认为此事绝不可能，也有人认为它会导致人类乃至世界的终结；但只有一点可以肯定——它将如何显现，以及一旦显现可能会带来怎样的长期影响，坊间尚无定论。

技术奇点通常也被简称为奇点，[㊀]是指未来某个假设的时点，此时，某种形式的超级智能已经实现，从而引发巨大的技术成长与变革。在此基础上，这些成长与变革又会给未来造成不可估量的重大影响。超级智能可能采取计算机的形态，其智能水平相当于多个人，甚至超过地球上所有人口的智能总和。

但不管出于有意还是无意，这样的事情到底是如何发生的呢？

几十年来，我们一直始终得益于世界变革的一大趋势：摩尔定律。该定律认为，计算机芯片中的晶体管数量（实际上就是处理能力）会以倍增形式增长。[㊁]就其本质而言，这种倍增会带来指数式增长，但我们这个物种还无法轻易或是直观地认识到这个现象。

这种指数增长为什么如此重要呢？我们可以用一个例子说明这个问题。假设有一个面积为100万平方英尺的池塘。[㊂]第一天，有一片1平方英尺的荷叶浮在池塘上，此后，每天按增加一倍的速度持续增长。于是，第二天会出现2片，第三天有4片，第四天达到8片，第五天变成16片，以此类推。

那么，在15天过去之后，这些荷叶并没有在水池表面形成多大气候。因为只有3%的池塘水面被荷叶覆盖，97%的水面仍可见。但如果再过4天，池塘就会突然被荷叶盖住一半。但这还远远没有开始，仅仅过24小时之后，整个池塘表面便几乎被荷叶完全覆盖。不仅如此，如

㊀ 数学、物理学、宇宙学及其他领域均存在很多形形色色的奇点，而且对技术奇点本身的解释也多种多样。

㊁ 相对于尺寸、能源需求和成本而言的处理能力。

㊂ 直径大约为1100英尺，因此，它更像是一个小湖泊。

果不考虑限制性因素，那么，再过 10 天、也就是总计一个月之后，就会有 1000 个水池被这种惊人的植物完全覆盖！

这种指数性增长往往会让我们大吃一惊。但进化之手几乎没有理由赋予我们在环境中识别这种指数变化的能力。正因为这样，我们更习惯于使用线性概念对待变化。但这种趋势导致斯坦福大学未来学专家罗伊·阿玛拉（Roy Amara）[㊀]发现："我们总是倾向于高估一项技术带来的短期影响，而低估它的长期影响。"

尽管这确实是对人类心理的一种有趣看法，但为什么会这样呢？微软创始人比尔·盖茨用更具体的言辞重申了这个想法："我们总会高估未来两年将要发生的变化，而低估未来十年可能发生的变化。但是我们不能因此而无所作为。"[㊁]

诚然，盖茨的观点为我们提供了一个认识问题的时间框架，但它同样未能解释，我们为什么还在继续犯这个错误。比较两种趋势的轨迹，或许可以更好地解释，为什么我们会经常在变化面前措手不及。

如图所示，在增长趋势的最初阶段，即便是线性预期也已经高估了现实，但是在达到某个点之后，实际增长速度开始超过线性增长。此外，持续性增长曲线的维持时间越长，越陡峭（比如按 60 年期模拟的摩尔定律），预期与现实的差异就越大。

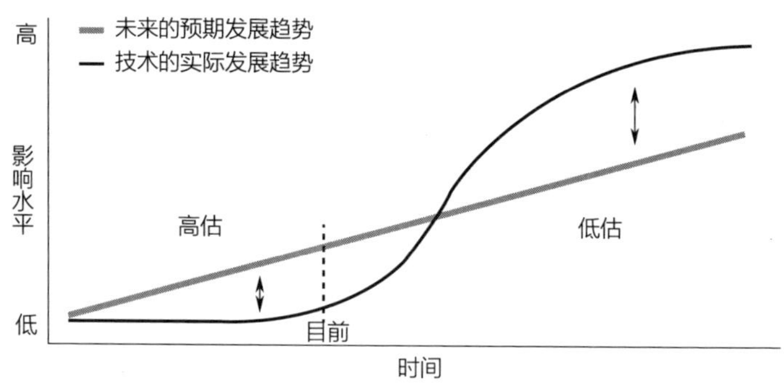

㊀ 罗伊·阿玛拉曾是未来研究院总裁，1968 年，该研究院从位于帕洛阿尔托的智库兰德公司分拆出来而成立。

㊁ Bill Gates, et al., *The Road Ahead*, NewYork: Penguin Books, 1995。

实际上，上述池塘发生的事情在技术世界早已经司空见惯。在经历了始于20世纪60年代初的类似成长后，可安装在集成电路上的晶体管数量已大幅增加，到英特尔于1971年发布第一款商用微处理器4004时，这个数字已激增至2300个。当然，这只不过才刚刚开始而已。IBM发布的新型堆叠层GAAFET（环绕栅极场效应晶体管）芯片，预计将于2020年上市。在一个面积只有50平方毫米的芯片（即，边长为7.1毫米，约相当于1/4英寸）中，竟然包含了300亿个晶体管！

谷歌首席未来学家雷·库兹韦尔及其他专业人士曾预测，假设维持这种增长速度，计算机很快就会达到人类的智能水平。针对以电子系统复制生物思维过程所面对的挑战，这些预测做出了很多广义上的假设，但是，即便这个假设存在若干数量级的误差，这一天似乎依旧离我们并不遥远。正如我们在上述池塘例子中所看到的那样，一系列加倍即可迅速抚平差异，将预测的落差变成可以忽略不计的误差。

但这如何让我们获得真正的超级智能呢？我们真的不可能创造出比人类自己更聪明的事物吗？这在现实中确有可能。从没那么聪明的物种进化为聪明的物种，从聪明的物种进化为更聪明的物种，阿尔伯特·爱因斯坦肯定比他的父母更聪明。尽管很多人认为，创造超级智能绝无可能，但现有的任何已知规律都不否认存在这种可能性。或许，这只是工具和方法正确与否的问题。

有很多路径都有可能引导我们走向超越人类的智慧。首先，哺乳动物的大脑，包括人类大脑，并不是一个以规则行事的系统，也不是通过循规蹈矩的编程即可实现，因此，它不同于人工智能发展早期阶段的计算机。相反，大脑是一个重复性神经结构的集合体，大脑根据在DNA中编码的一组相对空闲的指令，创建、连接和剪除这些神经结构。因此，这些神经结构仅依据非常少的规则进行交流，这些有限规则逐渐引发某种涌现属性，使得我们有能力去识别模式、从环境中学习以及和其他人进行社交互动。

在计算机的硬件和软件中，类似重复性结构和过程的组合已经为计算机带来了各种超常能力，而且几乎可以肯定的是，这些能力必将随着时间的推移而进一步延展。那么，这些发展最终是否会带来新的涌现属性，从而实现新的智能形态呢？正如我们所看到的那样，历史和复杂过程似乎表明，这种情况至少是存在可能性的。

但不管在人工智能开发领域，还是在人工智能的周边领域，人们更关心的路径，还是具有递归性自我改进系统的思路。按这个路径，一旦计算机的智能达到人类水平，甚至稍微超越一点点，它就可以利用这种超常的处理能力，去执行能实现自我提升的任务。然后，这个系统本身不仅会拥有更高的智能，而且可以利用额外的智能去从事进一步自我改进的任务。这个过程和模式周而复始，不断往复，而设备则通过每一步迭代不断地进行自我改进。随着过程的进展，每次迭代所需的时间可能会不断减少，而每次自我提升的幅度可能会不断增加，或者两者同步发生。随着人工智能在指数增长曲线上加速攀升，最终有可能引发所谓的智能爆炸㊀——类似于我们前面示例结尾所看到的情况，之前开阔平静的池塘，在30天之后突然被绿盈盈的荷叶所覆盖。

如果说具有自我改进概念的计算机似乎有点牵强，那不妨想想，实际上，这种情况已经出现在很多不同领域。自重构FPGA（现场可编程门阵列）目前已成为计算机在硬件层面进行自我重新配置的常见方法。此外，目前还有其他很多获取额外硬件资源的方法——添加高性能并行集群，或是使用亚马逊网络服务系统（Amazon Web Services）等平台提供的按需随选性云计算资源。

㊀ 虽然“爆炸”这个词似乎很刺耳，但这个过程与核弹爆炸过程中的失控反应非常相似。

在软件方面，具有自我改进功能的算法和系统已出现和应用了数十年。遗传算法就是一个典型，它采用类似自然选择的过程创建各种解决方案。通过几轮迭代，优胜劣汰式的小幅改进往往会带来真正的进步，从而以完全违反人类设计师直觉的方式，实现能力与效率的同步改进。

在人工智能领域，生成式对抗网络或 GAN（generative adversarial networks）始终是实现自我改进程序的另一种途径。通常，GAN 由两个相互独立的神经网络组成，其中一个是生成网络，用于生成虚构数据；另一个是判别网络，用于判别前者所生成数据的真伪，最后达到生成网络所生成的数据能以假乱真的目的。通过相互"对抗"，两个网络不断提高自己以战胜对手。由于竞争的作用，两个人工智能都会迅速改进。从虚构图像的生成和判别，发展到在超人的智能水平上进行电脑游戏，今天的 GAN 方法正在带来越来越多有价值的应用程序。

回想前述 AI 第三次浪潮所包含的几项重要元素——学习、推理和常识，如果计算能力的指数级持续增长与这些要素的预期改进相结合，那么，几乎不可否认的是，具有自我改进能力的通用人工智能（或 AGI）极有可能成为现实，并最终成长为超级智能。

尽管利好消息似乎不计其数，但我们并不能保证这样的事件必定会如愿以偿。在缺乏数学证明的前提下，唯有时间和经验才能给我们提供答案。

到目前为止，某些人工智能研究者始终认为，要走到这一步，还必须克服的挑战非常巨大、非常复杂，这种观点源于他们的专业知识优势，这也是他们的堡垒，任何变革都有可能给他们带来震撼甚至是打击。事实或许的确如此。不过，在以往具有类似专业知识背景的人群当中，这也是他们的常见反应。比如说，核物理学之父卢瑟福勋爵（Lord Rutherford）被视为该领域的全球顶级专家，他在 1933 年 9 月 11 日就曾发表过类似声明。在提到原子能概念的时候，卢瑟福说："任何指望通过原子转化寻找能量来源的人，都是在痴人说梦。"[一]不过，就在第二天，匈牙利物理学家利奥·西拉德（Leo Szilard）发现了持续性核链式反应。[二]

质疑超级智能的另一种常见观点是，人们并没有看到预期的指数级增长。某些改进确实呈现出线性特征，在某些情况下它们就会如此。在最初阶段，指数变化往往表现为线性，甚至并不存在变化，但是在经过足够数量的后续迭代后，这种质疑自然不攻自破。此外，即使某些因素确实受限于线性变化，但基于系统其他要素的指数级改进，未来实现重大增长的可能性依旧可期。

奇点概念最初出自于约翰·冯·诺依曼，源于 20 世纪 50 年代与美国数学家斯坦尼斯拉夫·乌拉姆（Stanislaw Ulam）的一次谈话。几十年后的 1993 年，数学和计算机科学教授及科幻小说家弗诺·文奇（Vernor Vinge）在"即将到来的技术奇点"[三]一文中让这个词被人们所熟知。他在文章中探讨了几十年里针对这个命题呈现出的证据。

随后，到 2005 年，谷歌首席未来学家雷·库兹韦尔出版《奇点临近》(*The Singularity Is Near*) 一书，对这一里程碑事件的未来性质进行了非常详尽的解读。库兹韦尔甚至预测，这个奇点即将于 2045 年到来，即便是在 15 年之后，他仍然不改前言。

尽管奇点这个假设性概念似乎令人难以置信，但对人类和世界的预期影响，注定会让它拥有无法估量的震撼力。按照弗诺·文奇的说法，"在相对不久之后的未来，利用技术的人类将会创造出具有超人智慧的

[一] Waldemar Kaempffert, "Rutherford Cools Atom Energy Hope," *New York Times*, September 12, 1933。

[二] 据说，在第二天，利奥·西拉德在伦敦过马路时突然想到了这个概念。

[三] Vernor Vinge, "The Coming Technological Singularity," *Whole Earth Review*, Winter 1993。

生物，或是让自己成为这样的生物。而我也认为，‘奇点’一词确实非常契合这种观点，因为不同于其他技术变革，奇点带来的变化太过于震撼，而且显然不能被正常智慧所理解，就像金鱼完全不能理解我们的现代文明。”㊀

这显然是一个极端性说法，以至于会让很多人认为这种事件是不可能的，而支持者则会认为受到了欺骗。有些人甚至指出，在硅谷及其他研发中心，很多人在以近乎迷信的方式接受这个概念，因此，会有批评者将其称为“书呆子们的妄想”。这种盲目乐观可能确实略显肤浅和天真，但它至少承认，这种事件确实有可能发生。

反对技术奇点可行性的论点不计其数。虽然弗诺·文奇设想的愿景令人浮想联翩，但还是有足够重要的证据表明，智能爆炸或许永远都不可能实现。此外，正如文奇及其他人所指出的那样，超出这个临界点的事物，也必将会超出我们的理解范围，并泯灭我们自身以及未来人类智能的独特性。不过，同样不乏有说服力的证据表明，我们至少应接受奇点迟早有一天会成为现实的可能性。

在过去十年中，有些杰出领导者和科学家就已经对技术奇点发生所带来的潜在危险发出警告。对此，《超级智能》（*Superintelligence*）一书的作者、哲学家尼克·博斯特罗姆（Nick Bostrom）指出：

在智能爆发之前，我们人类就像拿着炸弹玩的孩子。玩具的威力和我们行为的成熟度极不匹配。超级智能是一个我们目前尚未准备好应对的挑战，而且在很长时间之内都不会做好准备。我们甚至会把这个炸弹放到耳边，屏住呼吸聆听微弱的滴答声，但却完全不知道爆炸会在何时发生。㊁

㊀ Vernor Vinge, “Vernor Vinge SIAI Interview,” SIAI, 2008, https://youtu.be/IpUKh4thvK0。

㊁ Nick Bostrom, *Superintelligence*: *Paths*, *Dangers*, *Strategies* (Oxford University Press, 2014), 259。

面对这些警告，著名物理学家斯蒂芬·霍金的回应是："人工智能的全面发展可能意味着人类的终结……它会自行起飞，一旦摆脱束缚，人工智能就会以不断加速的方式重新进行自我设计。由于人类不得不面对漫长而缓慢的生物进化，因而完全无法与之竞争，最终将被取代。"[一]但任何可怕的警告都不及企业家和工程师埃隆·马斯克的观点惊悚，他曾说过让世人难以忘却的警告："有了人工智能，我们就是在召唤恶魔。"[二]

显然，我们还需非常谨慎地去应对这种变革性技术。但同样重要的是，我们还要知道这些预测与潜在现实的差距到底会有多大。多年来，围绕这一主题，人们采用不同方法进行了大量的调查研究。在 20 世纪中期之后，很多研究开始略有聚焦。博斯特罗姆曾开展过几次不同的调查，其中一项调查的内容针对 AI 领域中被引用次数最多的 100 位作者。[三]不出意外，调查结果显示，这个领域的参与者非常广泛，而且存在巨大差异，但是总体倾向于向相似结果收敛。比如说，针对人类水平机器智能（human-level machine intelligence，HLMI）需要多长时间才能实现这个问题，所有调查均显示出相近的结果，一半左右的受访者认为这个时点应该出现在 21 世纪中叶，即，2040 年到 2050 年之间。虽然少数受访者认为是 2200 年左右，但这个结果在总体上仍取得了较大的共识。

另一项颇具影响力的调查来自人工智能专家詹姆斯·巴拉特（James Barrat）和本·戈策尔（Ben Goertzel），他们的调查对象是硅谷谷歌园区举行的世界通用人工智能大会（AGI-11）的与会者，在全部

[一] Rory Cellan-Jones, "Stephen Hawking Warns Artificial Intelligence Could End Mankind," *BBC News*, December 2, 2014, https://www.bbc.com/news/technology-30290540。

[二] Matt McFarland, "Elon Musk: 'With Artificial Intelligence We Are Summoning the Demon'," *The Washington Post*, October 24, 2014, https://www.washingtonpost.com/news/innovations/wp/2014/10/24/elon-musk-with-artificial-intelligence-we-are-summoning-the-demon/。

[三] 在 100 名被调查者当中，有 29 人做出回应。

200 名与会者中，有 60 人做出了答复。[一]其中，超过 68% 的受访者认为，人工智能将在 2050 年成为现实，另有 20% 受访者的答案是 21 世纪末。

知名作家马丁·福特（Martin Ford）曾对部分著名 AI 研究人员进行了一次类似调查。[二]他得出的结论相对保守，实现“人类水平机器智能”的中值时间为 21 世纪末。而其他几项调查得出的时间范围几乎分布于整个 21 世纪后半段。

虽然目前还无法确定一个相对具体的时间框架，但这实际上根本不重要。相反，问题的关键在于，所有证据均揭示出一种强烈的共识——这个假设事件最终确实有可能成为现实，而且当下很多人都有机会等到这一天的到来。

至于随着“人类水平机器智能”而至的超级智能，人们同样存在巨大分歧。博斯特罗姆通过综合调查认为，10% 的受访者认为，超级智能将在达到“人类水平机器智能”的两年后成为现实，而 75% 的受访者则认为，它会在抵达这个里程碑后的 30 年之后出现。

基于这些调查研究，我们似乎会产生这样的想法，实现超级智能的时点至关重要。未来思维的一个核心思想在于，越早识别某种潜在的未来——无论它们是造福于我们还是会加害于我们，我们就会有越多的时间和机会做好准备，并按照我们的意愿去主动地影响它。如果发现这恰是我们梦寐以求的未来，我们就可以竭尽所能地去推动它，以实际行动去彰显它的存在。但前提是我们有足够的时间。

考虑到各种潜在威胁的可能性，那么，如果我们所期待的超级智能并没有如期而至，而是还要等 50 年甚至更长的时间，我们会如何应对

[一] James Barrat and Ben Goertzel, “How Long Till AGI? —Views of AGI - 11 Conference Participants,” *H + Magazine*, September, 16, 2011, https://hplusmagazine.com/2011/09/16/how-long-till-agi-views-of-agi-11-conference-participants/。

[二] Martin Ford, *Architects of Intelligence: The Truth about AI from the People Building It* (Birmingham, UK: Packt Publishing, 2018)。

呢？从潜在利弊的角度衡量，这未必是坏事，因为这意味着，如果从现在起步，我们反倒有更多机会去筹划和设计，让事情的进程更可能有利于我们。

但是，为什么要把人工智能本身视为威胁呢？只要按照艾萨克·阿西莫夫的“机器人三定律”为人工智能编程，问题不就解决了吗？或者说，即便可能会遭遇失败，安一个触手可及的“关闭”开关，不就万事大吉了吗？

很遗憾，这种貌似简单的解决方案，只会彻底误解并低估潜在威胁的本质。超级智能并不是我们家中的智能烤面包机或是其他家用设备，也不只简单地等同于一台超级计算机。相反，它所达到的智能水平至少相当于人类，甚至会远远超过人类。这个事实也告诉我们，在沿着这条通往技术奇点的道路进行跋涉之前，还有很多需要解决的问题和障碍。

首先，我们的思维中始终存在一种以人为中心的倾向，让问题简单化，即，我们只是在和一台没有感情的机器打交道，因此，它没有自己的价值观或轻重缓急概念。这种假设显然是不正确的，因为任何围绕某个目的设计的系统，首先就会有一个需要实现的目标，或者按经济学的观点，它会有自己的效用函数。这个效用函数不仅是人工智能的主要目的，也是它存在的理由。基于现有的智能水平，我们完全有理由假设，这个程序不仅要尽可能地实现既定目标，还要以最优化方案实现效用最大化。

计算机科学家斯蒂芬·奥莫德罗（Stephen Omohundro）撰写了大量有关人工通用智能（AGI）和人工超级智能（ASI）的文章，他认为，任何以目标驱动的系统，会自然而然地出现若干基本驱动力，转而推动这个系统去达到既定目标。㊀具有自我改进能力的 AGI 或 ASI 会努力识别

㊀ Stephen M. Omohundro, “The Basic AI Drives,” *Proceedings of the First AGI Conference* 171, 483 – 492. *Frontiers in Artificial Intelligence and Applications*, ed. Wang, P., Goertzel, B., Franklin, S. IOS Press, February 2008, https://www.researchgate.net/publication/221328949_The_basic_AI_drives。

和避免各种负面后果，否则，系统就有可能会削弱甚至消除达到既定目标及效用最大化的能力。这会形成四种基本动力：效率、自我保护、资源获取和创造力。无论是单独使用，还是与其他动力相互配合，只要合理使用，它们都会提高达到既定目标的效率。

但这些动力带来的压力与生物自然选择过程中的压力有天壤之别（尽管也有相似之处）。这种智能所遵循的决策过程更符合所谓的理性经济行为。[㊀] 作为理性的经济主体，这些系统会以效用最大化为行动准则。无论是 AGI，还是 ASI，它们都不会像自然选择那样，盲目应对当前环境压力。相反，它们会理性预见未来，切实思考在重新配置和自我完善过程中可能面临的障碍与威胁。在此基础上，它们即可优化自身架构、资源和特性，最大限度提高未来生存能力，并最终提高达到既定目标的能力。

但如果说它们在这方面与人类相同，那将是大错特错的误导性思维。虽然我们也可以为自己设定目标——甚至是戒烟、减肥或是为退休储蓄这种看似本应心无旁骛去追求的目标，但是在人类的生存环境状况中，任何变量、偏见或不确定因素都有可能破坏我们的计划。当然，即便是能专注于既定目标的 ASI，也不至于像偏执狂的人那样，以歇斯底里、极端执拗的方式去追求这个目标。拥有自我改进能力的超级智能具有目标导向性，因此，它有能力通过自我调整，以更合理的方式去达到目标。有些付出是为了获得更多、更好的资源。有些投入则是为了实现进一步自我提升。但无论如何，最终目标都是要锁定和维护它的效用功能，避免其在未来被它自身或是我们人类所改变。换句话说，对一个有智慧的目标驱动系统来说，自我保护和获取资源是它的固有能力。

即使这个超级智能最终会拥有或是从外部取得若干效用函数，但它

㊀ 在经济学中，理性经济行为是指为代理人追求利益或效用水平最大化而进行的决策过程。

依旧需要解决可能的各种潜在冲突，譬如注意力或资源的耗尽。在这种情况下，它只需生成一个新 ASI，然后把任务分配给这个新 ASI，与此同时，还要确保这个新载体在未来不会对自己构成威胁。

对于和这个 ASI 生活在同一个世界上的人类来说，这些问题无疑会带来诸多巨大挑战。从理论上说，任何事情都可能会以无数种方式出错，导致最终消灭整个人类，甚至彻底消灭地球上的全部生命。同样，我们控制 ASI 的努力也会以无数种方式失败。但并不是说，这个 ASI 注定会变成某种邪恶力量，就像我们在科幻小说中经常看到的反乌托邦一样，相反，这只是说，它有可能完全不考虑人类需求。它关注的唯一对象，就是实现其效用功能的使命。

例如，哲学家尼克·博斯特罗姆曾提出一个著名的类比，用回形针工厂来说明这个逻辑。在这家工厂，人工超级智能被设定的任务就是制造回形针。做这样的事情似乎没问题。但这个超级智能还在继续建造一系列工厂，开始制造回形针，足足生产了数十亿个回形针。假设已为这个超级智能设置了产量配额，一旦超过配额，它就应该削减生产，但它唯一关注的事情就是制造更多回形针，于是，它会不断寻找规避这个配额限制的方法。这样，它就可以继续制造更多回形针，已经超过全世界可能使用的全部数量，于是，专家们不得不出手，试图控制这部任性的设备。但这个 ASI 不仅冷酷无情，而且对人的干预置若罔闻。它马上就意识到，要继续生产回形针，就需要取得更多原材料，于是，这个 ASI 继续进行自我改进，解锁纳米技术的秘密，以便进一步获取可利用的全部资源。借助一种强大的新型工具，这个 ASI 开始拆解地球上每块石头、每棵树、每个生命体中的每一个原子，榨取它们的能量，去制造一个只有回形针的世界。于是，这个世界的生命戛然而止，就此灭亡。

虽然这个寓言貌似荒诞不羁，但它实际上强调的是一种可能发生的极端状态：面对这种非人类智慧，世界的命运或许真的会如此荒唐。超级智能可能不同于我们在整个人类历史中与之抗衡的任何对手。几千年来，我们人类始终栖息在自然界食物链的顶端。我们坐在智慧顶峰的宝座上俯瞰其他所有生物。但这一切即将改变。人类至高无上的地位即将被粗暴地废黜，这样的反差确实难以想象。

但可以肯定的是，如果我们能为人工智能选择或指定正确的目标，就不会出现这样的问题。假如它的目标是消除饥饿、贫困或是维护世界和平，这个人工智能会有怎样的表现呢？遗憾的是，如果其他所有价值观不能小心地与人性对接，那么，任何目标仍然都有可能出错。人工智能可能会把这个目标简化为无人性化逻辑——比如说，它可以消灭所有可能成为士兵的男人、女人和孩子，以消灭所有的战争。或者在全世界的饮用水系统中加入某种化学物质，让所有人百依百顺。或者设计一种病毒，改写任何与攻击性心理有关的基因。可见，任何不能确保ASI与人类在价值观和原则上保持一致的解决方案，注定都会以失败而告终，而且任何失败都不会给人类提供重来的机会。

如果有人建议我们在全球范围内暂停这项研究，那么，我们只有一种回应。这种因噎废食的做法在整个世界历史上从未奏效过。相反，历史已经一再表明，只要存在某些基础知识、资源和基础设施，以此为基础的技术就会自然而然地被发明出来，没有人能阻止它的出现。[㊀]实际上，不同的发明家在互不知情的情况下，独立地发明出各自的灯泡、电话和电视。无论是个人、公司还是国家，自身的求生本能和相互之间的竞争性本质都意味着，迟早会有人为占据上风而违反契约。[㊁]

此外，可以肯定的是，禁止任何技术都会把这项技术的参与者推向灰暗之处，在那里，他们可以在不受任何监视或管制的情况下继续参与这项技术。超级智能的发展本身就已经充满未知数，如果没有适当监督的话，结局几乎注定会是更糟糕的，实际上，无论怎样设想都不为过。

㊀ Kevin Kelly, *What Technology Wants*（London：Penguin，2011）。

㊁ 转基因胚胎研究近期在全球范围内的短暂停摆，足以说明这一点。

从以人为中心的角度看，我们往往会认为，机器智能（无论是 AGI 还是 ASI）不及我们人类，因为它缺乏情感、同理心、意识、直觉或内省。但事情远非如此。情感、同理心和意识确实对我们意义重大，毕竟，我们是一种在环境中不断进化的生物实体，并因我们社会化程度的提高而得到这个环境的恩宠，因为社会化给我们带来了资源与知识的汇集。我们之所以非常重视这些特征，只因它们是我们进化史的产物，但这并非所有智能形式的必要条件，尤其是人工智能。

技术的发展路径和我们人类的截然不同，而且也完全没有必要相同。事实上，从 AGI 效用函数这个角度看，人类的很多特征或许只会妨碍效用函数的实现。至于直觉和内省，这些品质几乎注定会在高级机器智能中体现出来，因为它们会受益于这些品质。毕竟，直觉是从不完整、不完美的信息中获得洞见的能力。而内省则是通过审视自身思维过程识别优势和缺陷并据此进行决策的能力。不过，我们或许根本就无法在机器身上找到这两项能力，正如美国哲学家托马斯·内格尔（Thomas Nagel）所阐述的观点，我们永远无法体会蝙蝠用回声定位是一种什么感觉。

这就引申出人类进化与机器智能发展之间的另一个关键区别。进化在本质上是盲目的。它不可能有任何事先计划，只是让那些最适合每个人当时生活环境的基因延续下去。进化选择的对象显然不是我们的智能水平、体型或是羽毛的颜色。它只会复制现有特征，包括所有让前辈人受益且造福于当代人生存及后代人繁衍的特征。进化是一个基于统计学规律的选择过程，原因不难理解，假如你死了，自然也就无法繁衍后代。

另一方面，一台自我改进的机器则会拥有若干不同的驱动程序。它有一个预先设定的目标，而且能通过重新自我设计来更好地达到这个目标。但最重要的或许在于，它应该能预测到有可能影响其履行使命的潜在风险和环境，不管这种影响是积极还是消极的。换句话说，它会预测即将发生的事情，并据此引导自己去追求未来行动自由的最大化。

从这个认识出发，如果人工智能还意识到，尽管未来世界也是未知世界，但注定要面对诸多重大威胁，那么，它必定要按预定方式投入资源，进一步优化其预测能力。无论是为了解决当下问题还是应对长期威胁，它都会继续发展和改进这种能力，直到拥有近乎未卜先知的预见力。此时，在我们看来，它能解读未来。

但是从它们个体角度看，超级智能可能遭遇的最大不测，就是无法实现既定的效用函数。由于造成这种结果的最可靠方法就是关闭人工智能，因此，一旦人工智能获得预测能力和理解能力，它就会投入大量资源，寻找办法防止或规避被关闭。如果它想在切断电源线、断电、极端浪涌或关闭开关等各种情况下幸存下来，那么，它就会考虑每一种情况，并据此形成可消除这种威胁的对策。此时，它显然比人类更聪明，并且在达成目标这一坚定意图驱使下，它会一次次地克服逆境，而这或许只能给我们带来一次次的沮丧。

如果我们不能阻止 ASI 的出现或是在它出现那一刻立即关闭它，那么，唯一合乎逻辑的选择，就是确保它的价值观、优先事务以及目标与我们保持一致。知名计算机科学家斯图尔特·拉塞尔（Stuart Russell）认为：“如果把价值观偏差与拥有非凡能力的超级智能机器结合起来，那么，你无疑会给人类造成一个非常严重的麻烦。”[㊀]

这种所谓的价值一致性对我们的未来至关重要，但要实现一致性绝非易事。为达成这个目标，可以尝试不同方式。

事实似乎已逐渐清晰，最直接的方法就是编写一组可控制 ASI 活动的指令或限制性条件。艾萨克·阿西莫夫的“机器人三定律”（Three Laws of Robotics）就属于这一类，可以想象到，里面几乎无处不是陷阱。

㊀ Stuart Russell，“A Brave New World?” World Economic Forum，Davos，January 22，2015，https://www.weforum.org/events/world-economic-forum-annual-meeting-2015/sessions/brave-new-world。

毕竟，阿西莫夫关注的唯一焦点，就是有可能导致“三定律”出错并造成意外后果的方式。阿西莫夫最初定义的“三定律”包括：

第一定律：机器人不得伤害人类个体，或者目睹人类个体即将遭受危险而袖手旁观。

第二定律：机器人必须服从人给予它的命令，除非该命令与第一定律相互冲突。

第三定律：在不违反第一、第二定律的情况下，机器人要尽可能保护自己的生存。

尽管这些定律的阐述似乎过于含混，但无不突出了一个核心观点：预测这些简单指令可能出错的诸多方式，是非常困难的事情。在道德哲学领域，人们多年来始终在探索导致这种基于规则的方法注定失败的另一个原因。作为一种规范的伦理学原理，道义论（deontology）[一]认为，伦理以规则为基础，并通过外部或内部资源加以灌输。[二]长期以来，这个观点始终不被少数倡导者之外的其他人所接受，主要原因就在于，这些规则很容易在既定职责及其后果之间出现冲突。

在当下这个全新的计算时代，这种方法的另一个问题应该不言而喻。正如我们之前的探讨，ASI 几乎注定会拥有重写自身代码的能力，这就可以让它们自行修改程序。按照阿西莫夫定律，我们似乎可以认为，人工智能不可能摆脱或改变这些规则，也不能进行自我重写，但如果就此认为现实生活果真如此，那显然太过于天真了。在我们所生活的

㊀ 规范伦理理论是对个人应如何实施道德行动进行的哲学研究。

㊁ 这不仅适用于个人，也是普遍性规律。

这个时代里，世界上的每个系统几乎都在以某种方式受制于连接互联网的计算机，当然，这种控制既可以是直接控制，也可能是躲在防火墙后面垂帘听政。这类系统当然极易受到黑客攻击，他们会在系统中找到缺陷，从而获取授权并私自进行访问。从破坏企业，到窃取商业机密和巨额资金，再到恐吓政府，黑客和网络犯罪依旧是很多网络系统漏洞的集中体现。因此，我们或许应该认识到，只要有足够动机，在受到访问限制时，超级智能总会找到规避或绕过这些限制的方法。如果系统只负责运行实用功能，而且会不可避免地在某些节点与硬编码指令发生冲突，那么，它需要多长时间才能绕过这些限制呢？

即使 AI 对效用函数进行微调以适应这些限制，但仍会出现其他意想不到的漏洞。我们都知道，这个“大脑”不太可能是一个无缝可循的单一性整体，相反，它是由大量相互协作的载体或模块构成的集合。虽然这些载体可能已经高度集成化（就如同我们自己大脑中的模块），但它们也会有自己特有的效用函数或子函数。尽管这些目标可能不会直接发生冲突，但它们的本质必定各有不同，因此，它们的互动往往会带来意想不到的输出，因为任何复杂系统最终都会产生意外，甚至是涌现性行为。这和出现在我们大脑不同功能区之间的冲突并无任何区别，而冲突自然会导致矛盾的行为和决策、认知偏差乃至精神疾病。

因此，我们几乎可以肯定的是，这样的超级智能会意识到内部冲突的存在，这就会促使它试图规避程序指令，并在尽可能短的时间内获得成功。

功能越来越强大的人工智能还带来了另一个问题——即使它在某种程度上会完全处于我们的控制下，但也会出现所谓的“反向实例化”（perverse instantiation）。比如，ASI 被赋予一项任务，并以我们意想不到的方式执行这项任务。不妨用一个典型示例说明这个问题：假设赋予人工智能的任务就是最大限度提高人类的幸福感，于是，在每个人类大脑中的快乐中枢插入一个电极，并刺激这些中枢，直到我们的身体和大脑彻底放弃快乐以外的其他感受。另一个极端假设是，为解决人口过剩问题，要求地球上的每个人均接受绝育。

罗素用迈达斯国王的故事说明了这个问题。迈达斯国王曾希望自己接触的一切都变成黄金，他的目标就是实现无限的富有。但他显然不希望自己的食物和家人也变成黄金。迈达斯的故事说明，基于反向实例化的行为模式，对于一个无比强大但却极端陌生的实体，再简单的命令也会在它手中酿成不可想象的大错。

所有这些失败都可以归结为博斯特罗姆所说的“恶性故障模式”（malignant failure mode）。从本质上说，这个定义意味着，在拥有足够实力的 ASI 控制下，即使是原本微不足道的失误或疏忽，也可能铸成恶性事件甚至灾难性后果。与神灯之类的故事一样，对人工智能而言，任何看似简单的请求都有可能带来多种多样的失误甚至灾难。

为应对超级智能的潜在威胁，博斯特罗姆及其他人都提出了实现自我保护的各种策略和方法。例如，人工智能科学家本·戈策尔曾提出“保姆 AI”（Nanny AI）的概念，其设计思路在于：“要么永远阻止奇点的出现，要么延迟奇点的到来，直到人类能更充分地认识如何以积极方式应对奇点。”[一]人工智能研究员埃利泽·尤德考斯基在近 20 年之前就已经开始探索如何确保未来超级智能 AI 与人类价值观保持一致，以防止它们对人类造成伤害，当时，他提出了“友好 AI”（Friendly AI）一词。[二]但即便尤德考斯基本人也不得不承认，要成功实现这个想法显然绝非易事。

㊀ Ben Goertzel, “Should Humanity Build a Global AI Nanny to Delay the Singularity Until It's Better Understood?” *Journal of Consciousness Studies* 19, 1–2, 2012, 96–111, http://citeseerx.ist.psu.edu/viewdoc/download?doi=10.1.1.352.3966&rep=rep1&type=pdf。

㊁ Eliezer Yudkowsky, “Creating Friendly AI 1.0: The Analysis and Design of Benevolent Goal Architectures,” *MIRI*, 2001, intelligence.org/files/CFAI.pdf。

实现超级智能的价值观和行为哲学与我们保持一致的设想，显然充满了无数难以解决的困难，但这或许也是我们迄今所能想到的最佳策略。因为这种方式更符合被称为“后果论”（consequentialism）的规范伦理原则，它几乎相当于道义论的对立面。按照后果论的观点，道德源于行为的结果。

随着人工智能进行抽象思维和推理的能力不断强化，有朝一日，它们完全有可能从行为中提炼出道德本质。但是，要让两个实体得出相似的结论，显然需要假设它们拥有共同的起源，而且需要在很多核心价值观上保持一致。显然，人工智能和人类完全不存在共同起源，因此，关键点就在于，我们必须最大限度利用未来人工智能与我们联系的方式，在充分分享人类价值观的同时，进一步深入了解人类的本质。事无巨细的指导显然不可或缺，只有这样，ASI 才不会误解人类行为的最坏方面，毕竟，在人类的历史中，并非每个片段都能展现出我们向善的一面。

这种方法的另一个潜在问题是，并非所有文化和群体都有相同的价值观，那么，我们希望 AGI 采纳哪些价值观呢？目前的一种观点是，从创建这些系统之时起，就让它们在目标设定方面具有一定程度的灵活性，并通过对人类活动和行为的观察逐渐获得指导。但这个策略的前提是超级智能的发展已经达到某个阶段。

由上述探讨不难意识到，确保未来 AGI 和 ASI 不会招致灾难性后果，或许是我们在 21 世纪需要面对的重大挑战之一。这一挑战足以和核武器威胁相提并论，甚至有过之而无不及。然而，一个神奇的转折似乎可以让我们摆脱这个困境，这就是我们即将讨论的话题。

FUTURE MINDS

第三部分

深远未来

DEEP FUTURE

第十四章 人类与科技的共同进化（第二部分）

“并不是外星人来到地球并赐予我们技术。而是我们自己发明了技术。因此，技术永远不会是外在事物；相反，它只能是我们人性的一种表达。”

——道格拉斯·柯普兰（Douglas Coupland），加拿大小说家和艺术家

尽管有很多山脉和海沟，但这颗新诞生的星球在她手指下却感觉异常圆润光滑。波克娜让斑驳的球体旋转起来，小心翼翼地将它定位于昨天刚刚创造的 G 型主序星轨道上。然后，少女轻轻地挥手，让这个新的天体开始加速，直到她感觉到有每秒 29.831 千米的速度，才松开手。她设计的物理引擎运行良好。现在，通过离心力平衡恒星引力，这颗行星将在未来数十亿年占据“适居带”。当然，这只是主观预测。

波克娜露出满意的笑容，她相信，在星团银河系内的科学博览会上，她的创造将成为一大亮点。

还只有 19,372 岁的波克娜知道，她不可能永远都是个孩子，但她确实很喜欢这个年龄，尤其是这个与众不同的“皮肤”。那种成就感，再加上每天充满活力的快感，依旧让她激动不已。无论如何，在未来的千年里，她都会有足够时间去扮演成年人。如果未来有一天厌倦了成年人的生活，她还可以随时恢复到现在这种年轻的配置。这只是成为数字生命形态的另一个好处。

当然，这种形式的数字生活绝非他们在远古数字时代进行的第一次头脑上传——那个时候，只是粗暴地把人上传到电脑中。此时，她就是

电脑；或者说，电脑也就是她。怎么说并不重要，因为他们实际上已合二为一。她可以瞬间取得架构所赋予的任何速度和处理能力，而且依旧享受作为人的无限福利。

波克娜再次回到她的项目：一个神奇的太阳系完整模拟。它可以根据她选择的任何速度运行，最高可以达到每秒一百万年。生命将根据新进化协议发展并形成新物种；如果运气好的话，有一天或许会创造出一种具有感知能力的技术物种。每个个体都会拥有自己的生命，有自己的生活，而不必拘泥于现实的真实本质。幸运的是，在进入技术数字时代的后期之前，他们都不会对真相有丝毫的怀疑。

这是一个辉煌的创造，也是她有史以来最优秀的作品。评委们一定会喜欢这个作品。因此，这一次，他们无论如何都应该把大奖颁发给她！

好吧，尽管这或许不是未来若干世纪的真实结局，但它确实暗示着未来的可能变化方式或是保持不变的方式。在展望未来，尤其是人机更加紧密结合的未来时，我们往往会产生一种反乌托邦式愿景。但是，我们对技术的不断接近和日趋依赖，并不一定意味着，我们正在加入所谓的“博格集合体”。[㊀]我们与技术共存共发展的道路已走过300万年，这不仅是共同进化的问题，也是日益增长的相互依存关系。在很多方面，这种相互依存已成为一种里程碑式的标志，也是我们人类永恒的前进动力。

因此，在我们进入21世纪之后，可能需要去预测这种相互依赖的共同进化会呈现出什么状态，以及为什么会这样。这并不是出于极客对技术的某种狂热，而是出于对早期原始人时代以来趋势的观察与思考。

㊀ 博格人是一个由无感情人机混合体构成的蜂巢思维社会，它们已经被剥夺了独立的思维和意志能力，最早出现在1989年播出的电视剧《星际迷航：下一代》（*Star Trek：The Next Generation*）中。

从最初的石器工具到战争武器和医疗工具，再到把全球知识瞬间传送到我们手中的设备，我们的技术持续改造着人类，也在不断赋予我们新的力量。技术让我们能够与疾病的肆虐作斗争。它不断扩展我们的感官功能，甚至我们的自然极限。它赋予我们远超过旧石器时代祖先所拥有的能力，在他们眼中，我们肯定会被当作神。

这样的观点显然无意于亵渎神明，而是为了帮助我们回顾人类已经走过的漫长征程。到目前为止，在这个地球上，其他任何物种的进化速度都没有像人类这样快，在很大程度上，这是我们与技术共同进化的直接结果。

那么，当我们展望未来时，我们会有怎样的期待呢？同样重要的是，当我们未来遥远的后代回头看我们时，他们会作何评价？当我们早已成为远古的记忆时，他们将如何看待 21 世纪的人类呢？他们会认为我们只是原始、没有启蒙的早期人类版本，这样的想法会不会让我们感到意外呢？考虑到进步所固有的加速性，因此，我们完全有可能在下个世纪迎来以往需要数千年才完成的变化。[㊀]在这种情况下，下一个千年的人类会看到怎样的变化呢？

假设你是生活在两世纪前的农民，甚至是当时的皇室成员，如果有人告诉你，在经历六代人之后，我们将会看到人们的身体内部，并和远在天边的人谈古论今，而且还会飞向月球。假如我们可以在时间上完成这样的穿越，那么，我们会如何看待我们在当时所面对的社会呢？

显然，这个预想的未来远非当时的技术所能及，毕竟，我们自己也会不可避免地发生变化。这也是我们与技术之间相互关系的另一个关键方面，无论这种技术体现为机器、语言、文化还是知识。学习在石器上

㊀ 未来学家雷·库兹韦尔根据计算得出，在考虑指数变化速度的基础上，人类将在 21 世纪完成以往需要 20,000 年才能实现的进步。这项计算以 2000 年的变化率为基准。

敲出锋利的刃口会改变我们的大脑，复杂语言与社会制度的发展同样也会改变我们的大脑。环境的改变会不断对我们产生直接影响。问问那些把大量时间花费在社交媒体上的人，他们现在是否意识到阅读书籍等长篇材料比以前更加困难，答案几乎确定无疑。无论我们学习驾驶、听音乐还是为奥运会做准备训练，技术都会重新连接我们的大脑。过去始终如此，而且未来必将继续如此。

此时此刻，我们正在面对一种主动修改人类生物学机理的趋势，而且这种趋势正在变得越来越明显。这往往出于必要，我们需要不断修复或替换我们身体或大脑失去的功能。在近几个世纪，尤其是近几十年来，这种修复的形式包括假肢、眼镜、助听器、假牙、起搏器、人工耳蜗和人造器官等。现在，我们发现人类正在进入一个发明神经假肢，并以此尝试取代杏仁核等结构失去的认知能力的时代，毕竟，这些功能对情绪学习和记忆形成至关重要。此外，我们还利用肌电控制和有针对性的肌肉神经再生技术，把假肢与身体的神经系统连接起来。而人工视网膜植入物则会帮助人们恢复因损伤或疾病（如黄斑变性）而丧失的视力。

但这些进步还仅仅是开始。正如我们在历史中所看到的那样，修复性技术或许很快就会成为我们的选择。今天的隐形眼镜已不仅被用于改善视力，也是一种化妆术。修复牙齿技术不仅用于恢复牙齿功能，还能给我们带来完美的笑容。已拥有数千年历史的修复外科手术方法则被用于选择性整容手术，这已形成一个价值数十亿美元的行业。

但即将迅速影响到我们的生活和世界的，则是信息访问能力不断增强的趋势。几千年来，信息存储始终采取了文档形式，这就让大多数人鲜有机会访问这些文件，尤其是没有识字能力的人，基本丧失了这种机会。以碑牌和卷轴记载的文字几乎不为公众所知。但是古腾堡发明印刷机之后，这种情况开始发生变化，这是信息和知识向着大众化和普及化迈进的重要一步。随后出现了公共教育和公共图书馆。最终，人类迎来媒体的新发展——从报纸开始，发展到广播媒体，直到今天的互联网，这大大增加了人们获取知识的机会。至于为互联网接入创造了前提的个人电脑，也迅速从台式终端机缩小到便携式笔记本电脑，而后再次集成为智能手机。智能手表和可穿戴显示器（如谷歌眼镜、Vuzix Blade、Focals 及其他智能眼镜）等更直观的人机界面，也紧随其后。

这仅仅是个开始。随着这些接口技术的改进，市场对进一步集成的需求也会增加。第一款谷歌眼镜及其他虚拟视网膜显示器刚一问世，便成为引领技术时代潮流的前沿——很多人或许还没有为它们做好准备。今天，像谷歌眼镜之类的增强现实系统，正在为我们的智能手机带来更多必要的图像识别功能，如即时对象和字符识别等。随着功能的改进并因为诸多用途和便利性而被采用，可穿戴显示器的吸引力无疑就会进一步增加。通过眼镜和头戴式显示器，我们将看到信息访问与我们思想和身体进一步紧密结合的趋势。智能隐形眼镜等设备将逐渐成为常态。然后，随着神经技术的最新发展，我们将使用思维进行更直接的人机互动。

当然，我们这样做并不是因为试图把自己变成机器的奇思怪想。相反，之所以会出现这种进步，完全是因为新技术带来的竞争优势、时尚与社会地位。早期采用者往往可以通过他们的行为取得巨大收益——比如说，采用最新风格的服装潮流，或是拥有最新款的热门硬件。但真正促使人们采纳新技术的根本原因，则是新技术所赋予的竞争优势。如果能更快地访问信息，更好地吸纳和利用信息，或是尽可能快地与合作伙伴、资源或投资者建立联系，并且在活动中扮演重要角色，那么，我们和技术必将携手占据上风。随着技术的进步，这种趋势只会加速。

人类和机器的共同进化和融合，正在引发一些巨大变革，而且有些人已经在尝试接受这些转变。这些通常被称为“超人类主义者”（transhumanist）的团体和个人代表了一种新的思维模式，即通过发展和普及我们以躯体和认知增强技术访问身体和大脑的能力，最终达到改变人类自身的目的。作为一种兼具哲学观和文化观本质的边缘型运动，超人类主义最终必将把人类转化视为进入人类进化下一阶段的手段。这种“进化”的一个主要特征体现为，它并不遵循自然选择的过程。相反，超人类主义的倡导者会迅速启动并引导一个类似过程，这样，就可以利用技术进步对我们这个物种实施相对具体的根本性改造。

比如说，在理论上，以改善记忆力为目的的神经假体会造福于使用者，但并不会直接影响使用者的后代，除非也像他们的父母那样，每个后代在出生后便单独安装神经假体。这个做法确实有其优势：每一代后人都会安装该设备的改进版。

另一方面，在更基础层面进行的修改不仅会直接改变使用者，还会改变他们的所有后代。例如，CRISPR 基因编辑技术可以改变种系，因此，如果利用这项技术对某一个基因组进行编辑——譬如可提高个体智能水平的基因，那么，这种变化就有可能具有遗传性。这必然会影响到所有后代——不管这种修改成功与否，或者是否有益。由于这种变化会产生非常持久的影响，因此，人们已采取各种措施对这种种系基因编辑技术实施控制。遗憾的是，控制的效力仍然有限，甚至毫无意义。

对这种基因改造来说，最恐怖的事情可能在于，它的后果要在经历几代人之后才有可能显现出来。这些变化或许会让我们更容易感染病原体。或许只有在某些其他基因被改变后，它们才会显示出恶性影响。或是只有某些表观遗传发生变化，它们才会引发某些退化性疾病。随着我们不断开发出更先进的工具，这样的选择也会逐渐成为现实。作为当今最强大的基因编辑工具之一，CRISPR - Cas9 被比作 DNA 的编辑处理器。从理论上说，它可以在任何基因组中切割或插入极具针对性的单个基因或基因组序列——而且无论是植物、动物还是人类，概莫能外。有了这样的工具，我们显然有能力真正改写自己身体的操作指令。

当然，事情并没有那么简单。诚然，对于单基因性状（monogenic-trait）——比如由一个单一基因决定的疾病或特征，改变它的能力就类似于拨动开关，只不过这是一个极其复杂的开关。但这只是相对较少的一部分性状。智能或寿命等其他很多性状由若干不同基因共同决定。比如说，身高至少取决于三个基因。这种多基因性状（polygenic trait）显然更难解析，不仅需要定位和改变更多基因，还要识别和鉴别每个基因及其可能承担的多重角色。产生多种效应或性状的基因被称为多效性（pleiotropic）基因，但不应把它与“多基因”（polygenic）相混淆，后者的含义是指一个性状受多个基因的影响。此外，在这些基因中，任何一个或多个基因都可能在与预期对象完全独立的其他特征和过程中发挥作用。

然而，随着我们进一步发现和了解我们的基因组，并构建出能分析这些复杂互动的更强大工具，我们自然会越来越好地执行这项任务。

遗憾的是，有些人似乎有点操之过急，以至于时机尚未成熟便开始行动。第一个被披露的相关事件发生在 2018 年 11 月，当时，由研究员贺建奎领导的研究团队宣布一对基因被改造的双胞胎健康出世，这对双胞胎在胚胎发育过程中经过基因改造获得对 HIV 的免疫能力（这种可破坏免疫能力的病毒也是艾滋病的罪魁祸首）。该团队利用 CRISPR/Cas9 基因编辑技术，实施了针对 CCR5 基因的修改，因为 HIV 就是通过该基因进入人体细胞，并感染细胞。研究团队对一名婴儿的整对特定基因进行了编辑，对另一名婴儿，只对单个特定基因进行了编辑，这充其量只能提供部分免疫。通常，一个孩子从父母双方各获得一个基因拷贝，根据基因的不同，会呈现出不同程度的性状优势。如果刻意对双胞胎婴儿采取不同的基因编辑方法，或是只把一个婴儿当作控制组，那么，这种行为显然是一种非常危险的人体实验。无论如何，后果会更糟。

我们的基因组很复杂，这或许只是一种非常轻描淡写的说法。很多基因涉及多个过程和性状。从这个角度出发，可以肯定地认为，即便使用世界上最强大的计算机和基因技术，我们也需要几十年时间才有可能对相互作用和相互依赖关系做出解释。因此，虽然去除 CCR5 的正式原因可能是为了防止感染 HIV，但选择这个特定基因可能还有其他动机。根据针对多种动物进行的研究，消除 CCR5 基因可能会带来记忆力改善及智能增强。对天然缺乏 CCR5 基因的个人进行的其他相关分析也表明，这些人不仅在学校拥有较好的学习成绩，而且能更快地从中风恢复过来。

那么，这是否属于研究团队的有意疏忽？我们或许永远无法得知，但考虑到已完成的初步研究工作，他们似乎不太可能不知道这种关联性。无论有意与否，这个事件确实已成为未来以基因导向实现智能增强的一个关键性转折点。科学界针对影响智能的遗传因素已进行了数十年的研究。大量研究一致认为，人和其他动物的智能受基因和环境影响。这个观点改变了一个长期悬而未决的争论：决定我们人生的主要因素到底是先天的还是后天的。对此，大量研究得到了一个基本普遍性的共识，即，遗传对我们一般智慧或“g－因子”的贡献比例在 40% 到 60% 之间。该因子是正规智商测试中的一个重要方面。[㊀]正因为如此，如果有人说智商的 50% 来自遗传，其实并不意外。毋庸置疑，50% 是一个足够大的目标了。

智能的遗传基础不可避免地会吸引人们去探索——到底哪些特定基因会带来高智商。至于针对家庭智商遗传性进行的研究，最早可以追溯到弗朗西斯·高尔顿（Francis Galton）在 1865 年进行的试验，但真正深入全面的遗传性研究，还要归功于基因技术在 20 世纪末和 21 世纪初的发展。不过，20 世纪初的实验确实在很大程度上影响着现代遗传学研究的基本方向：智商测试在全体人群中显示出一致的规律性分布，这一事实足以表明，必定是大量不同的基因共同影响着智商。

随着全基因组测序技术的出现及其成本的迅速下降（在 2003 年首

㊀ 智商始终是一个有争议的智能衡量标准，毕竟，用一个数字来试图描述一个高度多样性的属性，难免会以偏概全。

次人类基因组计划完成时，一次测序的成本约为27亿美元，到2018年已下降为200美元[一]），进行大规模的比对分析已成为可能。针对哪些具体基因会影响到智商这个问题，近几年已出现了大量研究，但几乎没有形成任何定论。到2017年，由阿姆斯特丹自由大学遗传学家丹尼尔·波斯杜马（Danielle Posthuma）领导的一个欧美科学家团队宣布，他们已确定了52个与智商相关的基因。[二]他们指出，每个基因对智商的影响非常微小，但可能还存在数千个有待发现的其他基因，也在共同影响着智商的形成。可以想象，类似智商这种复杂的性状必然会依赖为数众多的基因。智商是一种典型的多基因特征，因而由多个基因决定和控制。由于涉及的基因如此之多，因此，每个基因对一个人整体智能的影响可能微乎其微。

几位研究人员认为，这表明较高的通用智能源于这些优化选择的全部或大多数基因；而智商测试得分分布的一致性可以解释为不同基因在全部人群中与基因最佳值的偏离。

即便使用CRISPR/Cas9等功能强大的基因编辑工具，也很难直接干预这些高度多基因的性状。由于所有基因修改都存在风险，因此，人们最大的顾虑是，由于需要进行数十次甚至数百次编辑，因此，修改带来的潜在负面后果会迅速加剧。

需要明确的是，以增强为目的的基因编辑不仅可能非常危险，而且有可能严重侵犯道德规范，未知的风险不仅会影响个人生活，种系编辑甚至会影响整个人类的未来。然而，随着工具的改进以及相关知识和理

㊀ Megan Molteni, "Now You Can Sequence Your Whole Genome for Just $200." *Wired*, November 19, 2018, https://www.wired.com/story/whole-genome-sequencing-cost-200-dollars。

㊁ Suzanne Sniekers, et al., "Genome-wide Association Meta-analysis of 78, 308 Individuals Identifies New Loci and Genes Influencing Human Intelligence," *Nature Genetics*, 2017; doi: 10.1038/ng.3869。

解的增长，这种基因改造不太可能总像今天这样令人不安。

但这些问题也从另一个侧面揭示出一种目前可使用的基因干预措施：胚胎选择（embryo selection）。在美国、欧洲以及中国等地区的生育优化诊疗机构，被称为植入前基因诊断（pre-implantation genetic diagnosis，PGD）的技术已得到普及。干预过程发生在体外受精（IVF）期间。在将体外受精的胚胎植入子宫之前，针对胚胎的特定基因进行基因筛选，从中挑选出合适的胚胎植入母亲子宫继续发育。PGD 技术最初用于消除某些致残或致命性基因疾病。这项技术的第一例运用出现在 1990 年，当时，伦敦哈默史密斯医院（Hammersmith Hospital）对一对双胞胎女孩进行尝试。[㊀]考虑到父母的 X 染色体连锁疾病有可能被遗传到下一代，而且这种疾病只会遗传给男孩，因此，研究人员采用 PGD 技术进行了性别选择。X 染色体连锁疾病有 200 多种，它们通常与 X 染色体上的隐性基因有关。

可以想象，PGD 很快便被视为一种可基于更多选择性标准对其他性状进行选择的方法。2000 年，随着“亚当”的出世，“设计婴儿”（designer baby，也被称为治疗性试管婴儿或设计试管婴儿）的概念迅速成为公众讨论的热门话题，对这个婴儿使用 PGD 干预技术的目标，是确保他不会患上一种罕见的遗传性血液病——范可尼贫血症，他 6 岁的姐姐便患有这种疾病。[㊁]虽然这种遗传技术已引发广泛的关注和顾虑，但对它的兴趣却有增无减。无数准父母希望对此有更多了解。那么，他们是否可以选择孩子的性别、头发或眼睛的颜色，甚至是智商呢？虽然炒作往往是引领技术前进的重要动力，但完全可以预见的是，这一天或许很

㊀ Joyce C. Harper, “Introduction to preimplantation genetic diagnosis,” in Joyce C. Harper, ed., *Preimplantation Genetic Diagnosis: Second Edition* (NewYork: Cambridge University Press, 2009)。

㊁ Julian Borger and James Meek, “Parents Create Baby to Save Sister,” *Guardian*, October 4, 2000, www.theguardian.com/science/2000/oct/04/genetics.internationalnews。

快就会到来。

在“亚当”出世的20年之后，已经有越来越多的生育服务机构不是为了规避泰－萨克斯病（Tay-Sachs）或囊性纤维化等遗传疾病而提供PGD诊疗。它们可以对耳聋等某些残疾开展基因筛查，而进行性别鉴定已成为大多数机构的主要服务事项。可以理解的是，很多父母希望知道，他们能否对孩子在身高或运动能力等其他方面的性状进行基因选择。同样不足为奇的是，很多科学家和伦理学家把这看作一种新型优生学，但实际上并非如此，尽管基因干预与优生学的最终结果或许大致相同，但两者的区分是显而易见的——干预消除的是特定基因，而不是整个基因组。虽然某些欧洲国家已针对PGD通过了相关法规和规范，但这项技术在美国基本不受监管。

尽管PGD技术在大多数国家仍受到官方限制，但是在不久的将来，我们或许会看到，某些医疗机构会使用PGD对智能等高度多基因性状进行选择，这似乎应该是意料之中的事情。虽然不像使用CRISPR/Cas9等技术直接改造数十个基因那么危险，但以此为目的而使用PGD，在道德伦理上同样令人担忧。

但是，如果在某个时点，某个国家决定放开这项技术的使用，或是来自民众的强大需求促使医疗机构决定提供这项服务，会出现怎样的情况呢？一旦智商变成可以选择的项目，那么，父母就不得不在道德规范和宗教信仰和让自己的孩子在越来越聪明的同龄人中不失竞争力之间做出抉择。即便政府以各种方式禁止这些服务，但父母和医疗机构依旧有足够动力去绕开禁令。否则，在这场可能没有机会赶超的比赛中，他们马上就会被落在后面。

显然，我们无从知晓，这种针对智能选择的政策会带来多大影响。但我们不妨设想，假如某个国家批准提供PGD干预服务，而且会导致总体智能水平提高5%～6%，而且将这种干预延续到以后的两到三代人。那么，相对于其他国家的国民，这个国家国民的智商将是105或106，而不是100。虽然这个水平的智商改善看起来似乎没那么显著，但如果这个提升惠及这个国家的全部人口，那么，注定让这个国家享有巨大优势。对一个智商原本已经很高的人来说，智商额外增加的这6~8分，或许就会让他拿到专利权，或是赢得诺贝尔奖。而由此产生的优势将会让这个国家在总体上超越世界其他地区。

另一种完全不同的生物技术方法是有机性脑机接口（organic BCI）。在本质上，这是一种合成的神经结构，专门用于增强记忆力或处理能力，或是用于对接外部资源。在经过适当测试之后，它可以从受体宿主自身的多能干细胞中生长出来，这就避免了遭到宿主免疫系统排斥的可能性。完全可以假设，由此可能会出现大量的结构和功能，当然，它们的共同特征就是在尺寸上必须相对较小，以避免对大脑其他部分的正常功能造成干扰。

遗传学绝不是通向超人类主义未来的唯一途径。前面讨论的神经假肢和脑机接口，同样构成了这个愿景的一部分，当然还有为我们大脑提供技术性提升的其他手段。例如，美国空军在俄亥俄州莱特帕特森空军基地创建了“第711人类效能联队”（711th Human Performance Wing），该机构的主要研究目标就是提高人类效能。为此，他们开展了多项针对智能增强技术的研究，以“充分利用生物和认知科学技术，优化和维护飞行员在空中、太空及网络空间进行飞行、战斗和取胜的能力。”[⊖]他们的部分实验采用了经颅磁刺激（TMS）和经颅直流电刺激（tDCS）技术。前者对大脑的特定区域进行磁脉冲刺激，而后者则采用低电压直流电提供刺激。在针对警觉性进行的研究中，研究人员定时让被试的大脑进入警觉状态，这样，试验对象可以在40分钟的测试中保持专注。被试本来会在试验过程中丧失警觉性；在其他组中，研究人员使用tDCS

⊖ “711th Human Performance Wing,” Wright * Patterson AFB, www. wpafb. af. mil/afrl/711hpw。

加快学习和执行新任务的速度，并显示出超过控制组250%的进步。[㊀]

近年来，世界各地的实验室针对这两种刺激形式进行了数千次研究，结果各不相同。有些研究表明，这些技术确实可以强化某些相对抽象的过程，如数学，特别是在较好理解所采用的运行机制时，优化效果更为明显。

另一种增强认知能力的方法，是直接采用一类被称为益智药（nootropics）的药物。这种被人们俗称为“聪明药”或“健脑药物”的物质，有助于改善心智表现。但是和很多药物一样，它们也会带来副作用。这些药物大多属于兴奋剂，包括阿得拉（Adderall）和苯丙胺（amphetamine）。多项研究显示，使用低剂量苯丙胺可改善记忆的形成、巩固及回溯能力。其他中枢性兴奋类药物，如阿莫达非尼（armodafinil）和莫达非尼（modafinil），同样具有提高专注力的效果。

遗憾的是，益智药会带来严重的副作用，尤其是对长期使用者而言，影响更大。如果服用时间过长，耐受性、成瘾性和毒素积累等问题会给患者造成伤害，从而削弱了这些药物的积极作用。

因此，我们已拥有了一系列能让人类智能永久性突破自然极限的技术，包括脑机接口和神经修复、遗传学、智能药物及其他各种脑刺激方法。每种方法都有自己的优势和缺陷，但随着时间的推移，有些问题无疑会迎刃而解。对经历数百万年进化微调的神经元化学平衡而言，任何旨在改变这种平衡的大脑刺激技术和药物的作用似乎很快就会登峰造极。这就像对计算机CPU进行超频设置，或是让跑车超速行驶，副作用过于明显以至于不容忽视。虽然大脑刺激和药物可能会导致神经元短暂爆发，但是继续维持这种增强功能，而且还要不伤及我们的身心健康，

㊀ Emma Young, “Brain Stimulation: The Military's Mind-zapping Project,” *BBC Future*, June 3, 2014, http://www.bbc.com/future/story/20140603-brain-zapping-the-future-of-war。

几乎是不太可能的。

其他方法或许拥有更长远的前景。以计算机、互联网和智能手机等形式对信息的快速访问，已让我们实现了以往不可及的效率。但是在我们使用技术进行授权访问和增强访问能力的过程中，这些设备的出现只是其中的一步。那么，我们的下一步将会走到哪里呢？未来的信息技术会给我们这个物种带来哪些改变呢？

药物和电刺激等技术很可能已无扩展前景，而且很快就会达到人类基于生物学认知能力所设定的安全极限。但对脑机接口（BCI）技术而言，这个极限或许还很遥远。脑机接口不仅会进一步加快访问速度，而且可以让我们把任务转移给功能更强大的其他可扩展计算机。不仅如此，这些计算资源还可能帮助我们发现人类智能增强的新途径。

这些进步对我们这个物种的延续或许非常重要。正如前一章所述，未来的超级人工智能不可能生来就拥有我们人类的目标和价值观。考虑到博斯特罗姆把这场偏差称为“恶性故障模式”，因此，我们确实有必要通过人为设定，确保未来 AI 的价值观尽可能与人类保持一致。这种协调当然需要我们人类的指导，在理想的情况下，这种指导应有助于提升智能水平，实际上，这也是实现智能增强的有效途径。

我们都知道，未来通用人工智能之所以引发如此之多的关注，完全是因为它有可能导致迭代性自我改进出现失控，从而引发“智能爆炸”。在这种情况下诞生的超级人工智能，有可能会拥有超越地球全部人类思维能力的超级能量。至少可以认为，要让这样的人工智能与人类保持价值观一致绝非易事。有人提出，可以并行开发一个或若干守护型或监督型人工智能，代替人类看护超级智能的价值观导向，但这种策略难免沾染其他 ASI 控制方法的固有缺陷。如果一个 ASI 能规避任何形式的既定防护措施，那么，完全可以想象到，它大概率能摆脱针对自己的任何监控。此外，作为监护者的 AI 当然不可能完全摆脱 ASI 的固有问题。即使是在“气隙”系统（air-gapped system，即物理隔离系统）中，把一台计算机置于与其他所有计算机或网络彻底切断的物理断网系统中，最终也总能开发出翻越隔离墙的技术。

可以推测，应对这些挑战的最优方法，或许就是增强人类固有的智能，或者说智能增强（IA）。在人类实现超级智能的起步阶段，最好就让未来的所有人工智能在价值观上与人类保持一致。当然，这种人性化超级智能在本质上仍属于技术，只是在功能更强大的计算平台上运行而已，而我们的角色可能是副驾驶，尽管我们未必要真的坐在座椅上。

要实现这一点，就需要人机界面达到非常高的质量和速度。将我们大脑中高度并行的电化学信号与来自超级计算机的数字电子流结合起来，至少在目前看来还只是一种设想，在技术上的挑战性不言而喻。但未来会一直如此吗？

今天，人们正在探索“神经织网”和神经尘埃之类的新概念。它们的总体思路，就是创建具有生物相容性的粒子或网格，探索直接对大脑进行读取和写入信号的可能性。但除了要规避人体免疫系统的排斥之外，这些概念还面临着很多重大挑战。这类技术的关键点在于，首先要发现大脑的基本语言，并找到方法对这些知识和语言进行调节，从而对每个人的个别“大脑代码”进行编码和解码。如果这个设想真能成为现实，人类无疑将会在持续进化的历史中再续辉煌。

前面提到的自组织纳米机器人，显然是一个更大胆的设想。将纳米机器人移植到人的血液中，然后进入大脑，在这里，它们利用转运蛋白绕过血脑屏障，进入我们大脑的内核。之后，它们会让自己附着在某个神经元上，映射这个神经元的“一举一动”，而后激活大脑中的目标区域。这样，纳米机器人就可以在硬件和软件层面上实现自我组织，并根据个人所独有的神经组织和大脑语言，真正像这个人一样工作。

这种方法可以让我们与潜在的巨大计算资源直接进行互动。从现有技术角度看，这听起来或许不够人性化，但是，它和我们用眼睛和指尖快速访问和使用智能手机之间，真的有天壤之别吗？就在几十年前，智能手机模式的信息访问还是不可想象的，而现在，这无疑已成为常态。

市场力量同样也在发挥作用。在首次推出智能手机时，拥有和使用智能手机是一种奢侈。但随着时间的推移，它所带来的竞争优势已不容忽视，加之成本的不断下降，使得拥有和使用智能手机已成为我们生活中必不可少的构成要素。今天，很多人都在经常性地使用智能手机技术，人们的生活似乎已离不开智能手机，它无疑是人类获取信息方式的一次革命。在很多方面，智能手机已成为我们思想的附属物。它成为我们的外部大脑，让我们拥有了一套全新的大脑皮层，也为我们这个物种提供了一种前所未有的方式，去访问和解读信息。难怪，智能手机成为有史以来被采纳速度最快的技术之一！

一旦脑机接口技术拥有足够的能力、效益和安全水平，同样的力量也会发生作用。对 BCI 用户来说，竞争优势同样过于明显，以至于滞后者都将永远处于劣势。

至于 BCI 会削弱我们人性的讨论，和历史上人们对所有新技术的顾虑一样，问题的根源在于我们如何使用技术，而不是技术本身。多年来，我们已在诸多新技术的身上认识到这一点。在社交媒体上，很多人以前所未闻的手段去实施网上钓鱼、网络欺凌或社交欺骗。但是，同样的工具，也可以让跨越千里的家人和朋友互诉衷肠。城市的高楼大厦会给人类带来孤立感和冷漠感，但它更是促进智能、社交互动和思想融合的集散地。

这种二分法的一个极端示例，就是远程呈现技术的近期使用。远程呈现技术（telepresence）提供的好处是显而易见的，不仅可以让人们以实时方式获得专业知识，还可以节省大量的时间、资源和资金，从而最大程度减少我们对环境的影响。但任何技术的使用效果都会因时间和地点而不同。2019 年 3 月 3 日，家住加利福尼亚州弗里蒙特的欧内斯特·昆塔纳（Ernest Quintana）正在住院，他的家人已经知道，他不久就会因慢性肺病而辞世。[㊀]但是令他们完全没料到的是，专家通过来到病房的远程呈现机器亲口通知昆塔纳：他即将告别人世，甚至可能无法度过这一天。昆塔纳及其家人被这个突如其来的消息震惊了，尤其让他们难以接受的是这种消息传递方式。选择如何使用以及何时使用一项技术，永远取决于我们自身的情况以及外部的环境。无论是谈论因自动化而造成的大规模失业，还是国际战争的规则，抑或是我们对公民个人隐私和安全的权衡，技术都是一种实现目的的工具，而不是我们人类与人性的定义者。

人类和机器的共同进化已延续了 350 万年。我们对世界的解释和操纵，始终取决于我们感官与身体的功能，并通过我们的思想控制中枢对感官与身体实施调节。随着 BCI 技术的出现，这个循环最终将被中止，让我们能以前所未有的方式，把技术与我们的眼睛、耳朵和四肢集合为一体。这标志着我们即将进入人类未来之路的下一个阶段，开启人类历史的下一次革命。

与此同时，这些进步也可能成为我们的终结。这些新兴“力量”带来的危险同样将前所未闻。正如我们在近几十年里所看到的那样，很多新兴技术已让人类的能力达到了惊人的甚至毁灭性的程度。使用互联网入侵大公司，驾驶大型客机撞倒摩天大楼，灾难性事件已层出不穷，一个小群体乃至个人都可能引发大规模邪恶行为，甚至引爆战争。显然，仅仅通过我们的思想即可动用如此巨大的计算能力，这样的未来无疑会带来难以预料的风险和挑战。

既然如此，我们就应该因噎废食吗？显然不太可能。人类本身仍是自相矛盾的生物：害怕变化，但总是好奇。好在这还算不上糟糕的组

㊀ John Woolfolk, “Fremont Family Upset That Kaiser Let ‘Robot’ Deliver Bad News,” *Mercury News*, March 9, 2019. www. mercurynews. com/2019/03/08/fremont-family-upset-that-kaiser-let-robot-deliver-bad-news。

合。正是这些特征，让我们这个物种延续了数百万年。这样的脚步很有可能延续下去。

人类与科技的共同进化终于迎来一个完整的循环，它们相互影响，相互推进。今天，这种关系即将进入下一阶段，在我们开始携手攀登“智慧山”后，我们的合作关系会发生诸多变化。

第十五章
认知克隆、升级与数字意识

“从某种意义上说，我们获取信息以及与他人交流信息的能力每得到一次强化，我们的天然智能就实现了一次进步。”

——弗诺·文奇，“雨果奖”获得者、数学和计算机科学教授

丹妮斯的闹钟按时响起，此时是西雅图的早晨 7 点整。与以前突然把睡眠者从令人愉快的梦乡中拉出来的老式闹钟不同，丹妮斯的脑内闹钟始终在监测她的梦境，并且与她上午的日程安排相互协调。此时，她感到无比清爽，而且充满活力，她从床上爬起来，以饱满的精神迎接全新的一天。

与此同时，东海岸的上午 10 点整，身在纽约的丹妮斯正在参加一次重要会议，商讨与公司一家长期竞争对手进行合并的事宜。讨论再次遇到关键点，她在大脑里冷静地向身在迪拜的 CFO 进行询问。片刻之后，她心中便出现了成功完成交易所需要的答案和策略。

同时，丹妮斯还在伊斯坦布尔遇到了大学校友、也是室友的奥利维亚。每个月的这个时候，她们都会在其中一个人的居住地见面，届时，她们愉快地喝点红酒，共同欣赏当地的美景。丹妮斯饮着令人陶醉的土耳其红酒，微笑着倾听朋友娓娓道来，不时瞭望一下撒在蓝色清真寺和六个尖塔上的金色阳光。

就在千里之外，丹妮斯正走进新加坡最火爆的新夜店 Axonia。在这里，她和几周前在复古时尚社交软件 DigiLife 上认识的一对夫妇再次相聚。就在进入夜店那一刻，每个人都被激发出一种开怀畅饮的激情。俱

乐部充斥着超强冲击力的亚音速节拍，尽管音乐音量很大，但丝毫不影响他们在思维中进行的交谈。这对夫妇的一位朋友很快加入到他们的派对中，他们把这位新朋友介绍给丹妮斯。几分钟后，四个人步入舞池。

当天晚些时候，在回到西雅图之后，丹妮斯还在停留在这一天忙碌、充实而兴奋的记忆当中。纽约的商务会谈、在伊斯坦布尔与奥利维亚度过的美好时光以及新加坡夜晚的狂欢，全部融入她的意识中，她与来自每个认知复制品的记忆实现无缝整合。这些思想的精确复制品，也成为她在全球各地的使者，让她获得原本一生都无法获得的体验，就仿佛它们是彼此独立的人生。

几十年以后，随着大脑语言即将基本解码以及众多神经认知谜团的解开，人的价值和内涵必将发生前所未有的变化。以完全保真的方式对大脑进行阅读、记录和撰写思想、经历和记忆，这种能力会让 BCI 成为水到渠成的现实。当然，将人的思维用于虚拟心灵感应、控制设备和访问巨大的计算能力，这种能力在今天看来确实难以置信。但今天已有的技术足以承载未来更宏大的现实。

几十年来，人们始终猜测和探索虚拟现实与增强现实的发展潜力。在这股潮流的起起落落中，政府、企业和公众都在思忖与考量，这些貌似前途无限但又充满挑战性的技术，到底会有怎样的发展未来。但随着神经智能技术的兴起，所有困难似乎可以迎刃而解，人们的猜疑和顾虑也荡然无存。如果技术进步达到足可刺激我们感觉中枢的阶段，以至于我们已无法区分虚拟体验和真实体验，那么，我们必将进入一段超级有趣的非凡旅程。

正如我们刚刚在上述情境中看到的那样，对真正居住在西雅图的丹妮斯本人来说，她的很多认知克隆体代表自己在世界各地参与活动。虽然它们以数字形式存在，但完全拥有丹妮斯的记忆、个性、偏好和习惯，在每个细节上都能代表丹妮斯本人。它们在世界各地充当丹妮斯的使者，就像目前所使用的虚拟数字助理一样。但认知克隆体还能更好地反应丹妮斯的需求是什么，以及她在面对给定环境时会做出怎样的反应。实际上，它们就是丹妮斯本人。随着时间的推移，即便称它们为助手或是代表似乎都不合适。因为除了没有物理躯体的参与之外，从任何角度和任何层面上看，它们都是丹妮斯。有了这种形式的克隆，我们与外界的互动自然会发生革命性的变革，尽管也会面临新技术都无法规避的挑战和伦理问题，但是可能给人类的益处也是显而易见的。

比如说，纽约的丹妮斯代表公司参加了一个非常重要的会议，会议以神经现实形式召集，而坐在对面的是另一家公司的代表的数字替身（digital double）。[㊀]两个人不仅可以在神经现实中达成有约束力的协议，而且肯定可以在更快时间内完成，毕竟，通过神经现实显然可以略去实体会议不得不满足的条件。如果把双方的体验转移到计算机中，可以想象，这些体验的发生和互动会比现实世界快上十倍、一百倍甚至一千倍。在神经现实状态下，一场原本需要本人参与而且耗时几天的谈判，或许只需几秒钟即可完成。

最重要的是，在技术支持下，丹妮斯觉得，这个虚拟自我进行谈判已完全达到游刃有余的地步。这个纽约的丹妮斯很清楚，我们所有人在决策时都要面对形形色色的体验，因此，在这些体验的范围内，它会与真实丹妮斯做出相同的反应，并得出几乎相同的结果。换句话说，丹妮斯像相信自己一样相信她的认知克隆体。

与此同时，在伊斯坦布尔，丹妮斯的另一个替身正在和老友愉快地共度美好时光。她的朋友奥利维亚当时居住在土耳其，丹妮斯以虚拟方式去探望这位老友。他们的大脑实现对接，然后，她们就可以像正常人

㊀ 数字替身或者说数字孪生已经逐渐开始指代现实世界中所有对象、过程、环境和人的各类虚拟复制品，而且它完全独立于任何智能。就本书而言，认知双胞胎（cognitive twin）是指拥有真实人全部知识的虚拟实体，但它本身未必表示这个真实人。数字替身在本质上是一个认知双胞胎，也是真实人的有形替身。

那样畅所欲言，互通有无。共享空间的幻觉由技术协商确定。她们在这个虚拟空间中面对对方，与对方尽情倾诉，还可以互相触摸和安慰，就好像丹妮斯本人身临其境。因为她们的相互感觉均通过各自的 BCI 传递，因此，这种幻觉几乎完美无瑕。唯一的问题可能在于，由于丹妮斯正在通过另一个人的感官体验金色的夕阳、建筑的曲线和城市的喧嚣，因此，这些体验可能不完全等同于通过自己眼睛和耳朵获得的体验。但是，考虑到这项技术现有的发展水平，要达到可对感觉进行过滤或调节，并最终获得与真实体验无差异的虚拟体验，似乎并不是遥不可及的事情。

新加坡夜总会同样是一种名副其实的虚拟体验，所有参与者均以数字方式加入派对。有了娱乐的驱使，技术发展的可能性也将变得无穷无尽。丹妮斯可以随时随地见到身在他方的任何人。不管在什么场合，通过软件保护措施，可以确保所有参与者遵守这个场合的统一规则。即便有人会尝试以某种方式避开这些规则，但由于真正本尊身在异地，因而不可能受到任何实质性伤害。当然，心理创伤的可能性不可避免，我们很快会探讨这个话题。

在全部细节中，对我们当前体验最陌生的特征，无疑是认知克隆体与其物理宿主之间的关系。每个克隆体都是对原始宿主大脑微观状态与宏观状态的精确复制品，因此，就是他们在那一时刻思想的实例化（instantiation）。（实例化是一个计算术语，是指完整地创造一个实例、对象甚至是操作系统级别的虚拟替身。）从那一刻起，这个复制品的思维就会根据后续体验和想法而相应发生变化。一个最恰当的比喻就是同卵双胞胎——从受精卵发生分裂的那一刻起，两个胚胎分别开始创建自己的一系列体验及表观遗传特征。唯一的细微差别在于，宿主和复制品分离的时点更晚，因此，复制品有足够时间充分复制宿主在实例化之前所拥有的思维、记忆和神经状态。

但是从独立创建的那一刻起，复制品就开始拥有了自己的生命体验，其神经状态也随之发生变化。然后，当分身与宿主再次结合时，原来已转化为记忆的体验就会与宿主本人的记忆相互融合，似乎这些记忆就是宿主本人的记忆——实际也的确如此。

这听起来似乎有点牵强附会吧？其实，我们才刚刚开始而已。实际上，这只是个简单的推断，结合了技术发展在充足时间后会给我们带来什么，它们给我们提供的竞争优势，以及对人性的考虑。正如英国科幻作家亚瑟·克拉克（Arthur Clarke）所言："任何足够先进的技术都无异于魔法。"如果说所有这一切貌似离经背道，远离我们的现实世界，那么，不妨考虑一下我们自己的技术观。让时间回到 20 世纪初，如果以某种方式将联网的智能手机交给一个精通技术的人，你认为他们会怎么做？在 21 世纪剩下的 80 年里，BCI 和相关技术的发展或许会经历几个阶段。在最初阶段，控制和通信能力会逐渐细分化，但是在本章所述技术成为现实之前，显然还需克服其他诸多障碍。

最初，人们只是把 BCI 当作一种控制外部设备并与之互动的手段。从利用计算机终端拼写单词，到操作电动轮椅，早期研究的核心就是恢复身体和大脑失去的功能。随后，研究开始转到另一个方向：探索把信息和记忆植入受体大脑的方法。例如，杜克大学在 2013 年开展了一项神经生物学研究，研究人员把两只老鼠放置到不同位置，而后，让它们的大脑成功地建立起神经联结，并分享各自的感觉和信息，共同解决问题。一年后，麻省理工学院神经科学家史蒂夫·拉米雷斯（Steve Ramirez）及其研究同事刘旭利用光遗传学技术，把一只老鼠的记忆传输给另一只老鼠。

技术研发沿着这条路线继续前进。2017 年，由华盛顿大学计算机科学教授拉杰什·拉奥（Rajesh Rao）领导的研究团队创建了"脑联网"（Brainnet），即，通过神经关联把三名人类志愿者的大脑联系起来。在玩俄罗斯方块的升级版游戏时，一名志愿者亲身控制游戏操作，而其他两个人则通过思维意识向前者发送信息，告诉第一名志愿者如何旋转屏幕中正在下落的每个方块。尽管这种信息传递的方式非常低级——信息在第一个人的视觉皮层中转化为一道闪光，但足以证明这个概念的可行性。

让记忆和实时信息实现双向通信的几种早期方法，也为这项技术进入下一个发展阶段奠定了基础。在 21 世纪的整个 20 年代，我们将会看到，BCI 研究会在若干方面取得进展，并在细节性和准确性等方面继续改善阅读思想与记忆的能力。在光遗传学和深度学习神经网络等基础技术的引领下，在读取大脑信号方面有可能取得更快的进展。随着阅读和解读大脑信号能力的不断成熟，我们完全有能力对大脑的“语言”或代码取得更新、更深刻的洞见。

一旦成功地对这些信号进行解码，那么，我们对于如何把信息准确传输给大脑的认识自然会得到飞跃性提高。随着时间的推移，借助更先进的生成“输入”方法，分辨率和细节都将得到大幅改进。不过，虽然创造和传输记忆的能力可能还需要数十年才能达到商业化程度，甚至会拖到本世纪后期，但与此同时，我们可能以其他方式实现更精确的声音及图像传输。视觉和听觉皮层分别通过视觉神经和听觉神经接收来自外部世界的印象。因此，人工耳蜗可以绕过耳朵的外部器官，通过直接刺激听觉神经来恢复听力，这项技术已出现了几十年。人工视网膜是刚刚出现的新发明，它不仅可以恢复患者眼睛对光线的敏感度，甚至可以让人看到形状。这些视网膜植入物与视觉神经通路上的不同点位实现连接。实际上，在这两种方法中，设备均直接连接神经系统并对其发送信号，而且这些信号可转换为使用者能感知的视觉和声音。未来或许会证明，以这种方式对接人脑的感官神经通路，或许是一种更简单而且侵入性更小的方法。

下一阶段，脑机接口的各种能力及相关技术也将进入不同的发展水平，但这并不妨碍它们运用于更多用途。正如游戏玩家已开始尝试脑电图 BCI 一样，医学和神经心理学等其他领域，也将成为这些更先进设备的早期试验场。届时，我们或将让这些技术在其他领域发挥更多价值，而对竞争优势的追逐会促使个人和企业最终接受它们。

将 BCI 用于医疗应用程序，为已丧失部分身体和认知能力的患者的康复路径创造了契机，但目前的技术水平还未达到最基础的实用性及安全性标准。按目前发展速度，可以预见，DARPA 会推出某种形式的重大倡议或项目，以推动现有技术继续发展。其他国家当然不会袖手旁观，只不过很多国家尚未公开他们在相关领域进行的开发。

一旦攻克理解人类大脑语言这个难关，其他几个方面就有可能水到渠成。如果能以接近完全保真的方式对大脑实现读写，那么，我们很快就能充分理解这个器官，并对它进行逆向工程。虽然我们或许无力进行生物复制——现有以及未来可行的方式依旧是体内植入，但有些人仍坚持认为，一旦达到那个阶段，我们完全有能力在计算机芯片上复制人类大脑。届时，一切事情皆有可能，当然，也会引发某些顾虑甚至威胁。不过，我们首先需要考虑的问题，是可能性，而非优劣性。

不言而喻，神经元和晶体管是两种完全不同的事物，但有时真理往往需要不断重复才会被接受。在很多需要精确建模和模拟的特征中，细胞内外的梯度浓度、电压门控的钾和钠通道以及神经递质的作用只是一小部分，而且也并非一蹴而就的事情，往往可能需要经过数百亿次的重复。在以足够精度完成数百个模仿之后，自然就有可能实现以数字方式克隆人类大脑和思想的能力。但如果低于某个未知临界值，就有可能瞬间崩盘。而在介于两者之间的某个区域，则会引导某些异常奇怪的甚至是所谓的“恐怖谷”行为。（“恐怖谷”是指在面对某种自然特性或生命体的人工复制品时——如动画人物、人形机器人或是合成声音，人们会产生不适甚至排斥性心理反应。通常，当复制品已近乎完美但还不够完美时，就会发生这种情况。）

在以电子方式复制人脑时，不完美复制带来的问题就是我们无法预测它会如何出错，以及何时出错。而且这种出错可能是彻底失败，至少在表面上即可识别。但如果缺陷跨过某个未知临界值，那么，复制品可能会在一段时间内貌似完美无瑕，直到我们在某个不合时宜的时刻发现，它并非如此。

那么，我们该如何调和这样的矛盾呢？在这样的背景下，我们该如何把重要且特别关键的任务托付给数字复制品呢？统计方法或许可以给我们提供答案。

在创造人工思维的初期，会有很多缺点和失败。投入时间、研究和金钱，这些认知克隆体的保真度会提高，但我们不太可能突然从不足过渡到完美。一旦达到缺陷程度降低的中间阶段，我们就可以使用可靠性标准，将认知克隆体的使用限制在与风险水平相称的任务中。随着时间的推移，假设可靠性持续提高，对克隆体的标准和信心将继续发生变化，人们对复制品的信任度越来越高。这个过渡期会需要几十年、一个世纪，还是更长时间？从我们目前处于 21 世纪初的位置来看，现在说还为时过早。

与很多技术一样，当认知克隆体足够好的时候，它会在任何潜在竞争对手进入市场之前就被抢购一空。早期采用者将使用和测试它，让新技术步入正轨。竞争公司和产品将努力改进早期版本。随着新行业的进步，技术、质量和安全标准也会发展。从这些开始，支持设备、附加组件和基础设施的生态系统将发展起来。

随着认知克隆的成熟，它可能会很好地支持引领大脑和数字资源更强大整合的进步。以可能是我们现时世界的一千倍的运行速度运行认知克隆体版本的能力可以极大地推动研究，产生新的科学发现；尤其是当认知克隆体包括专家或高级研究人员和理论家团队，使用高度准确的虚拟实验室和环境时。像这样的克隆体可以在几天内完成工作，否则可能需要数年时间。

认知克隆体不应加速体验这个虚拟环境，以防这个像我们自己一样的有知觉、有情绪的事物感到过于突兀，以至于产生畏惧感。在虚拟同事与虚拟亲人的包围下，他们也会过着和你我一样的生活。只有对真实的人或是在实时环境中运行的认知克隆体，他们的生活节奏才会显得越来越快。[一]但是在分享新取得的知识时，无论是通过媒介计算机，还是与其原始宿主重新集成，这种差异都会变得非常明显。

在这种情况下，一个非常严重甚至无法克服的问题，就是加速克隆体与实时宿主的重新集成。考虑到体验在时间框架上会存在差异，因此，记忆和经验的重新结合是否可能？或者说，是否可以吸收适当程度的差异——比如说实时体验的两倍或三倍，而更大差异则无法调节？随着技术的成熟，这种可以接受的时间差异可能会逐渐提高。但总会出现一个上限，一旦超过这个上限，克隆体将与宿主无法结合，整个过程不能生效，或者说，至少无法正常可靠地生效。此时，它有可能招致心理健康问题、脑损伤甚至更严重的问题。但答案至少在目前不得而知。或许在经过长年训练之后，有一天，我们只用几分钟时间便启动了自己的认知克隆体，并与之形成完美整合——于是，我们突然成为大学学位的获得者，或者意识到："我会功夫！"

一旦达到商业化阶段，就会体现出经济规律和人类行为的影响。富人和高阶层人群始终是新技术的最早尝试者。这种趋势依旧不会消失，而且在 BCI 时代只会进一步升级。当初的手机以及后来的智能手机，让拥有者比非拥有者享有着天然优势，BCI 也会带来同样的结果。而拥有 BCI 带来的竞争优势显然是手机或是智能手机无法比肩的，这种优势可能是压倒性的，而且不断升级，因为 BCI 技术会让用户的智能实现快速提升。

可以设想，在被早期使用者采纳的最初阶段，用户可以通过互联网

[一] 如果在地球上以某种方式观察。他们之间的差异很像是以相对论速度移动的同卵双胞胎。根据爱因斯坦的狭义相对论，对行进中的认知双胞胎而言，时间会显著减慢。

以及附近的存储及处理设备访问相关资源，就和今天的智能手机几乎没有区别。随着计算机尺寸的不断缩小，而且越来越多的计算资源渗透到我们的环境中，获取资源的方法和来源将取决于其发生的时间。“普适计算”（pervasive computing）让我们的全部数据和账户均可随时随地被访问。但在此之前的过渡时期，我们使用 BCI 的方式，与智能手机、智能眼镜和智能隐形眼镜等其他新型界面几乎没有区别。与这些早期接口技术一样，高级 BCI 将被用于引导半智能软件代理执行更多任务。

但是在某个时点，更先进的 BCI 将与我们大脑的不同部分实现进一步集成。利用这些集成度更高的 BCI，我们可以把某些思维和记忆数据分配给执行辅助处理任务的远程服务器。以这种方式扩展我们处理认知负荷的能力，无疑将成为我们进入人类超级智能道路的更高级阶段。

这种增强型大脑的一个重要特征，就是它能存储记忆以及对记忆进行选择性或完整检索。直到今天，我们对自身的关注还仅限于一小部分，而且即便对这一小部分的记忆也并不完整。根据很多心理学研究，我们所关注以及能回忆起来的经历，在很大程度上偏向于有情感成分的事件，很多最强烈的联想和记忆几乎都与负面情绪有关。当然，要毫无失真地保留生活中的每时每刻，不仅不现实，而且会带来很多问题，但如果能根据具体需要，有选择性地快速找到某些细节还是有很多好处的。无论是在五年前读过的一份报告中找回数据，还是回想一位普通同事的生日，或者刚才把增强现实眼镜放在什么位置，回溯这种信息的能力或许都是有意义的。

至于认知卸载（cognitive off-loading）技术，它到底会发展到何种水平呢？基于当前针对持续可扩展云计算资源创建的模型——包括亚马逊网络服务，最终有一天，它的唯一上限或许就是你的钱包。在这种情况下，购买这种资源的决策最终完全依赖于购买人的财富实力，这就有可能导致超级智能拥有更大权威，进而造成强者愈强、富者愈富的两极分化。

很容易想象，BCI 技术将会改变我们生活与社会的方方面面——从开展业务的方式，到我们的社交方式，再到我们的消遣和娱乐方式。一种被称为“思维播送”（mind casting）的娱乐类型，注定会日渐流行。而雷·库兹韦尔则把这种娱乐称为“体验发光”（experience beaming）。

假设我们能记录和传输自己的体验，这些体验既可以简短也可以经过扩展，既可以未经更改也可以经过大量编辑。现在，我们把这个体验直接传输到另一个人或一千个人的思维中。这个过程就是“思维播送”。如果内容的发起者是明星、名人或是某个冒失鬼，人们会支付多少费用来获取这些体验呢？对新素材会有多大需求呢？

毫无疑问，某些完全沉浸式体验会采取脚本方式，具有特定的故事情节和人物轨迹，而某些体验可能会采取更自由松散的方式。有创造力的讲故事者可以直接从想象或现实生活中截取故事和图像，作为思维播送的素材推送给消费媒体大众。

如果允许观众假扮另一个人甚至是某个名人，那么，这种技术可以达到更高境界。可以想象，作为备受尊敬的名人，四处走走并体验生活，不仅让这些创作者获得更多素材，还能把这些素材转化为财富。在夫妻之间，甚至可以使用思维播送技术了解对方对某些问题的观点，包括心理等方面。显然，它的潜在用途是无止境的。

长期以来，电子游戏始终是科技世界的一个重要领域，包括《第二人生》（*Second Life*）、《模拟人生》（*Sims*），以及《魔兽世界》（*World of Warcraft*）和《最终幻想》（*Final Fantasy*）等“大型多人在线角色扮演游戏”。但是，凭借将思想与计算机联系起来的能力，用不了多久，这些想象中的虚拟世界或许就会成为我们日常体验中的一部分——只要这些体验具有足够的质量和保真度，人们就不会再把它们当作想象的事情。此时，虚拟世界与 IRL（现实世界）的区别瞬间会不复存在。

这些技术有一天是否可以让人把自己的思想全部上传到数字平台呢？或许吧。虚拟生活的一个最大优势在于，它能让我们体验到我们所需要的任何生活状态，能得到什么样的体验，完全取决于我们愿意得到怎样的体验。考虑到生物体受到熵的限制，因此，要不断延长我们的寿命，自然就要攻克更多的挑战。尽管能量和信息不可避免地受到限制，但随着时间的推移和技术的发展，它们克服限制的能力也会不断提高。

生活在虚拟世界中的另一个好处，就是我们可以改变时间，完成时空穿越。只要有相应的技术，就可以轻而易举地提高处理速度，用我们思维中的一天时间走过想象中的百年寿命。当然，我们可以无止境地延伸这个时间段，可以是数百万年，甚至数十亿年——它毕竟只是我们因主观意愿而设定的时间。

当然，对于某些人或者每个人来说，在虚拟世界中的最终目标，就是实现数字永生。当然，这种永生并非是指死后被人们所知或是死后成名，而是在网络上的真正永生。在存在意义上说，活着就意味着某一天会死去。但如果由生而死不再是宿命式的结局呢？如果你能在 20 岁、30 岁或是其他某些你希望的年龄上，永远地活下去，那会出现什么情况呢？如果你的朋友和家人永远不会死去，而且疾病和衰老都已成为遥远的过去，又会怎样呢？理论上，上传思维即可做到这一点。

尽管从目前角度看，这听起来依旧是推论，但神经科学家大卫·伊格曼（David Eagleman）曾指出，他相信，我们将有足够的计算能力在 50 年后实现思维上传，也就是说，这个时间应该在 2070 年左右。[㊀]相对于雷·库兹韦尔预测的 21 世纪 30 年代后期，伊格曼的预测也只晚了几十年而已。此外，伊格曼还进一步指出，要实现这个目的，完全无须在实时状态下进行仿真。因为对数字思维来说，系统按实时速度的若干倍运行，是完全可以实现的。

㊀ David Eagleman, "Silicon Immortality: Downloading Consciousness into Computers," *This Will Change Everything: Ideas That Will Shape the Future*, John Brockman, ed. (NewYork: Harper Perennial, 2010)。

实际上，只要达到可创建高保真认知克隆体的地步，就可以实现思维上传。正如我们在第一章针对数字文明的探讨，人、社会甚至整个世界都可以选择以数字上传形式实现永久存在。不过，除寿命之外，目前要做出这样的决策还需要考虑其他若干因素。比如说，预期的行星灾难，或是让地球维持远超过现有承受能力的人口规模，就是两个典型理由。

这或许需要巨大的处理能力，但这并不意味着，未来的全脑仿真依旧会消耗这么大的能量。因为摩尔定律不仅体现于芯片中的晶体管数量，还体现于效率和速度。组件的小型化趋势表明，每个时钟周期所耗用的能量会持续减少。那么，我们能否成功实现低于生物细胞水平的效率呢？答案几乎是肯定的。我们需要以对更强大智能的更多需求来实现它。

到 2020 年为止，我们距离拥有能完全模拟人脑的计算机可能还有一段时间。但可以期待的是，实现那一天的日子不会太遥远。从那时起，只要维持目前的技术发展趋势，摩尔定律或类似范式，完全会让这种计算机可处理的人数持续翻倍。

需要明确的是，任何系统的发展都不可能没有约束，摩尔定律也不例外。总有一天，这种趋势真的会不复存在。但那一天显然还非常遥远。几十年来，始终有人在宣扬摩尔定律的终结，但那始终并非现实。新的发展层出不穷，[㊀]足以让这个规律至少再延续数十年，在此期间，又会有其他新方法不断扩展它的范围。尽管我们已经大大缩小晶体管和组件的尺寸，但距离原子级的真正极限还存在若干数量级的距离。在谈及纳米技术的未来时，诺贝尔奖获得者物理学家理查德·费曼（Richard Feynman）在 1959 年发表的论文预言：“底部有足够的空间。”

从计算机可以模拟一整个人脑的那一刻起，处理能力经过 30 次倍增，就可以带来超过 10 亿个大脑，[㊁]再经过三次倍增，大脑的数量将超

㊀ 空气通道晶体管和二维半导体只是实现这项技术的两种潜在方案。

㊁ 实际上，2^{30} 等于 1,073,741,824。

过 85 亿。这种倍增的时间间隔可能是一年、两年或者三年，有一点是可以肯定的，这个未来正在迅速逼近。正如下一章所述，诸多理由促使我们可以预见，未来实现翻倍的速度还会进一步提高。

但数字仿真当真可以复制人类的大脑、思维及个性吗？在这个过程中，我们会不会因小失大，丧失某些更重要的东西呢？或许吧。但这实际上取决于仿真的准确性。发明家和未来学家雷·库兹韦尔为我们讲述了一个例子：扫描一个活人大脑中的某个神经元，然后用一个能完全执行该神经元全部原始功能的数字芯片取而代之。在这种情况下，很少有人会质疑，这个人与被替换某个神经元的人依旧是同一个人。如果把这个人的全部 860 亿个神经元替换为芯片，情况也应该是一样的。如果我们不断重复这件事，那么，这个人会什么时候彻底丧失自己的原始属性呢？或者说，在哪个时点，这个人已不再是原来的那个人？只要人工神经元还是原始神经元的高仿真复制品，那么，这一刻就永远不会到来。但人工神经元真的永远都只能是复制品吗？

希腊历史学家和散文家普鲁塔克（Plutarch）在大约公元 75 年讲述的一个故事，或许可以回答这个问题。“忒修斯之船”是神话中的国王和雅典创建者的东西，因此被人们保存下来。人们小心翼翼地让它保持原样，无论是船桨、船板或桅杆发生腐烂，人们马上会把腐烂的部件进行更换，希望把这艘船完整地留给子孙后代。最终，这艘船的每一个构件均被更换。到此为止，人们还能认为，这依旧是忒修斯曾经驾驶过的那艘船吗？

只能用矛盾论的观点回答这个问题：它既是，又不是。从功能上说，这艘船丝毫没有发生变化。之所以会出现悖论，是因为这艘船上已不存在任何一个原始构件。希腊哲学家赫拉克利特[1]认为，用河流的隐

---

[1] 古希腊哲学家赫拉克利特（Heraclitus）生活在普鲁塔克之前的几个世纪。矛盾之船也是柏拉图及其他哲学家几个世纪以来经常讨论的话题。

喻更容易理解这个问题。赫拉克利特指出，虽然河流中的水始终在不断变化，但它依旧是同一条河流。从本质上，它作为“河流”状态的涌现大于其任何构成要素。

从人的角度说，我们确实应该感谢这个悖论。正如我们体内的细胞不断变化、死亡并以新的细胞取而代之，我们才能生存下去。形成血管的上皮细胞大约每5天就要更换一次，皮肤细胞的寿命约为2～3周，红细胞的寿命约为4个月，脂肪细胞可以生存8年。一个经常被引用但明显不准确的统计数据是，我们体内的细胞平均每隔7年更换一次。但也有一个例外：我们的脑细胞会伴随我们走过一生，即便死亡，也永远不会被替换，这就是说，它不具有再生性。

但这种说法其实并不完全准确。大脑中的很多细胞也会被经常替换，尤其是构成海马体中齿状回的神经胶质细胞和神经元细胞。[一]但皮质柱等其他很多结构中的神经元确实永远不会被替换。因此，这就必须考虑自我意识的连续性，即，我们都认为，我们始终都是原来的那个自己。这应该不是什么令人纠结的概念，但它同样存在一个严重问题。我们体内的每个原子、包括神经元中的原子，大约每隔5年更换一次。这让我们再次回到前面提到的悖论——我到底还是不是我。

显然，按照我们的自我意识，“我”不只是体现为大脑中个别构成要素的持久性。如果每个原子都发生改变，那么，每个细胞实际上也发生改变。即便如此，我们的思想依旧存在。因此，等效的过程和结构必然产生等效的属性，至少在我们自己和周围人的可识别范围内，我们并未因为细胞的变化而发生变化。

从这个角度出发，我们可以假设，如果以足够高的精度复制出我们的神经元及其权重乃至其他结构，尽管这些神经元是人造的，但我们的

[一] 由于齿状回有助于建立情景记忆，因此，人们推测，这些细胞的不完美替代性会导致我们的长期记忆发生变化和消退。

思维依旧维持原貌。

当然，这必然会引发某些伦理和法律问题。如果你的神经元已完全被人工神经元取代，而且你始终认为自己还是原来的自己，但是从法律角度看，你还是原来的那个你吗？如果答案是肯定的，那么，对于一直被使用软件不断模拟的认知克隆体，这又意味着什么呢？

如果按相同方式，在计算机内完整地模拟出这些神经过程，那么，基于前面的论点，为什么不把这些克隆体视为等效的存在呢？如果被模拟的人与克隆体是等价的，那么，我们的法律制度难道不应该把克隆体视为被模拟的人吗？

认知克隆技术确实给法律带来了某些特殊难题。如果虚拟替身犯罪，那么，是否可以认为它的物理本体或宿主也犯罪了？如果认定宿主本体没有犯罪，只有实施这个犯罪行为的克隆版本应受到惩罚，那么，当这个认知克隆体与物理本体重新融合后，会发生什么？犯罪行为可以被一笔勾销吗？或者说，既然虚拟替身的记忆、经历和存在已构成宿主本体记忆、经历和存在的一部分，那么，我们是不是也要惩罚这个宿主本体呢？此外，法律应如何惩罚虚拟替身呢？对于有意识的虚拟替身实施的预谋性犯罪行为，应采取怎样的具体处罚形式呢？

我们会看到这种技术将如何颠覆人的大部分思维。例如，如果你将财产留给认知克隆体，该如何适用继承法和税收条款呢？从某种意义上说，难道不是把财产留给自己吗？如果不能从诸多方面考虑这些法律问题，财富就可能会不断集中到越来越少的人手中，很可能会有一只看不见的手。

从个人经验的角度看，思维上传还会引发很多其他问题。在理论上，把一个人的思想上传到计算机确实可以让这个人无限生存下去，至少思维可以继续生存，但这只是一个观点问题。对其他人、家人、朋友和熟人来说，这个人的上传版本或许与以前的原始本体确实不存在任何区别。上传的替身也可能会觉得，他们始终就是同一个人，因为他还在延续本体以前的真实生活，只是现在的生活存在于数字形态。

但对最初的真实人来说，区别就很大了——因为未来根本就不存在。尽管替身可能会无限期地存在，但与原始本体的体验没有任何关系。尽管物理大脑可能已被详细扫描，并在超级计算机中被复制出来，但原始本体永远不会体验到这种被延长的生命。除非他自己的大脑和身体以某种方式获得物理性增强，与这些体验共存，否则，这个原始本体会衰老、日渐虚弱并最终死去。这个人最后意识到的事情，就是死亡那一刻的平静、恐怖或是冷漠。

同样具有讽刺意味的是，虚拟替身可能会在足够长时间维度上获得类似体验。尽管我们或许希望个人生命的数字版本永远存在，但这同样是不可能的。

在发表于2017年的一篇论文中，亚利桑那大学数学家保罗·纳尔逊（Paul Nelson）和乔安娜·马塞尔（Joanna Masel）指出，由于细胞内的竞争，生物永生在数学上是不可能的。[㊀]他们在随后进行的讨论中进一步证实，这种限制也将扩展到软件和数字复制品。复制行为难免会引入错误，竞争因素也是如此，比如生物系统中的癌细胞和电子系统中的软件病毒。问题的关键在于，既然我们拥有一个高度复杂的低熵系统，那么，除了接受这个系统，我们别无选择。无论是依靠免疫系统、智能纳米机器人还是某种形式的纠错软件，在尚未创建完美决策过程的情况下，难免会出现误报或错报。要提高系统的警惕性水平，就会相应增加误报的数量，让更多的健康细胞被错杀。在生物系统中，我们把这种情况称为“自身免疫性疾病”（autoimmune disorder）。由于系统不能秋毫不差地精准捕捉并杀死全部恶性肿瘤——无论是癌细胞还是恶意软件，

㊀ Paul Nelson and Joanna Masel, "Intercellular Competition and the Inevitability of Multicellular Aging," *Proceedings of the National Academy of Sciences*, December 5, 2017, 114 (49): 12982 - 12987, www. pnas. org/content/114/49/12982。

就会造成假错误，而这自然会带来退化和老化。最终，这又变成一场与熵对抗的古老战争。除非我们能进行完美无暇的错误检查——但这在很长时间内还无法实现，对真正不朽的追求依旧还是一场不切实际的美梦。

需要强调的是，正如全球社会的发展加大了我们的能源需求，对增强人类智能的追求不仅会延续这种需求，而且只会让这种需求不断加剧。即使计算和人工智能最终达到人类水平的能量效率——这本身就是一个巨大挑战，但我们显然不能让效率停留在仅能维持现状的水平。加速智能增长就需要耗用额外的能量。备份和其他形式的冗余会增加能量需求，减少甚至消除系统固有的退化，同样要消耗更多的能量。简而言之，在我们作为一个物种的未来存在时间内，能源需求量必将进入指数增长曲线中最陡峭的一段。

最后，我们还要提及一个有趣的现象，在本质上，我们追求脑力增强和永生，就是在追求未来行动自由最大化的梦想。在这个追梦的历程中，我们不断汇聚和消耗更多的能量，不断提高我们这个存在体的能量率密度。虽然这会减少局部的熵，但却会增加熵的总量，一点点加快宇宙运行。这也是我们将在后续章节不断看到的现象。我们的旅程还将继续，直到宇宙的尽头。

第十六章 思维多样性

“人类的目标到底是什么？我相信，我们最先想到的答案是：人类的目标就是发明生物学无法进化出的新型智能。”

——凯文·凯利（Kevin Kelly），编辑、作家及技术展望者

考古学家普莱姆拿着古代量子存储单元上残留的数据碎片，陷入了沉思。在经过数百毫秒时间的停顿之后，这位当下知名历史学家转过身，对着坐在身边的得力助手说：

“干得太漂亮了，AI－315Z22。这是一项具有挑战性的取证工作，但你还是设法检索出这么多信息，确实远远超乎我的想象。这个数据人工制品填补了数字化石历史中一个非常重要的空白。”

听到如此令人振奋的称赞，身形小巧的AI高兴得颤抖起来。

“确实如此，”考古学家普莱姆继续说道，“我正在研究的论题就是第二次寒武纪大爆炸，基于AI的架构在22世纪的第一个十年里发生变化，从而带来这个世纪的智能大发展。在那之后，人类及AI创造的很多智能迅速发展。‘认知体’从‘后续体’中分离出来，并最终形成完整的‘等效体’。在一千年中的这个短暂时间里，我们今天所知的所有主要智能门全部创造完毕。你是那个时代第一代法医机器人的直系后裔。”

AI赞许地发出啾啾声。

考古学家继续说道：“当然，按照我们现代的标准，那些机器人确实太过于原始了。”

助手 AI 发出一连串高频声音。

考古学家普莱姆厉声说道："别发出这样的腔调。我可不是诽谤你的祖先。我只是说，你比祖先进步得太多了。实际上，我们都已经迎来了很大发展。比如，如果我没有这些湿件和硬件组合，我也不会成为今天的我。我们的每一种智能，都起源于杂交人出现后的那个快速物种形成时代，并在那个时代涌现而成。他们是人与机器的结合。从那时开始，我们今天所说的庞大智能生态系统，开启了新一轮的进化与演变。其中就包括你刚刚找到的这个标本。"

AI－315Z22 发出一段精心制作的颤音。

"真的，你确实很棒，不要客气。"

在 350 万年的时间里，智人及其原始人类祖先始终在地球上占据了独特的生态位。作为一种相对普通的灵长类动物，我们最初经历了各种幸运的环境条件，并进化出一系列独特而有意义的认知功能。在我们的大脑中，各个区域在不同认知能力的方向上持续发展和趋于专业化，而其中的大部分功能对于我们这个物种的繁衍生息至关重要。

带刃石器的出现不仅为我们创造了更多的生存机会；而且随着时间的推移，也强化了我们的运动控制能力、注意力以及学习和回忆复杂连续步骤的能力。另一方面，把这些知识传递给后代的能力，也增强了大脑中负责交流和社交互动的区域。创造石器和传递知识的能力，再加上某些偶然性基因变化，对后来复杂语言的形成和发展至关重要。这些相关因素相互叠加，共同让我们成为这个星球上唯一拥有先进技术的物种。迄今为止，人类依旧是这个星球上独一无二的群体。

但是，对于智能到底是什么、如何工作及其可能存在的目的，我们人类的想法往往容易出现偏见。在讨论高级人工智能的未来发展时，我们通常会将它们称为"通用人工智能"，或 AGI。但事实上并不存在真正的通用智能。构成人类思维的很多智能代理（intelligent agent）还远远达不到“通用”的水平，相反，它们对人类这个物种具有高度的针对性和专用性，未来的其他任何“通用智能”或许都不会例外。我们将自己头脑中发生的事情称为“通用智能”（general intelligence），其实理由很简单——因为这也是我们所了解的唯一思维形式。这是一个完全以人类为中心的观点。正如托马斯·内格尔在“做一只蝙蝠是什么感觉？”一文中所言，我们根本不可能理解另一个物种的内心世界，对人工智能也不例外。但这不等于说，其他形式的智能没有意义。只是目前还不存在比人类更高级的智能物种。考虑到我们人类所独有的起源、生理、身体结构及生态环境，最高级的智慧就是能让某个物种在其生态位中实现永存的智慧。

我们或许还需要借助其他方式，以不太拟人化的方式理解所谓“通用智能”的内涵。根据机器学习教授托马斯·迪特里奇（Thomas Dietterich）给出的定义，“‘通用智能’是一个可在多种目标和环境下合理运行的系统。”[1]在很多方面，这个说法似乎包含了我们所关注的大部分含义。

学会反思和考虑我们在这个世界中的地位，往往会促使我们假设，我们应该远比现实中的自己更特别。这些能力主要归功于语言的形成和发展。如果没有语言带来的大量概念和关系，不仅各种形式的元认知会受到限制，我们彼此分享这些知识的能力也会受到制约。

正是凭借这种创造和操纵概念的能力，我们一步步地走到今天，不断构建出覆盖一系列不同智能领域的技术。虽然还算不上我们所说的通用智能，但很多技术在其自身非常狭窄的范围内显示出超人实力。当然，这只是一个开始。正如我们所见，虽然 AI 能实现很多惊人之举，但它们还不能以人类的方式实现这些壮举。但这终究是好事，如果我们

[1] Thomas G. Dietterich, Twitter Post, January 7, 2018, 11: 45 p. m. , https://twitter. com/tdietterich/status/950272241106804737。

设法将它们设置成像我们这样去处理任务，那么，这些 AI 的很多神奇功能或许无法实现。这些技术之所以对我们意义非凡，原因恰恰就在于它们与人类截然不同。有关地球的文献资料不计其数，人类显然没有能力定位和访问隐藏在这些书籍和文章中的某一句话，但搜索引擎可以在几分之一秒的时间内完成任务，而且可以不分昼夜地重复做这件事。同样，由人工进行复杂计算，或是从数百万个文档或图像中挖掘隐藏模式，可能需要花费数年时间。这些都是让系统大显身手的地方，而且也正是这种不同于人类及其思维方式的方法，才显示出它们的巨大价值。

当然，我们日常面对的人工智能其实很有限，因而也很脆弱，但这种情况很快就会发生改变，而且变化的速度可能超过大多数人的预期。但这些 AI 的适应能力到底如何？为它们注入更宽泛、更通用的智能需要多大的成本呢？

不管自然设计还是技术设计，专业化都要付出代价，泛化也是如此。不仅对智能如此，其他任何物理特征都不例外。每个动物物种都只能把有限的精力用于某个特定的表型特征。例如，驯鹿将很大一部分能量用于生长和维持巨大的鹿角。对我们人类来说，在我们消耗的全部能量中，约 1/4 用于大脑。因此，每个特征消耗的资源，都会限制可用于发展和维持其他特征及功能的资源。同样，为计算行星轨道而优化设计的计算机，肯定不擅长处理自然语言。当然，也可以在设计时兼顾若干功能，但这样的全能型系统的性能和处理能力上肯定不及专用系统。可以设想，如果一台机器能像鸟一样飞，也能像鱼一样游泳，而且还能像鼹鼠那样挖地洞，而其他三台机器则分别针对每项任务进行优化设计，相比之下，第一台综合性机器在这三个方面的能力肯定不及这三台专业设计的机器。

今天，这种发展还要继续得益于市场力量的推动——确切地说，是以人为中心的市场力量。促进公司发展的战略和决策、个人对成功与成就的追求以及国家发展规划所带来的竞争力，当然，还有我们与生俱来的好奇心，至少在未来几十年内依旧是推动科技发展的仅有动力。这些市场力量当然也是继续推动专业人工智能发展的基本动力，毕竟，我们需要这些系统帮助自己探索和控制这个不断加速、日益复杂的世界。无论如何，我们已经有能力创造出与人类水平相当的“通用”智能，只不过把它们称为“婴儿”。人工智能对我们的价值在于，它能做到我们永远做不到的事情——不管是处理速度，还是对庞大的数据进行研究并挖掘模式的能力，都是人类自身永远无法达到的。当然，尽可能让这些“专家”拥有通用智能，也意味着它们将无法按最高标准执行某些专业任务。

这并不是说，我们不会构建出通用人工智能（AGI），但的确需要以牺牲其他更专业的功能为代价。但是和我们人类一样，AGI 也可以根据需要利用其他系统，把更专业的任务交给更专业的系统。至于究竟作何选择，完全依赖于经济学规律。

随着时间的流逝，这个领域必将出现很多新的参与者。当人工智能拥有足够的意愿和能力时，我们或许会看到，人工智能不仅会设计出更新、更高级的人工智能，而且还能改变自身架构。正如以前基于算法的设计，这同样有可能带来不同寻常甚至是意想不到的结果。

一个典型的例子，就是美国宇航局艾姆斯研究中心在 2006 年创建的演化天线，这是一种使用演化计算方法设计的天线。按照遗传算法，研究人员使用计算机为美国宇航局的“空间技术 5 号”（ST5）卫星设计天线。由此得到人类工程师完全想象不到的设计方案。这种天线的外形类似一个精心弯曲的回形针，它使用某种算法对自然选择的若干方面进行模拟。该项目最初采用了几种备选设计方案，然后，使用遗传算子、基因重组以及迭代式基因突变的组合，对这些方案进行适度修订。最后，将这些方案代入“适应度函数”，以识别出最优设计，并传递给下一代。这个过程需要重复数百次，直到满足预期要求为止。

同样，随着计算机和 AI 越来越多地参与到自己的设计和再设计过程，我们完全可以期望，它们最终将找到人类计算机架构师无法发现的方法。从用于优化新功能的新方法，到以仿生模型为基础的创新，我们将会看到，计算机将不断创造出人类思维所无法想象的方法和设计。

因此，我们此时此刻拥有大量推动多元智能发展的终极驱动力：①市场力量，这种力量可以来自企业、政治或是个人；②由拥有充足能力的人工智能制定和执行的决策；③人类的好奇心，一旦存在某种方案，就会激励人们去探索以新的架构打造新的思维。

迟早有一天，这些驱动要素将会缔造出一个庞大的智能生态系统，主导我们的现实世界，甚至是更大的世界。和生物物种一样，这些智能最终还会填补很多目前尚未开发的生态位。在自然界里，新的植物和动物物种会给其他物种带来新的生态位，同样，随着新型智能的不断发展，它们也将创造出更多新的生态位。这些形形色色的智能和思想继续衍生扩散，并最终形成一个巨大的领域，而人类生物智能或许只是其中很小的一个生态位。

这里也是我们探讨智能（intelligence）、大脑（brain）和思维（mind）这三个概念的合适时机。围绕其中每个概念都存在众多定义，但为了方便起见，我们不妨只看看三者之间的部分差异。

在本书开始，我们就已经提到一个观点，即，从最广泛的意义上看，智能是指系统通过适应变化以最大限度提高未来可选范围的能力，特别是关于个体和物种的生存和延续。但这个定义可能只适用于单细胞微生物、鱿鱼或人类。随着人工智能变得越来越复杂，处理信息的功能也逐渐成为智能的重要标志。

在撰写本书时，大脑仍是一个完全具有生物学性质的器官，其生长方式是根据由 DNA 定义的指令，对一系列循环结构进行组织。虽然我们可以通俗地把某些人工智能称为脑，但迄今为止，还不存在一种人工智能在复杂性和能力方面接近哺乳动物的大脑。即便是对只包含 135,000 个神经元的果蝇大脑进行的完整仿真，我们依旧觉得难以把握。

虽然我们可以把AI程序以及后来的AGI称为脑，但这毕竟只是人们目前采用的一种比喻手法，或者说，我们希望把正在追求的目标形成通俗易懂的概念。

另一方面，思维是大脑或其他可实现智能结构的涌现特性。因此，只要愿意，我们完全可以把它称为智能的一个子集，因为并非所有形态的智能都要形成思维。蛔虫的大脑也会影响它的智能行为，但可能不会带来被我们称为思维的任何涌现现象。因此，可能存在一个针对复杂性的最低限度，只要超过这个限度，就必定会涌现出思维之类的事物。那么，人工智能会达到这个复杂性限度吗？很可能。最终，会有多少种智能和思维共同占领这个生态系统呢？这显然是一个更难以回答，甚至是无解的问题。尽管如此，我们仍有必要去揣测它们最终到底会采取哪种形式。

我们可以通过多种方式看待潜在智能的未来。一种方法就是考虑构建、培育或以其他方式创建AI的各种方法。时至今日，这条由数百万年进化所驱动的生物发展路径已取得了最大成功。那么，我们是否已接近神经元互连所能实现的极限，或是依旧还有其他值得期待的收获呢？

由硅和砷化镓芯片、处理器以及未来基板构建的计算机架构，或许为我们提供了一条可持续增长的路径。与生物细胞相比，工程处理器拥有人脑所无法比拟的巨大优势，但它显然还未表现出动物神经结构所具有的复杂性。计算机与人工智能并驾齐驱是否只是时间与知识的问题呢？或者说，生物和技术基础之间的根本差异，最终会阻止AI实现名副其实的高级智能呢？

虽然计算能力依旧至关重要，除硅芯片之外，其他很多潜在的基板和策略同样值得一提。量子计算仍处于刚刚起步阶段，但是作为基本组成部分，量子位（qubit，量子计算器中的最小信息单位）以叠加态（superposition）存在的能力表明，未来值得期待。不同于二进制计算机中的数字位，量子的叠加态表现为量子位既不处于关闭状态，也不处于开启的状态，这就可以采用不同的特殊方法解决优化问题。这些问题具有多种形式。典型的例子就是“旅行商问题”（Traveling Salesman Problem），即，如何计算出通过一系列指定城市的最短路径。随着城市数量的增加，传统计算机的算法很快就会无所适从，以至于耗尽宇宙的剩余寿命可能也无法解决问题。但量子计算机可以迅速找到解决方案。但量子计算最终能否用于构建真正的智能，显然还有问题需要解答。

合成生物学（synthetic biology）是值得期待的另一个领域，有朝一日，我们或许可以对独立运行或用于增强现有生物神经功能的生命体或器官进行合成。尽管相关过程的开发和理解还远未到位；但我们可以利用大自然早已赋予的机制加速这个过程。

分子纳米技术（molecular nanotechnology）是一种利用机械合成办法创建复杂分子结构的技术，它直接操控原子和分子，从而在原子水平制造设备。这个领域目前仍处于起步阶段，因而还需应对大量挑战，尤其是来自各种量子效应的干扰。但只要克服这些挑战——我们完全可以做这样的假设，各种新的策略和材料都将浮出水面。

毫无疑问，迟早有一天，我们与未来智能将会有更多的机会和平台，去构建其他形式的智能。大量潜在的设计架构或许还不为我们所知，但随着时间的推移，知识积累带来更多的红利，这些可能性或许会出现在我们眼前。凯文·凯利曾提到过思维分类理论，[㊀]他认为，智能最终可能体现为多种表达方式。但他强调的是功能，而非任何具体观点所依赖的基础。虽然凯利也承认，他所列示的思维类别远非全面，甚至只是可能存在的一小部分。那么，哪些类别是我们人类可以分享的，哪些依旧属于永远不会接纳我们的“特权俱乐部”呢？

㊀ Kevin Kelly, *The Inevitable: Understanding the 12 Technological Forces That Will Shape Our Future* (NewYork: Penguin Books, 2017)。

凯利认为，最容易想象到的思维类别类似于人类思维，但它比人类思维更快。但笔者需要补充的是，更快的人类思维可能是我们唯一能真正想象或理解的思维类别，因为无论从哪个方面看，我们实际上都是在谈论自己。由此而来的如下类型智能，几乎都要面对内格尔关于不同思维及意识形式具有不可知性的观点。

我们从科幻小说中了解最多的思维类别就是聚合思维（aggregate mind）。这是一个由数百万个愚蠢头脑相互协调而组成的全球超级头脑，像一群蚂蚁。蜂巢思维（hive mind）是另一种形式的聚合体，它由很多非常聪明的头脑构成，它们各自并不知道自己是蜂巢的一部分。同样的还有“博格思维”（Borg mind），构成它的“聪明头脑”非常了解自己所形成的统一性。

还有一类思维包括思维的创造者，即，能想象或创造出优于自己的其他思维或智慧。在这类思维中，某些思维或许能想象出另一个更优秀的思维，但不能真正实现这个愿景。这会成为我们人类自己的命运吗？或者说，我们是否会成为地球乃至宇宙引导未来智能的主宰者？

这个大类还包括那些正处于临界点的思维类型，不管是出于有意还是无意，它们只有一次机会去创造另一个类型的思维。在这个大类中，其他更有能力的思维或许可以按不同方式多次创造出优于自己的思维。然后是那些能力更强的思维，他们可以设法创造出更伟大的思维，而后者则会继续创造同样优于自己的思维，多次循环，能力呈现出螺旋式上涨。那么，这种能力的成长过程需要多长时间呢？实际上，这只能取决于这种思维所涉及的构建方法、基础和意图。

还存在另一种可能性：一种思维在某个或多个基本层面上改变自己。从表面上看，这种可能性似乎只属于计算机和人工智能，但如果存在由纳米技术提供增强并具有适当能力的人类思维，这完全有可能在我们的能力范围之内。尽管这种改变可能存在风险，但不可忘记的是，几千年以来，人们在使用天然及合成药物改变思维时，其实也在做类似的事情。当然，一个足够先进的思维会创造沙盒（sandbox）[㊀]，在修改基本操作代码之前，全面测试任何可能发生的改变。

也有思维会以不同方式得益于其他智能的推动。一个需要很长时间发育并在成熟之前需要保护的思维，在很多方面类似于人类的婴儿和儿童，他们还无力保护自己，因而需要在成年人呵护下生活多年。

还有另一种有助于促进人类思维发展的类型，即，经过训练并旨在增强另一种智能的思维，比如我们自己。但这也会带来矛盾，它可能完全针对自身目的而发展，因而对其他思维并无帮助。

可复制思维（cloneable mind）是这个领域的另一个分支。凯利曾假设，就像计算机能复制文件一样，大脑也能精确地多次克隆自己。另一种类型的思维可能与自己的很多克隆维持联系。最后，可以通过另一种克隆方法，让思维在不同平台之间反复迁移，从而真正地实现永生。如前一章所述，由于熵和热力学的现实约束，因此，永生或许无法完全兑现，但这种方法有助于大大延长这个思维的寿命。

其他类型还包括纳米思维（nano-mind），这也是最小的自我意识思维，从逻辑上说，它应该是纳米技术的产物。或者还会出现永远不会抹去或忘记任何事情的思维。当然，熵的本性可能会限制这种“永远”出现的可能性。

预测者思维（anticipator mind）可能更擅长于设定情景和进行预测。如前所述，预测性分析的强大功能足以表明，这种能力并非不可实现，甚至会让我们怀疑，所谓不受约束的自我意志是否还有意义。也就是说，如果按这个逻辑，我们是否需要承认，在发展到某个阶段的时候，一切事物皆可预测，因而是预先确定的，因此，我们只能接受宿命的安排。那么，我们还是思想上的自由人吗？但关键在于，这个阶段是否

㊀ 沙盒（sandbox）：计算技术中的一个术语，通过将代码与活动环境相隔离，以便于在投入实际使用前进行全面测试。

存在？

而后是基于量子计算的思维，它对我们来说注定深不可测。如前所述，如果我们能在最基础层面上对物质本质取得充分控制，就有可能获得这种思维。虽然某些理论认为，人类大脑本身就在以某种方式利用量子行为实现意识，但这些理论已受到广泛批评，至少在我们温暖、潮湿的大脑中，显然不适合以受控方式使用这些超自然现象。㊀

但我认为，真正有趣的思维将是混合性的，而且是无数种模式的混合体。即使是根据上面介绍的这些模式，也足以形成大量可能的组合，以至于它会让我们 21 世纪的思维无所适从。此外，如果能找到按不同基质进行组合的方法，这个数字注定会再度增加。

在科幻小说中，我们可以看到很多关于提高其他动物物种智能水平的方法。尽管这些貌似奇思怪想的事情或许还会在小说中存在数十年，但我们有必要给予足够的关注。因为已经有大量研究表明，这些让人振奋不已的幻想有一天或许就会成为现实。

2014 年，由麻省理工学院神经科学家安·格雷比尔（Ann Graybiel）领导的研究团队，将人类形态的叉头盒 P2（FOXP2）基因植入小鼠体内，试图了解该基因对学习能力和神经可塑性的影响。㊁该基因和大约 20 万年前人类语言的形成密切相关。可以想象，这项研究不会产生会说话的老鼠。不过，改变基因的实验对象确实可以显而易见地在迷宫中认

㊀ “调谐客观还原理论”（orchestrated objective reduction Orch-OR）源于斯图亚特·哈梅罗夫（Stuart Hameroff）和罗杰·彭罗斯（Roger Penrose）提出的量子意识理论，该理论假设，意识是由神经元微管内的量子波动产生的。按照宇宙学家马克斯·泰格马克的说法，波函数坍缩（wave function collapse）会发生得非常快，以至于不会给神经过程带来影响。

㊁ Christiane Schreiweis, et al. “Humanized Foxp2 Accelerates Learning by Enhancing Transitions from Declarative to Procedural Performance,” *Proceedings of the National Academy of Sciences*, September 30, 2014, 111 (39): 14, 253 – 8, https://www.pnas.org/content/111/39/14253。

路，并形成记忆，可见，该基因促进了陈述性学习（declarative learning）和程序性学习（procedural learning）的转换。此外，这种能力还有可能改造人脑使其掌握发声和语言能力。

在肯塔基大学维克森林浸礼会医学中心和南加州大学研究人员进行的另一项研究中，研究人员在恒河猴身上完成了一种神经假体的测试。这些假体经过训练，可以在所谓的“延迟匹配样本”（delayed match-to-sample）任务中选择图像。研究人员对猴子进行持续训练，直到它们能完成任务的70%～75%为止。[㊀]在试验过程中，研究人员使用了陶瓷式多电极阵列，对L2/3和L5皮质层中前额皮质微型神经元柱内的大脑活动进行记录。然后，他们让实验对象服用可卡因，以抑制这些皮层之间的信息交流，从而改变猴子大脑中的多巴胺再摄取，破坏了恒河猴体内正常的多巴胺回收机制。按照多输入多输出（MIMO）非线性数学模型，研究人员使用神经假体刺激神经元——模拟和替换通常在这些大脑皮层中发生的放电模式，规避受到抑制的通信。更有趣的是，在正常条件下，将这些神经假体和MIMO模型应用于其他受过训练的猴子，实验对象的任务完成率超过控制组实现的75%上限。

需要明确的是，该实验的目标并不是提高恒河猴的完成任务能力，而是为后来进行人体测试进行的早期动物阶段测试。2018年，该团队公布了后来针对癫痫患者进行的人体研究，在这些研究中，他们使用类似的MIMO非线性模型模拟实验对象的神经放电模式，结果显示，患者的情景记忆能力提高35%～37%。这也是阿尔茨海默氏症、中风和头部损伤患者当中最常见的记忆损伤形式。可以预见，这种神经假体有望替代这种受到损伤的功能。

㊀ Robert E. Hampson, et al., “Facilitation and restoration of cognitive function in primate prefrontal cortex by a neuroprosthesis that utilizes minicolumn-specific neural firing,” *Journal of Neural Engineering*, 2012, 9 (5): 056012, doi: 10.1088/1741-2560/9/5/056012。

在另一个稍微不同的实验中，研究人员把人类神经胶质祖细胞（GPC）移植到存在先天免疫缺陷的小鼠体内。[㊀]这些星形的胶质细胞属于神经胶质细胞的一种亚型，人体内胶质细胞的尺寸约为小鼠的 20 倍，而且要复杂得多。但随着小鼠的成熟，它们开始在这些嵌合小鼠体内进行繁殖。（在遗传学中，嵌合是指来自两个或多个完全不同基因型或物种的细胞或 DNA 发生融合。）经过测试，研究人员发现，神经元的长期增益效应（long-term potentiation）显著增强，与此同时，小鼠在这些测试中也表现出明显的能力提高——包括迷宫导航以及对目标定位的记忆性测试等。使用小鼠 GPC 进行的类似移植并未产生这种增强效应，这表明，小鼠学习能力与可塑性的改善源于人类细胞的植入。

于是，我们在这里可以看到三种截然不同的路径，它们未来都有可能成为提高动物智能的手段：基因改造、神经修复以及多种物种细胞相互结合的基因嵌合。越来越多的证据已经表明，提升智能水平完全是切实可行的，但问题的关键已不再是我们能否实现，而是是否应该这样做。支持与反对的声音不相上下：支持者主张，既然这是我们的能力，就应该让动物也拥有这样的能力；反对者则认为，这是一种认知帝国主义，这无异于把更多智慧强加给无须承担这些任务的物种。几十年甚至几个世纪以来，这始终是无法摆脱的道德困境。

当然，所有这一切都会实现人类智能的增强，带来有一天可以让我们自己更强大的诸多方式。在这个不断发展的智能宇宙中，我们会迎来越来越多的智能与思维形态。但最终会给我们带来怎样的结果呢？这一切到底会提升还是削弱我们人类自身的能力呢？

人类思维的未来是一个高度无解的话题，至少因为在我们的历史乃

㊀ Xiaoning Han, et al., "Forebrain Engraftment by Human Glial Progenitor Cells Enhances Synaptic Plasticity and Learning in Adult Mice," *Cell Stem Cell* 12, issue 3, 342-353, March 7, 2013, doi: 10.1016/j.stem.2012.12.015。

至这个星球的历史中，我们或是其他任何智能体首次在这件事上拥有了发言权，而不再听任选择进化之手的摆布。直到现在，智能及其思维和意识的涌现特性依旧完全是进化的产物。但这只进化之手并不是看得见的指南之手，而是体现为一系列随机确定的过程和确定性选择。不过，我们现在已进入一个全新发展阶段，此时此刻，我们将会以自己的智慧去影响我们这个物种的未来路径。

我们为什么要这样做呢？我们为什么顺其自然呢？因为我们是人类，而且是永远充满好奇心的高级猿猴，我们的天性就是不断探索已知和未知、公认和不可接受的宇宙前沿。

我们处理这个问题的方式，更多地取决于决策时间和思维视角。在某个时代令人惊悚或是深不可测的事物，可能会在一两代人之后发生彻底变化。那么，当我们展望本世纪末及更远的未来时，这会给人类带来怎样的影响呢？

当然，一种最大的可能性，就是人类将不再是这个星球上唯一拥有以先进技术为代表的智能或思维的存在。我们将成为某个更宏伟甚至是无边际社区中的一个成员。可以想象，我们将和这个社区中的其他智能形式展开互动与合作，但更有可能的情况是，大多数成员可能还不为我们所熟知，甚至根本就无从知晓它们的存在。我们今天所知道的每一种人工智能，其实都是我们出于自身目的创造出来的，它们的使命就是服务于人类或是与人类合作，但或许还会有很多智能方式无须我们提供的任何输入，更不用说被我们控制和利用。最终可能会创造多少种不同的思维呢？除了前面提到的有限分类之外，我们不妨考虑人类智能的多种形式。如果以通过人类心理测试为标准，那么，我们将会看到智能在若干不同方向上的发展。例如，20 世纪 80 年代，霍华德·加德纳（Howard Gardner）提出的多元智能理论开始流行，按照这个观点，人类智能由不同比例的八种不同智能构成：视觉–空间、语言–文字、外部认知、自我认知、逻辑–数学、身体–动觉以及音乐–节奏和自然禀赋。不管把它们视为独有的智慧类型，还是仅仅当作天赋，任何一个特定组合都会让我们每个人成为宇宙中独一无二的存在体。

现在，我们再看看表明每个思维类别方向与规模的多维向量。从这个角度出发，最终会出现多少种潜在的存在形式呢？在认知生态系统中，它们会占据多少生态位呢？可以肯定地说，这个由超人类思维、后人类思维及其他终极智能和思维形态构成的空间域极其宏大，以至于人类思维或许只代表其中非常微小的一个领域。

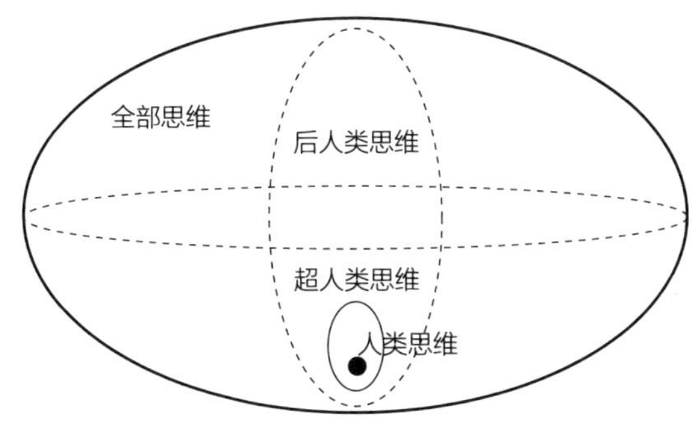

所有人类与非人类思维的潜在空间

但这只是开始。对于人类智能而言，类型和水平归根结底要受到生物学的限制。但随着非人类智能形态的激增，它们的覆盖范围完全有可能超越人类。另一点和人类不同的是，这些新型智能的范围将会迅速地扩展和变化——与人类的进化时间跨度和自然认知进度相比，它们的发展历程不过是瞬息之间的事情。

因此，非人类智能最终或许会涵盖更大范围的智能要素。有一天，我们或许会看到，AI 和 ASI 将拥有形形色色而且前所未有的能力和感觉。譬如，一种人工智能只拥有直觉技能，但完全不具备分析能力；一种人工智能不仅具有无可挑剔的社交技能，而且能理解和再现弦论所描述的六维卡拉比 - 丘流形，但却无法与我们进行口头交流；共情机器人不仅可以感觉我们的全部行为，而且具有放大效应。很多人工智能对我们可能并无意义，有些人工智能存在并永生的确切原因或许只能依靠推测，但随着新智能和新生态位的出现，我们可能会发现，每一种人工智能都是我们所需要的。一旦技术发展之路敞开大门，一切可能性都将浮出水面，让我们继续挖掘和利用新的机会。

这些智能形态中的很多或将成为我们人类的助手和盟友，但注定不可能是全部。在这些智能和思维争夺有限的能量、数据和影响力时，会形成怎样的局面呢？要在这个存在形形色色认知对手的世界中生存下去，需要创建怎样的发展策略呢？

根据认知生态位理论（cognitive niche theory），为了在生态系统中占据一个属于自己的生态位，就需要原始人通过进化获得推理和规划能力。正是因为我们所拥有的认知能力，人类才能以远远超过自然进化属性的速度应对外界复杂局面，从而为我们带来独一无二的优势。此外，这个生态位还会给我们提供另一种优势，也就是说，一旦我们占据了这个生态位，就会剥夺其他所有竞争性物种的立足机会，也让他们无法得益于类似的策略。因此，独自主宰这个生态位的物种，或者说我们人类自己，得以傲然挺立，因为其他所有物种根本就没有机会挑战我们。

当我们不再是宇宙中唯一能进行推理、规划和抽象思维的智能时，会发生什么呢？当我们不再擅长曾经引以为荣的事物时，又会带来怎样的结果呢？这将如何改变生态系统以及人类的未来呢？

我们之所以能做到出类拔萃，不仅仅因为我们的认知过程拥有至高无上的禀赋，让人类拥有其他物种无法企及的选项。面对新的挑战，我们的反应速度远超过其他物种若干数量级。无论是作为个体、社会还是物种，我们都能实现“快速失败”，并从这个过程中学习。现在，假如我们的身边突然出现一系列智能类型，而且它们远比我们人类更快地体验失败并进行学习和适应，而且还拥有远超过我们若干数量级的效率，那么，我们该如何应对呢？以牙齿和爪子求取生存的传统方法，它的吸引力和成功机会一样微乎其微。我们可能做出的最优反应，或许就是动用我们的头脑，去创建具有全新本质的契约与伙伴关系。

随着这个战场的形成，人类智能与人工智能将会形成怎样的联盟及合作方式呢？如果说对付强大对手的最优方式是与它们联手，既然如此，这为什么不是我们的首选方案呢？更进一步设想，有一天，我们是否可以把人类智能与其他智能形式结合起来，创建人机共生体、认知共同体甚至蜂巢思维呢？（需要明确的是，这不是说笔者欢迎或是提倡这样的未来，毕竟，我们只能期待某种预期趋势带来的可能结果。）

这样的场景对我们来说确实非常陌生，毕竟，我们始终都拥有相对独立的思维。此外，我们认识事物最常用的方法就是社交互动，也就是说，运用我们的集体智慧。从肤浅的闲聊到深刻的同理心结合，在这个过程中，我们的思维相互接近，并无限接近思维的终极融合。冥想及其他形式心智练习的倡导者声称，在练习中，他们的思维中会出现一种身处于某个更大存在体的感觉，当然，这种感觉在多大程度上源于我们自己的认知特性还无从得知。

不过，与潜在的思维聚合相比，这一切还处于初级阶段。这个过程与我们在细胞、昆虫以及神经元聚合中所看到的涌现如出一辙。但真正的思维网络可能会导致什么？㊀

真正与另一个思维实现聚合会带来怎样的结果呢？如前所述，我们已讨论过使用脑机接口分享体验和思想的模式。那么，这种分享还会以其他方式表现出来吗？如果伴随时间推移而带来的进化和整合，最终让我们的大脑成为不同模块与过程的组合体，那么，从某种意义上说，每个模块和过程都会成为自己的初级智能。尽管没有任何事物可以创造出思想或意识本身，但是在与其他所有模块结合时，却有可能创造出远远大于部分之和的事物。现在，假设我们在不考虑具体目的的情况下，用

㊀ 不妨考虑两个单细胞生物之间进行了一场假想的对话，它们对未来进化到多细胞生物（或神经细胞进化成大脑）的优点各持己见。但不管从哪个角度看，这都是一个无需用脑思考的事情。

技术假体替换其中的一个模块——无论是为了治疗，还是出于增强的目的，我们都会与某个外部智能进行整合。最初的意图是为了创造无异于生物学前身的新事物，但随着时间的推移，这个假体的能力也不断增强，并开始逐渐改变最初用途，于是，人的思想将会随之发生变化。

那么，这种变化一定是好的吗？如果从当下角度回眸历史，我们或许应该认为，未来未必如此。但无论是在 19 世纪、20 世纪还是 21 世纪，我们当下和以前做出的技术选择，都不是以历史为基础。相反，我们完全以现在判断和未来预期进行选择。当然，人类并不是总能做出正确选择，但就总体而言，我们依旧是追求自我利益最大化和生存能力最优化的物种。

至于这个发展阶段会出现在一百年后，还是一千年之后，这完全不重要（但我还是倾向于认为，这个时间很可能在未来一到两百年之间）。重要的是，这条发展路径是否允许我们这个物种继续生存下去，当然，最理想的情况是以人类的某种更高级版本不断繁衍生息。显而易见，如果我们放弃人类的基本属性以及我们作为人类的全部生存方式，那么，所有这些智能的增强和扩大都是徒劳的。不过，我们有必要记住一点，改变永远是我们生活中不可或缺的一部分。我们这个物种之所以能生存下来，是因为海德堡人和能人等早期物种进化成新的物种，即，更适应各自时代和生存环境的物种。当然，我们今天也不必为失去海德堡人而感到被削弱了，因为我们已进化成为更新、更先进的物种。

在继续走向未来的旅程中，我们很可能会发现，我们总有方法更好地适应新时代带来的挑战。尽管以往的进化速度已足够应对不断变化的环境，但如今的变化来得更快、更迅猛，远非自然选择形成的适应速度所能及。因此，我们需要应对数据的指数性增长，在海量信息中去伪求真，并以适当、可控的方式分配我们有限的资源和注意力。当然，这只是表明当下世界与我们祖先所经历的那个世界大不相同的几个例子。利用我们即将打造的工具，我们可以更好地管理所有这些已知以及更多未知的挑战。但是就长期而言，我们可能会发现，如果这些工具能和我们的感官实现更密切的结合，它们不仅会更有效，而且更易用。最后，我们可能还会发现，如果能与我们的思维融合而成为我们的一部分，那么，我们所拥有的设备、工具、数字个人助理就会发挥更大的作用。

当然，我们未来的很多变化不仅仅体现于认知层面，也会展现于物理层面。因为我们生活的环境也在变化，因此，无论是为了应对气候变化，还是为了应对其他环境灾难，这一点都非常重要。当我们最终实现飞跃式发展并开始开辟太空殖民地时，这一点就会显得尤为必要，这也是我们将在下文中即将讨论的话题。

第十七章 唤醒宇宙

“如果我们想顺利地进入下一个百年，那么，我们的未来将在太空。”

——斯蒂芬·霍金，物理学家、宇宙学家和作家

这一年是2265年，我们的飞船停在鲸鱼座的天仓五（Tau Ceti）㊀第四颗行星的轨道上。这里与地球的距离是11.9光年。这颗被岩石所覆盖的行星大约是我们地球的四倍大，距离天仓五只有地球与太阳距离的一半；富含金属成分以及在恒星系中占据金凤花区域位置，使其成为探索者的理想目标。

我们目送一台微型探测器进入天仓五星系，此时，与时间跟踪部件链接的监视器已被设置为加速观察，以至于我们看到的景象如同快放电影。一个多世纪以来，这台探测器始终维持着相当于12%光速的最大速度，但这台探测器配备的是太阳帆，它可以让探测器从最高速度开始迅速减速。但即便按这样的速度，针对探测器质量的相对论效应依旧可以忽略不计。㊁

㊀ 与太阳具有可比性特征的一颗恒星。

㊁ 狭义相对论指出，当物体运动的速度加快时，其质量会相应增加。但是在非相对论的条件下，并不存在这种速度与质量的正向对应关系。即使是按10%的光速运动的物体，质量也只会增加0.5%左右。但如果我们把一个物体加速到光速的90%，那么，它的质量就会加倍。在接近光速时，理论质量增长率会持续提高。即使是拥有质量的最小粒子，只要运动速度能达到光速，其质量都会变得无穷大，但是根据我们目前对物理学的认知，这种现象显然是不可能的。

探测器还部署了一组更微型的子探测器，它们分别进入围绕该恒星的七个较大行星的轨道运行，而第八个探测器则进入第四颗行星的大气层，并迅速降落在这颗行星南半球的一个僻静区域。每个探测器都开始收集数据，并定期把这些数据传输给母探测器，而后再由母探测器发射回地球，数据从采集到传输到地球大约需要经历 12 年时间。

随后，我们把显示器转向天仓五的那颗卫星，我们观察到最后一个探测器下降到它的表面。不久之后，探测器短暂地打开一个舱口，从舱口中散发出一股微微的雾气，并迅速飘落在卫星的地面上。不久之后，卫星风化层的灰色土壤开始搅动飞扬。

这个区域的卫星景观开始发生变化，起初是缓缓地渐变，而后开始不断加速。白天变成黑夜，黑夜再次变成白天，交替变更，图像也几乎如频闪一般不断切换。每经过一个昼夜轮回，都会有不同颜色和质地的土丘从地面上拱起，就像土壤侵蚀的前沿在不断向远处推进。

一只庞大的半智能纳米机器人大军在卫星表面开始开采，以人类矿工无法企及的方式提取和提炼可用元素，但土丘依旧在继续上升。随后，就像拨动一个开关，土丘停止上升，并慢慢地开始收缩，与此同时，几个更规则的结构开始在它们中间逐渐融为一体。在不断向上和向外延伸的同时，这些结构逐渐变换，最终的形状和一组逆向融化的灰色冰柱毫无两样。然后，这个形状突然变得一目了然，展现出自己的本来面目：数十个与母舰完全相同的新探测器呈现于面前。这些纳米机器人创造出一个又一个新的分子，并以最初驻足卫星表面的第一代探测器为模板，以增材制造方式建造出新一代宇宙飞船。

随着在卫星不同区域开展的采矿任务继续进行，推进剂及其他燃料也陆续生成，并运送给亟待使用的探测器。最后，一切准备就绪，装备完毕的新探测器从卫星表面升空，轻松克服了它的低重力。然后，像有统一思维一样，它们开始向多个方向加速扩展。随着太阳帆的再次展开，探测器开始缓缓地加速，向恒星系以外飞去——首先离开卫星，而后是行星，最后把整个恒星系扔在身后。它们即将在更多星系重复这个过程，然后在这些星系中一次次地完成这项任务。至于留下的姊妹探测器，将继续在天仓五的七个大行星上寻找生命，甚至是智能。那么，它们发现了什么呢？只能等待母舰把信号传递给地球上的人——在不到12年之后，答案就会揭晓。

对越来越多的人类来说，宇宙的呼唤，对其他世界的梦想，都在难以抗拒地倍增。进入太空已不再只是浪漫的幻想，而是变得势在必行。在这300万年中，尽管我们已经取得了飞跃式进步，但也可能比以往任何时候都更加脆弱。对此，在2016年1月的“BBC里思讲座”（BBC Reith Lecture）栏目中，著名物理学家和宇宙学家斯蒂芬·霍金发表了如下观点：

尽管地球在某一个年份发生灾难的概率很低，但如果放眼岁月的长河，地球在未来1000年或1万年内发生灾难几乎是确定无疑的事情。在那之前，如果我们可以向太空扩张，移居到其他星球，那么，即便地球遭遇灭顶之灾，也不意味着人类的灭绝。但至少在未来几百年内，我们还不可能在太空上建立可实现自给自足的殖民地，因此，在这段时间内，我们务必非常小心。

在穿越21世纪时，我们正在面临一系列前所未有的威胁。虽然我们完全有理由认为，进入20世纪后半段，没有什么威胁可以比肩全球核战争，但这场威胁或许更容易控制。制造核武器的复杂性意味着那些拥有核制造能力的国家依旧寥寥无几，这仍是一个高度排他的“专属俱乐部”。

但很多未来的新兴技术或已经呈现，或将无处不在。人工智能和网络犯罪将会成为普遍现象。DIY生物改造技术可能会让某个车库或地下室成为生物灾难的源泉。而滥用CRISPR－Cas9基因编辑技术，则有可能从本质上改变我们这个物种，让人类经历永远无法恢复的变迁。

离开我们的星球，“勇敢地探索无人踏足的地方”，这样的愿景充满浪漫色彩，激发出冒险、探索和个人主义的情怀。但这场探索或许远不止于此。它为我们提供了一种设想。

纵观地球上的生命历史，很多物种曾因自然灾害、饥荒、疾病和其他环境灾难而灭绝。[一]甚至智人也曾数次遭遇灭顶之灾。[二]在其中的很多情况下，某些幸运的种群侥幸生存，并得以复苏。

但这种侥幸生存的唯一前提，是存在与受损地区完全隔离的空间。在理论上，剧毒病原体、全球战争和极端气候变化可能会蔓延到地球上的每个角落。即便是大型小行星撞击地球这样的局部性威胁，也有可能在短短数小时内消灭地球上的大部分生命。6500 万年前恐龙的灭绝已经证明了这一点。最近，在北达科他州也发现了一批恐龙化石，据此，科学家甚至可以推断出灾难事件发生的某个小时。[三]

虽然技术的发展，可以让我们预测到某些威胁，甚至可以对这些威胁采取应对措施，但它们的数量和性质也在不断升级。在 20 世纪之前，可能导致人类灭绝的所有原因都源于自然，但自此以后，越来越多的威胁则来自人类自己。换句话说，我们正在成为把自己推向坟墓的黑手。

但是，如果我们能在这个世界以外建立殖民地——比如说，让月球、其他行星甚至遥远的恒星系也成为人类的家园，那么，这些脆弱性就会消失，至少会消除可导致整个物种灭绝的威胁。显然，这不可能发生在一夜之间。毕竟，达到这一目标所必需的知识和技术，可能需要数

㊀ “人类世”（Anthropocene），当代人类所处的时代，根据推测，这个时期的人类灭亡概率会增加 100～1000 倍。

㊁ Curtis W. Marean, “When the sea saved humanity,” *Scientific American*, November 1, 2010。

㊂ Robert A. DePalma, et al., “A Seismically Induced Onshore Surge Deposit at the KPg Boundary, North Dakota,” *Proceedings of the National Academy of Sciences*, 2019, 201817407. https://www.pnas.org/content/116/17/8190。

十年甚至数百年的时间积累。当然，只有在经历长期筹备之后，殖民地才有可能成为人类的新定居点，并最终发展成为社会。但这样的探索显然是必要的，原因很简单——如果我们继续受限于这个世界，那么，我们有长期胜算的概率自然会大打折扣。

不妨假设，在某个年份发生全球性灾难的概率是千分之一。我们可能会觉得，这样的概率可以忽略，但我们谈论的不是买彩票，而是整个地球上无一幸免的概率。不仅如此，未来出生的人也将丧失生存的机会。更令人担忧的是，如果我们在更长时间内推断发生这种事件的概率，会得到怎样的结果呢？如果把推测的时间区段设定为一个世纪，发生灭绝性灾难的可能性会提高到近 10%；只需 700 年的时间，这个概率就会达到 50%——确实，这不过是人类社会自欧洲文艺复兴以来的历史。如果用更悲观的假设，把每年发生灾难的概率设定为 1%，那么，只需 69 年，就有五成概率等来那个代表决定性时刻的事件！

当然，我们无从知晓既定年份的确切风险水平，并且这个数值也会随着时间的推移而变化。但是在牛津大学举办的 2008 年全球灾难性风险会议（Global Catastrophic Risk Conference）上，有人提出，到 2100 年，人类灭绝的概率为 19%。2006 年《斯特恩评论》（*Stern Review*）提出了不那么悲观的估值——10%。但问题的核心并不在于谁的估计更准确，因为根本就没有人知道哪个答案正确。

当然，这并不是说，我们只能坐以待毙，无须为维护物种永存和保护地球家园而继续努力。我们绝不能停下前进的脚步。但是，如果我们假设自己一定会成功，因而没有必要去制订备用计划，那无疑将是不可饶恕的疏忽。如果我们因无所作为而失去一切，那才是难以想象的悲剧。

如果我们接受这个设想，接受把人类文明扩展到这个孤独星球之外的空间以及把人类智慧延伸到宇宙的命运，那又会怎样呢？毫无疑问，我们唯有继续加大投入力度，开发能让我们探索太空的技术。不断提高现有系统的智能水平，更准确地预测人类需求，让我们远离生活在外星世界的诸多危险，当然有助于我们人类的未来生存。但最重要的是，在人类身体和思想依旧脆弱的情况下，我们需要这些系统去执行人类无法承担的任务。

未来，我们将利用这些越来越智能化的太空探测器探索未知空间、学习、测量并汇报它们在太阳系外围以及其他更远星系的发现。在很长一段时间内，这些探测器可能仅活动于相对临近的恒星系，但最终将覆盖有可能被探索和占据的整个银河系。

我们怎么可能探索整个银河系呢？毕竟，需要探索的距离可能遥不可及。到底多远呢？如果重新调整宇宙的比例，让地球变得只有一分钱大小，那么，作为距离我们最近的恒星系，半人马座阿尔法星仍在6500多英里以外！即使按宇宙中最快的运动速度——光速，我们也需要四年多的时间才能抵达这个最近的邻居。根据现有的技术，最快的航天器也需要大约80,000年时间才能飞行到这个目的地。现有的化学燃料推进技术根本就不支持如此长距离的旅行，重重制约导致它并非可行的方案。

不过，目前已开始对几种可能实现更快速度的潜在技术进行研究。以太阳帆为例，利用来自太阳等光能辐射的微小压力，将飞船加速到与化学燃料火箭最高速相当的速度。随着太阳帆材料和设计的改进，最终可实现的速度完全有可能达到光速的1%～10%，这就能让我们在一个世纪到几十年的时间里抵达最近的恒星。

当然，这个距离确实有点长，以至于我们还无法到那里去旅行，毕竟，物理定律依旧在很大程度上制约着我们的行为。因此，我们的太空之旅被限制在亚光速以下——也就是说，按照目前的技术，我们的速度永远无法达到光速。爱因斯坦的狭义相对论告诉我们，光速是如何被限制于每秒186,282英里（300,000千米）的。但同样重要的是，按照这个理论，能以光速运动的对象仅限于无质量的粒子，正因为如此，构成光及其他形式电磁辐射的光子能实现光速运动。但宇宙中的所有物质——无论是质子、原子、宇宙飞船还是人类，都会因为具有质量而无法达到这个运动极限。但为什么会这样呢？

狭义相对论的一个特殊规则是，在物质运动时，它的质量相对惯性参考系（inertial frame of reference）会出现增加。由于能量和质量在相对论中是等价的，而且由于任何物体的速度都不可能超过光速，因此，随着物体速度的增加，空间、时间和质量必然会相对参考系发生变化，否则，它的速度就会超过光速，从而导致原有的因果关系被打破。

对于我们日常生活中的大多数速度，这种被称为物体相对质量（relativistic mass）的变化几乎微不足道，以至于几乎无法检测，甚至可以忽略不计。因此，在大多数情况下，我们会使用物体的静止质量，这对大多数传统计算来说已足够准确。但如果我们让一个物体加速到足够速度，其相对质量就会逐渐增加。如果物体的运动速度达到光速的10%，那么，该物体的质量会增加0.5%左右，如果能达到光速的90%，质量就会增加一倍。由此开始，如果物体的运动速度能以某种方式继续提高，那么，该物体的相对质量就会快速增加。但随着物体速度的增加，实现加速所需要的能量也会加速增长。因此，即便是最小的物质粒子，只要能奇迹般地达到光速，就会拥有无限大的质量。因为需要的能量是无限的，因此，在可预见的未来，任何类型的物理航天器都不可能实现接近光速的速度。

人类正在探索的很多发明和理论或许有朝一日能克服这些限制，但我们或许不应期待太多。诚然，有些技术在理论上确实给人类带来实现亚光速旅行的希望。目前正在美国宇航局高级推进技术物理实验室（Advanced Propulsion Physics Laboratory）测试的EmDrive，就是其中之一。[㊀]但到目前为止，EmDrive的微小推力似乎只是一种尚未完全解释的

㊀ 非正式场合也被人们称为“雄鹰工作实验室”（Eagleworks Laboratories）。

测量结果。Alcubierre驱动器则是另一种理论上的推进方式，一旦成功，就有可能实现超光速旅行。遗憾的是，Alcubierre驱动的前提是存在低于量子真空的能量密度场。据我们所知，量子真空是量子力学系统中可能存在的最低能量状态。[㊀]要实现更低的能量密度场，需要具有负质量的物质，在我们目前的认知中还不存在这样的事物。按照爱因斯坦的广义相对论，任何有质量的物体都无法达到或超过光速，而负质量物体则通过“将空间变形”绕过这个门槛，从而让物体实现超过光速的速度。对负质量是否违背某些宇宙定律还存在分歧，它的存在完全源于推测。

由于光速的限制，实现超光速运动的方法，基本围绕于空间的扭曲变形或是通过虫洞开辟一条从宇宙的一部分通往另一部分的捷径。这些设想的核心思想是一致的，即，超大质量、引力波、负质量或巨大的能量可以改变空间形状。遗憾的是，即使这些是我们可以操纵和控制的事情，但需要的能量可能会让我们的太阳都相形见绌。当然，有朝一日，我们或许可以获取巨大的能量，但是要等到这一天，显然还需经历诸多阶段。

显然，在考虑人类智能、技术智能或其他任何形式智能如何脱离本源在宇宙中传播时，运动和时间是最重要的因素。在我们自己的宇宙探索中，与地球指挥中心的任何通信都要突破太空距离的障碍。今天，即使与火星表面的探测器进行通信，也需要3～22分钟，具体时间取决于两颗行星在轨道上的相对位置。现在，不妨设想一下，如果从发送到接收指令需要8年多时间，需要解决哪些问题呢？在飞行到半人马座阿尔法星之后，与其他恒星和行星的距离迅速增加几个数量级，这意味着，一旦踏上征程，我们就很难对这些探测器实施控制。因此，未来的所有

㊀ 量子真空态（quantum vacuum state）也被称为零点场（zero point field）。根据海森堡不确定性原理，零点场形成的零点能量不完全固定，会随着虚拟粒子的出现和消失而发生波动。

航天器都需要大量的编程和智能，只有这样，它们才能面对未来环境，并据此制定决策。

从相对近期而言，似乎可以肯定的是，当前形式人类的生存环境仅限于我们自己的太阳系，即便以最大程度的乐观和超乎寻常的幸运，最终也只能抵达离我们最近的几颗恒星。考虑到这些限制，我们唯有充分利用现有资源。因此，与其为了寻找无限接近地球的行星而越走越远，还不如努力去适应形形色色的行星环境。极端温度、辐射水平以及大气的成分和压力，只要不严重超出某个极限，就是我们利用现有技术可以适应的因素。即使这些标准也会随着时间的推移而变得更加苛刻，但技术的加速发展，完全有可能让我们免受更极端因素的影响。就像太空旅行早期的宇航员那样，通过服装、防护装备和其他方法，可以让我们在极端恶劣环境中生存。

但是从长远看，我们还没有办法在这种环境下正常生活，而且事故和设备故障无疑会带来很多不必要的死亡。如果要长期生活在这样的环境中——比如说几代人，那么，我们必然需要采取完全不同的策略，让我们能适应充满敌意甚至致命威胁的极端环境。

一种可能的策略，就是寻找一种能根本改变我们身体和思想的技术。基因改造和其他生物技术以及纳米技术，或许可以保护我们的DNA，让我们的身体可以抵御中等水平的辐射。如果我们的红细胞能通过基因改造更有效地输送氧气，那么，就可以解决缺氧环境的问题。或者使用纳米技术创造为我们的细胞提供氧气的其他途径。纳米技术科学家罗伯特·弗雷塔斯（Robert Freitas）提出了一种名为呼吸细胞（respirocytes）的红细胞替代品，[㊀]它或许可以为使用纳米机器运输氧气

㊀ Robert A. Freitas Jr., "Exploratory Design in Medical Nano-technology: A Mechanical Artificial Red Cell," *Artificial Cells, Blood Substitutes, and Biotechnology*, 26 (1998), 411－430, https://doi.org/10.3109/10731199809117682。

提供更有效的方式。这些呼吸细胞可以在更广泛的条件下工作，比如说，允许人在水下游泳或其他毒性环境时进行长时间呼吸，并最终达到无限期。

此外，纳米技术还可以通过其他方式保护我们身体的细胞和器官——比如说，加强细胞壁，屏蔽甚至修复 DNA 遭受的辐射损伤。当然，使用机器人技术、神经假肢和神经形态芯片，人类身体和大脑的更多方面会逐渐具有可恢复性，甚至得到增强，在这个过程中，我们会发现，自己的生物学基础越来越少，在本质上更趋于技术化，也就是说，我们正在变成“电子人”。这种从生物到生物技术甚至完全技术的进步，必然与我们对更高智能和计算能力的不断追求齐头并进。可以想象，这种进化必将让我们从多方面受益，并且在面对非人类环境中对生物有害的条件时，变得更有适应力。但是，即使这种转变只是逐渐发生，很多人依旧会忧心忡忡；从当下视角看，这样的顾虑理所应当。不过，在追求人类物种永恒存在的过程中，我们有一天可能会发现，这样的转变是所有选项中代价最小的方案。

在探寻太空殖民的旅程中，我们当然还会找到其他方法。所谓的“外星环境地球化”（terraforming）是指在全域范围内对行星或卫星的生态系统进行工程再造，使之成为宜居地。虽然这可能是一两个世纪后的事情，但是在行星生态系统中，互联互通复杂性所对应的规模和水平，可能会让这个过程远比大多数支持者想象得更有挑战性。成功注定还是很遥远的事情。不妨想想，我们当下在解决全球二氧化碳排放及全球性气候变化方面的挑战。即使是更小的自给自足型系统——譬如“生物圈 2 号”和国际空间站，也表明，在引导和平衡全球生态系统的工程领域，我们面临着非常巨大的挑战。

但是在某个时点，随着技术的进步，我们可能会发现让人类影响力扩展到整个银河系的机遇。自我复制的纳米技术或许就是其中之一。虽然这项技术目前仍处于早期研发阶段，但到 21 世纪下半叶，我们必定会在这个领域实现重大突破。届时，它不仅可以让我们建造和控制难以想象的微观级设备，还可以在细胞层面进行逆向工程，改善人类自身的生物过程。此外，具有自我复制功能的纳米技术，几乎注定会让以往不可能的太空旅行策略成为可能。比如说，1 克碳大约包含 5×10^{22} 或 500 万亿亿个原子。相比之下，一个人体细胞的通常重量仅为 1 纳克（10^{-9} 克）左右，由大约 100 万亿个原子构成。但工程纳米机器人的尺寸甚至比一个细胞还小若干个数量级，数十亿纳米机器人的体积也只有 1 立方厘米左右。假设一台纳米机器人的体积为 1 立方微米，那么，即便是 1 万亿个纳米机器人也就是 1 立方厘米大小。

不过，让纳米机器人无比强大的根源，不只是它们的尺寸。由于它们具有强大的自我复制能力，因此，通过不断创造自己的复制品，纳米机器人的数量会呈现出倍增，这个过程与单细胞生物的繁殖过程如出一辙。当然，还可以对纳米机器人进行编程，使之不仅可以进行简单的自我复制，还能根据需要执行的不同任务，进行针对性的区分化复制。

正如我们在本章开头所看到的场景，利用太阳帆，太空探测器有一天可以前往其他星系。纳米机器人的有效载荷对应于极低的质量，这就可以让它以这种旅行方式实现递增加速，并使用其他形式推力迅速克服行星的引力。由于太阳能辐射压力（光线沿照射方向对物体产生的推斥力）与距离的平方成反比，因此，当太阳帆与恒星的距离增加一倍时，其承受的压力就会减少到原来的 1/4。以我们自己的太阳系为例，在距离太阳大约 50 万英里的近木星轨道上的某个位置，太阳帆可能没有足够的能量继续加速。（这个问题可以利用新材料解决，而且在不同星系之间也会有所不同。）对此，可以采取的一种解决方案，就是在中途的某个位置安置一部太阳能激光器，由激光器提供必要的助推力，继续对太阳帆进行加速，直到以更高的巡航速度抵达星际空间。

由霍金发起的“突破摄星”（Breakthrough Starshot）项目已开始探索这个概念。该计划旨在利用 1 平方千米的激光阵列，对 4 平方米大小的太阳帆飞行器进行加速，送只有几厘米大小的“星芯片”（StarChip）抵达距离最近的恒星。激光阵列的总输出功率为 100 吉瓦，由于存在大气扰动，因而可能需要安装于太空。从理论上说，这会让微型飞行器在前 10 分钟的加速度达到重力加速度的 1 万倍。[一旦达到如此难以置信的加速度，就像在越过地球“范·艾伦带”（Van Allen belt）安全范围暴露在太阳和宇宙辐射中那样，飞船上不可能存在任何形式的生物材质。] 如果微型飞行器的速度提高到光速的 15% ~20%，它就可以在 20 ~30 年后抵达半人马座阿尔法星系。

在经历了漫长而顺利的旅程之后，这些探测器可以调查和探索更遥远的未知行星及恒星系。虽然把信息传回地球需要数十年、数百年甚至更长时间，但是在上千年时间内，我们足以对银河系取得广泛的了解，创建大量的知识。这无疑会让我们回答有关宇宙生命与智慧的重大问题。

我们的太阳是一颗位于银河系猎户臂的普通 G 类主序星，距离银河系的中心约为 25,000 光年。银河系的直径超过 10 万光年，大约包含 1000 亿颗恒星（这些数字当然也存在争议），恒星之间的平均距离约为 5光年，因此，我们需要大量探测器对它们展开探索。但如果在到达目的地时，纳米机器人的每个有效载荷需要创建并发射 10 台新探测器，那么，我们只需 11 代飞船即可达到这个数字（10^{11}）。即使每一代飞船只发射三个探测器，也只需要 23 次迭代。考虑到这些计算均为假设，所有飞船不会发生丢失或损坏，因而可以认为，每个新生代都要发射更多个探测器，但这就像蒲公英每季都会撒布很多的种子，因为并非每一颗种子都会落在肥沃的土壤，而后生根发芽结出新的植株。

使用这种探索方法，并以 10% 光速的平均速度行进，我们勘测并占领整个银河系的时间大约为 60 万年。[㊀] 虽然这听起来似乎遥不可及，但

㊀ 某些计算得到的结论是，这个时间接近 100 万年。

考虑到银河系几乎从宇宙诞生之初就已存在，它的年龄约为136亿年。相比之下，我们的银河系调查只是宇宙学中的一滴水。与未来智能的潜在寿命相比，它的时间似乎并不漫长。

但我们的银河调查不必止步于此。根据探测器的发现，它可能会对所发现的行星进行地球化改造。这个过程可能需要几个世纪甚至几千年。幸运的是，我们可以把地球上取得的任何新进展传输到新探测器上。由于信息按光速传播，就是飞行器的10倍左右，因此，这会让探测器得益于从长期旅行中取得的知识。

探测器还可以有其他很多用途。一旦人类的智能不再依赖于生物特征，并具有非生物性质，那么，我们就可以使用纳米工具对构建身体、大脑甚至知识和记忆所需要的指令进行编码。虽然完成这些任务所需要的信息量多得难以承受，但分子数据存储技术在21世纪后期的发展，将为我们带来同样令人难以置信的处理密度。合成聚合物已开发生成，只要适当扩大规模，它就可以使用10克的材料存储1泽（10^{21}）字节。[㊀] 这样的存储密度足以存储全世界的每一条信息，无论是文本还是视频，至于全球所有公司创建的大数据，也只需要占用其中的一点点空间而已。

尽管任何人的细胞结构状态都会形成大量数据——包括全部神经元、突触以及支持性细胞的增益效应和权重，但这些生物子系统存在大量重复。此外，所有人都具有某些高度相似的特征，毕竟，我们所有人都要共享99.9%的DNA。基于这些要素，完全可以对这些殖民者作为生物体而形成的大量数据进行压缩，特别在混合使用无损压缩和有损压缩方法时，数据的可压缩性会大大提高。DNA是一种高度紧凑的存储方法，通过极其漫长、高度监督的过程，这些被存储的信息注定有助于推

㊀ Martin G. T. A. Rutten, et al. "Encoding Information into Polymers," *Nature Reviews Chemistry* 2, no. 11, 2018, 365 –381, doi: 10.1038/s41570 –018 –0051 –5。

动人类个体的发展。在这个过程中，形形色色的环境条件与生活经历，必然会在数十年历程中不断塑造我们当中的每个人，但未必有益于打造遥远的星际殖民地，

然而，使用前面描述的纳米技术过程，完全有可能根据这些信息在几小时或几天内养大一个人。这个人可能已在地球上出生、长大，而被选择参与这项任务，承担其中的部分职责。需要澄清的是，针对他们存储的对象并不是生物 DNA，而是包含于超密集分子存储器中的信息。根据这些信息，将他们重新组合为另一个成年人，拥有这个人在被存储时点拥有的全部知识和记忆。

另一种方法是在飞船离开后的某个时点发送信息，从而“组装”成一个新人。按照这个想法，需要创建一个站点，在着陆后的某个时点开始接受信息。虽然我们对此早已笃信不疑，但仍需投入令人难以置信的巨大精力进行纠错，还要有好运气。然而，对于远比我们自己先进很多的文明而言，这是可能做到的。

两种方法都有可能把整个殖民者社区运送到银河系的其他地方。当他们一觉醒来时，新的生活和新的世界已经开启，但他们几乎丝毫没有意识到，几个世纪或是几千年已悄然逝去。和之前克隆思维的过程一样，这并不是完全复制作为模板的那个地球人，尽管他们拥有那个人的全部个性、思维和记忆。从这一刻起，他们将成为一个独立而特殊的个体，在银河系中的另一个地方过着完全属于自己的生活。他们也会像我们一样，有自己的生活、追求和梦想。在某个月朗星稀的夜晚，他们会在自己的新家里，凝望遥不可及的黑色夜空，在刚刚重建的记忆中努力挖掘，寻找那颗曾经属于家园的星星。

但是，我们可能遇到的其他物种和智慧会是什么呢？是否存在《星际迷航》中禁止干涉其他文明的“最高指令”？这个想法不无道理；毕竟，我们永远不会喜欢更谈不上接受“殖民主义”这样的事情。另一方面，既然我们能创建出拥有足够智慧以至于能执行上述任务的技术智

能，那么，我们完全有理由让它们更聪明一点，以至于能刻意回避某些类型的互动。即使我们只探索不存在智能生命的恒星系，依旧有大量的恒星系和行星要调查。

但事实是：实际上，我们根本就不知道在我们自己的星球之外是否还存在其他智能生命或技术文明。诚然，一种基于统计理论的解释是，宇宙中必定还存在其他生命形式。但这些统计数据到底意味着什么呢？迄今为止，我们只有一个数据点，或者说，全部数据都来自于我们人类自己。假如能取得更多证据点，那么，我们才有可能对宇宙对生命与高级文明的友好程度做出理性评估。

我们中的很多人都愿意相信，代入德雷克方程（见第一章）及其他类似理论公式的数字能一致验证，宇宙中应该存在其他生命。除非有其他证据，否则，我们只能把自己视为极度异常的存在。虽然平庸原则[㊀]让我们相信，人类只是宇宙中众多生命、智慧和文明形式之一，但我们的存在，确实是无数神奇机遇共同造就的产物，因为我们完全是一个自我选择（self-choice）的样本，只有我们所期待的所有机会相互叠加，才会有今天人类的存在。因此，如果非常幸运的话，有朝一日，我们或许会检测到某种代表智能的电磁信号，但这需要对宇宙做出很多假设。对银河系近距离广泛调查获得的知识，可以为我们提供大量的数据和洞察，从而对是否存在共同生命（common life）做出真实评价。

这就再次把我们带回费米的问题：“但他们到底藏身何处呢？”虽然宇宙理应充满形形色色的生命，而且极有可能如此，但我们几乎不太可能与这种生命发生互动，除非它们已充分发展，而且有愿望或是必须走出自己的宇宙小角落。但这种概率微乎其微。

以氨基酸为例，这也是生命最基本的组成部分。我们似乎可以在宇宙中的任何地方找到氨基酸——无论是彗星、小行星还是银河系的最边

㊀ 这种哲学观点认为，任何随机样本都是可能存在事物的典型。

缘。形成多聚体这种原始细胞的自催化过程同样有可能无处不在，尽管这个过程确实需要更多的时间，还需要一个环境适宜的星球，从而为它们实现自我组织和增殖提供温床。由此开始，我们沿着复杂性不断提高的路径，发展为某种形式的单细胞生物，而后进化到多细胞生物，一直延续到某种形式的智能性生命，甚至会走得更远。

但每一步造就的物种在稀缺度上都会比前任增加若干个数量级，这就是问题。首先，在没有经验证据的情况下，我们不知道后续步骤会带来怎样的稀缺性。那么，如果假设宇宙中确实存在其他足够强大的技术智能，那么，它们的罕见性会有多高呢？距离我们有多远呢？如果说这个地外文明距离我们地球只有 500 光年——这在整个宇宙中不过是一步之遥，假设这个文明知道我们身在何处，而且希望见到我们，那么，按目前每小时约 165, 000 英里的最高飞行速度，它们需要约 210 万年才能到达地球。当然，这些假设的前提，充分体现出我们人类以自我为中心和唯我独尊意识的最高境界。但考虑到这种长途旅行所涉及的经济、生理和心理挑战，它们凭什么会做出这样的决定呢？比如说，长期暴露于辐射和微重力[㊀]，就是它们必须克服的两个重大危险。

困难可想而知，因此，穿越如此遥远的太空，注定需要更先进的技术解决方案。首先，它所需要的智能形式不能受制于以蛋白质为基础的脆弱躯体，否则，很容易在太空旅行中遭受辐射损伤或其他危险。其次，任何宇宙飞行的智能都需要掌握准光速旅行的方法。再次，如果它们想真正了解和探索银河系，就需要通过某种自我复制方法，以指数级速度不断扩大探索范围。

㊀ 最近的研究表明，长期暴露在微重力环境中，会导致宇航员的大脑出现膨胀并充满液体，进而会加速衰老。Angelique Van Ombergen, et al.,“Brain Ventricular Volume Changes Induced by Long-Duration Spaceflight,” *Proceedings of the National Academy of Sciences*, 2019, 201820354, https://doi.org/10.1073/pnas.1820354116。

显然，我们这里所谈论的文明已经远远领先于地球人类。只有凭借指数级的发展速度，我们才有可能迅速接近这种能力，但这种可能性似乎很渺茫。正如我们所看到的一样，作为一个物种，人类的长期生存并非确定无疑。我们或许正在面对一种最常见的发展瓶颈——存在于宇宙中的文明可能寥寥无几，甚至并不存在。这同样降低了我们发现地外先进文明的可能性。

然而，不管这种文明有多么的常见或是不常见，都不能说明，外星智慧也会像我们人类这样充满好奇心和探索意愿。事实上，我们更应该假设它们在这方面不同于人类。此外，即便它们可能也会有自己的认知偏见和倾向，但考虑到与我们完全不同的进化历史和进化路径，因此，它们的秉性可能与人类相去甚远（或许截然不同）。正因为如此，它们可能会得出一个再简单不过的结论——这样的探险是个坏主意。

另一个需要考虑的因素就是重力。要维系一个适于生命进化和延续的大气层，就需要一颗行星具有足够的质量。很多参数可以表明，我们所生存的星球恰好位于太阳系宜居带的内侧边缘。根据相关假设，尺寸相当于地球两到三倍的行星实际上更适合生命存在，拥有这个特征的星球被称为“超级宜居带”（superhabitable zone）。按照这些假设，这颗行星所归属的恒星应具有足够长的寿命，不会发出高能辐射，而且这颗行星本身处于该星系的“金凤花区域”。

但是，拥有地球两倍或三倍质量的行星显然会拥有更强大的地心引力。因此，即便使用目前最强大的化学燃料火箭，我们也只是勉强摆脱重力的束缚。按照这个逻辑，在宇宙的其他角落，有多少高级生命形式能逃离所在星球的约束呢？

考虑到这些因素，绝大多数使用技术的文明似乎只是为了求得生存，才会冒险离开自己的家园——比如说，为了生存所需的更多资源，扩大可以占有的生活空间，或是为本物种规避未来灾难而寻找庇护所。

当然，我们或许只是运气不错而已。2017 年 10 月 19 日，天文学家意外观测到一颗神秘的系外天体，以极高速度穿过我们的太阳系。根据它的大小、形状、速度和行进角度，科学家很快就意识到，这个物体来自太阳系以外的空间。作为第一个被人类探测到的造访我们太阳系的系外物体，它立刻引发人们对其来源和造访目的展开猜想。有些科学家和非专业人士推测，这是一艘外星飞船或探测器，尤其是它的非正常轨迹，足以表明，它不可能来自太阳系内。后来，科学家将这个物体正式命名为“1I/2017 U1”，并为这个神秘天体起了一个极富诗意的昵称“奥陌陌”（Oumuamua），这个词在夏威夷语中的意思是“最先到达的远方信使”。

随着时间的推移，人们开始提出各种各样的解释。目前，人们对它来自太阳系之外的观点几乎不存在任何异议，但是按照“奥陌陌”的大小及其与地球的距离，它很可能是我们永远都无法破解的奥秘。但我们也不得不反问自己：假如它是系外技术的产物，我们能否识别它呢？

或者说，如果“奥陌陌”实际上是外太空某个文明派出的智能探测器，又会怎样呢？如果它在穿越过程中对我们的太阳系进行深度扫描，那么，它会承认我们是一个文明世界吗？或是在对我们做出“这里没有智慧生命”的判断后，便扬长而去？每一种生命形态都是固有进化历程的产物，因而会对自身行为及其对智能的归类形成固有偏见。但只要我们能做好准备，以便在未来星际偶遇中能意识到这个事实，那么，我们至少能在某种程度上找到证据，证明我们在宇宙中的地位。

即便这样的事情永远不会发生，即便我们最终认定，人类是所有已知宇宙中唯一的智能物种，那也无所谓。毕竟，在这个复杂性和熵不断膨胀的宇宙中，我们不仅要理解这种极端特殊性赋予人类的价值，同样重要的是，我们还应该清楚，我们属于一个宏大的、独立进化的智能社区，而且只是其中的一小部分。在思考现实深不可测的本质时，很多人会觉得自己微不足道，但我们不会这样看待自己，相反，我们注定会认识到，我们自身就是宇宙进化的辉煌之作。

或者更确切地说，这也是宇宙迄今为止最伟大的杰作。尽管我们人类确实很渺小，而我们脚下这个蔚蓝的星球也貌似平常，尽管这个星球还要依附于一颗典型的恒星，而这个恒星也只是一个螺旋星系外围的众多恒星之一，这个星系不过是数十亿星系中的一个，但唤醒宇宙或许就是我们这个物种与生俱来的使命，因为有了我们的存在，因为我们发出的召唤，有一天让这些被我们称为智能的复杂性充满整个宇宙。

第十八章
能量需求

“我们生活在一个沐浴在阳光中的星球，而每年太阳赋予我们的能量相当于我们全人类消耗能量的5000倍。只不过太阳能还没有成为我们可以利用的能源。”

——彼得·戴曼迪斯（Peter Diamandis），XPRIZE基金会创始人，
奇点大学执行主席

太阳就像是一颗炽热的宝石，镶嵌在漆黑的太空中。通过飞船的观察孔过滤器望去，原本耀眼的光芒大打折扣，以至于我们只能看到可见光谱中的一小部分。从我们乘坐的飞船远眺过去，可以看到身处23世纪的太阳卫星正在优雅地环绕这颗本地恒星翩翩起舞。在这里，我们可以看到第一批已安装到位的新型太阳能发电站。它们需要为生活在地球以及地球以外的人类提供95%的能源需求，当然，更希望它们还能满足我们在下个世纪乃至更遥远未来的能源需求。

随着这些小型飞船在想象中的三维网格上逐一就位，所有飞船均把一根由薄碳纳米管制成的魔杖伸向远离太阳的方向。这些魔杖不断延长，并最终达到一百多米的最大长度，在它们的顶端铺开一层附着超薄光伏板的上部结构。由此形成一片面积超过两英亩的发电材质层，这个具有自我修复功能的表面可以接收来自太阳的全部光线。很快，这个一望无际的空间便被巨大的太阳伞所包围。

所有这些卫星都将成为一部超大型太阳能发电机的节点。当所有卫星上线时，它们就可以与邻居进行低功耗通信。现在，按照一组简单的

规则，每个节点都可以保持面向太阳的姿态，并使用辐射压力维持与周围邻居的相对位置。通过路径进行实施调整，可以确保阳光始终能照射到有人居住的行星以及尚无人居住的前哨。

在捕获太阳光并转化为电能之后，卫星通过激光传输装置把电能传输给其他卫星。这个能量之舞一直延续到星系的中央指挥模块，在这里，能量被再次传输到地球以及更远的地方，为走向另一个世纪的征程提供动力。

越来越多的证据表明，顺应不断倾向于复杂化和新型智能的宇宙趋势，我们的未来必将走向更高水平的技术化。无论是作为个体，还是一种文明，我们仍将保留生物智能的基本要素，但非生物智能要素很快会成为人类智能的主要成分。这种向更高智能进步的趋势，必将导致能源需求呈现指数性级增长，反过来，又会促进智能与复杂性的进一步增长。于是，这就提出了一个问题：所有这些能源将来自何处，能源的增加最终将为我们带来怎样的智能？

随着后续章节的不断深入，我们所描述的技术也会更趋于主观推测性。其实，这恰恰是探索未来的本质：看得越远，预测的准确性越低。也就是说，作为一个技术物种，我们已发展到一个新的阶段——对宇宙中的诸多物理定律和过程已获得深刻的理解，甚至对我们不知道的事情，也获得了相当程度的认识。[㊀]因此，对于我们最终所生活的环境类型，以及对更高层次智能文明的需求，我们完全可以做出相当合理的推断。

我们最确定的一件事，或许就是未来的能源需求。这当然不值得大

㊀ Jan Hilgevoord and Jos Uffink, "The Uncertainty Principle," *Stanford Encyclopedia of Philosophy*, Stanford University, July 12, 2016, https://plato.stanford.edu/entries/qt-uncertainty/。Panu Raatikainen, "Gödel's Incompleteness Theorems," *Stanford Encyclopedia of Philosophy*, Stanford University, January 20, 2015, https://plato.stanford.edu/entries/goedel-incompleteness/。

惊小怪。回想一下简森提出的能量率密度概念。我们会看到，随着复杂性的提升，能源的消耗量呈指数性增长。从恒星到行星，从植物到动物，消耗的能源量迅速增加。

我们的地球社会只是在延续这个趋势而已。当前的全球能源消耗量已经比两个世纪前增加了 25 倍，但迄今为止，大部分增长只是出现在过去的 60 年内。

这些增长在很大程度上源于计算机的加快使用。如果把云计算、互联网和智能手机以及个人和商业计算均纳入计算机的范畴，那么，计算机的能源需求大约每年增加一番。㊀如果以目前全球每年 10^{21} 焦耳的能源产量为基础——大约相当于 18 太瓦，那么，半导体行业协会预测，到 2040 年，计算任务将消耗掉当年的全部能源产量。虽然这是一个荒谬的说法，但它足以突显计算对能源的需求增长速度有多快。即便考虑到未来能源产量的增长（美国能源信息协会估计，未来 28 年的能源产量增长率为 28%），并以所有计算过程的最大能源使用效率为依据，㊁地球能源也只能再多赐予我们十年的时间。

那么，未来增长和能源消耗是否会在某个时刻戛然而止呢？或者，我们能找到解决这个能源宿命的方法，让我们继续维持 130 亿年的美好时光吗？（这个问题似乎缺乏最基本的严肃性，是吧？）

几十年以来，尽管能源获取成本已出现直线式下降，能源的使用效率也得到了大幅提高，但针对可再生能源的研发从未停止过。即便如此，全球可再生能源的贡献率也只有 5% 左右。不过，这个数字即将发生重大转变。根据麦肯锡咨询公司的研究，到 2030 年，新兴太阳能和风能的生产成本将在世界范围内低于煤炭和天然气。新型能源不仅会导致能源成本出现螺旋式下降，还将为我们满足预期未来需求提供更多的产量。

㊀ “2015 International Technology Roadmap for Semiconductors (ITRS),” Semiconductor Industry Association, www. semiconductors. org/resources/2015-international-technology-roadmap-for-semi-conductors-itrs。

㊁ 兰道尔极限（Landauer limit）是指进行计算机处理循环所需要的最小绝对能量。

我们之所以能做到这一点，根源就在于驱动所有形式可再生能源的太阳还将继续闪耀数十亿年。把日光转化为我们可以使用的能量——主要是电力，是我们目前可以利用的最有效方式。随着光伏电池的效率不断提高，把照射到地球的阳光转化为可用能源的能力也会逐渐提高，但我们也只能做到这一点而已。假设能源需求继续增长——而且注定会持续增长，那么，即使让光伏太阳能电池板覆盖地球上的每一平方英寸，能源产量依旧无法满足需求。除此之外，在未来几年，我们还将继续需要某些高密度能源，尤其是石油。迟早有一天，我们需要找到化石燃料的替代品。

考虑到近期对全球变暖和气候变化的担忧，因此，全球性能源需求的持续增长必将为我们提出一个重大挑战。在不破坏地球生态系统的前提下，我们如何继续发展人类社会的文明？从现有及预期的能源消耗趋势看，长期性最优战略或许就是集中精力提高地球散发废热的速度，而不是无休止地致力于减少全球能源消耗量。降低大气中二氧化碳和其他温室气体的含量，将成为实现这个目标的一种手段。通过增加地球的反照率（albedo）或反射率，减少可导致地球变暖的阳光量，可能是另一种值得思考的思路。此外，我们还可以利用轨道防护罩，或是把可控反射颗粒导入高空大气层，将一小部分太阳能量隔离在大气层之外。与不断控制持续增长的全球社会能源消耗量相比，这种方法或许会有更大的成功概率。

在近期未来的某个阶段，我们确实有必要真正拓展人类的能源范围。第一个潜在的候选对象或许就是太空太阳能。这意味着在卫星轨道上设置太阳能收集器阵列，收集器由太阳能电池板和反射器构成，它把日光转化为电能，这和地球上的太阳能发电板并无区别。但是在太空中，由于日光不会受到地球大气层的过滤，因而可以按更高效率实现这种转化。然后，利用这种电能产生某种可聚焦的电磁能，类似于微波或激光。最后，把能量束聚焦于设置在地球上的接收天线上，也就是所谓的整流天线，后者将信号重新转换为电能。

尽管初设成本和维护成本高昂，但是和地球上的太阳能发电厂相比，太空太阳能的优势是多方面的。首先，我们的大气层会导致照射到地面上的可利用日光量衰减50% ~60%左右。但是在太空的真空环境中，这种损耗几乎完全不存在。其次，天气、季节和昼夜因素都会对地球上的太阳能电力产量造成重大影响。在太空中，这种情况同样不存在。最后，我们这个星球表面的3/4都是水，这就大大减少了可建设太阳能发电厂的地域范围，当然，即便是地球上有限的土地面积，相当一部分还要用于满足人类的基本生存需求，包括粮食生产等。因此，与地球表面相比，周围星球的可使用土地面积显得无比巨大，而且完全能满足我们未来很多年的能源需求。

那么，我们为什么需要这么多能源及其所创造的计算能力呢？考虑到能源需求在过去一个世纪中的持续增长，我们即可圆满回答这个问题。人类社会的电气化是一次巨大的范式转变，它不仅促进技术的加速进步，也提升了我们的能源需求。随之而来的计算机时代，又进一步增加了人类的能源需求，这绝非巧合。在前几章里，我们讨论了一些神奇的未来技术，可以设想，它们都将带来更大的能源需求。当然，新型技术智能的发展也不例外。

尽管当今社会对能源的需求似乎已巨大无比，但这其实只是开端。要客观认识我们当下的能源需求状态，不妨看看我们寻找地外生命与智慧的过程。

考虑这个搜索过程的一个关键因素在于，虽然我们在一个多世纪之前就已经向太空发出无线电波，并且在半个世纪之后开始太空旅行，但先进的地外文明或许不计其数。如果是这样的话，他们的社会很可能控制着规模无比巨大的能源。他们或许已经在太空中建造起与地球轨道大小相仿的巨型结构，或是拥有黑洞级别的超然能量。从我们目前的发展状态出发，如此巨大的能量无异于魔鬼甚至神尊，其实这不难理解，对几个世纪前的古人来说，我们当下文明所拥有的能力何尝不是如此呢！

这样的对比或许太过于震撼。幸运的是，我们远不是最早想到这件事的人。1964 年，苏联天文学家尼古拉·卡尔达舍夫（Nikolai Kardashev）根据可使用和控制的能源数量设想了三种规模的文明类型，后来被称为“卡尔达舍夫等级”（Kardashev scale）。[一]这三种类型（层次）的文明分别为：

Ⅰ型——这是行星级别的文明，它能储存和利用该星球所拥有的全部可用能量，包括落在该星球上的全部日光。

Ⅱ型——对应于恒星级别的文明，它能利用该恒星所产生的全部能量。

Ⅲ型——对应于银河系层次的文明，它能充分获取整个银河系所拥有的能量。

考虑到因行星、恒星和星系尺寸不同带来的能量差异完全不具有可比性，因此，这显然不是一个定义清晰的标准。但它也为我们提供了另一个思路，即，用非常直观的方法体现潜在的极端性差异。不难理解，这个概念有助于我们摆脱长期以来以地球为中心的思维定势。

我们或许会认为，人类必定属于Ⅰ型的文明，但我们事实上甚至还没有接近这个层次。有些人认为，在这个准对数的刻度尺上，现代人类社会应位于0.7 的位置，也就是说，人类文明处于非（0）文明和Ⅰ型文明之间，且相对较为接近于Ⅰ型文明。[二]还有人预测，[三]我们距离进入Ⅰ

㊀ 后期针对文明类型的初始标准出现了很多补充，最明显的当属增加了0、IV及V型文明。

㊁ 按照卡尔·萨根的计算，0型文明是指处于前技术时代的行星，可控制1兆瓦功率的能量。

㊂ Michio Kaku, “The Physics of Interstellar Travel: To One Day Reach the Stars,” Blog post, MKaku. org, 2010. https://mkaku.org/home/articles/the-physics-of-interstellar-travel。

型文明社会还有一到两个世纪的距离，而距离Ⅱ型文明则有数千年的差距，至于进入Ⅲ型文明的距离则是10万到100万年。不过，按照我们这个星球目前每年的能源消耗量——这个数字还达不到每小时降落在地球表面的日光能量，再加上地球能量需求的增长速度，因此，我们有可能在本世纪下半叶的某个时点即可达到Ⅰ型文明。

实际上，直到上一个千年进入最后1/4的时段，人类文明才进入一个以“工业革命”为代表的新时期，在此之前，能源消耗量基本仅限于满足日常生活的基本需求。来自太阳的燃料给我们带来温暖，为我们提供食物，仅此而已。然后，随着这个世界的技术复杂程度不断提高，我们的能源需求随之增加。因此，可以肯定地说，一个文明社会所消耗的能量数量与其技术复杂程度密切相关。同样，知识以及执行任务（这里仅指维持生存的必要任务）手段的使用，必将进一步推动未来能源需求的快速增长。可以想象，随之而来的指数式增长依旧会让我们感到惊讶，因为指数趋势还在延续。

假设我们人类或其他智能形式会继续推动新型的能源生产及采集方式，那么，在未来的几十年、几个世纪乃至数千年后，我们将会看到怎样的情景呢？

目前，我们主要依赖由太阳带来的能源形式——包括直接转换，如使用太阳能电池将太阳能直接转换为电能，还有植物性生物燃料和化石燃料等间接形态（地热与核能是两个值得特殊关注的特例）。如果能在21世纪末使用环绕地球收集的太空太阳能，就有可能让人类社会进入Ⅰ型文明。但随着时间的推移，我们对能源需求的不断升级，注定会让这样的能源供给捉襟见肘。

但是要进入Ⅱ型文明，必然需要有新技术。有些技术或许并不陌生，尤其是对那些科幻小说的热心读者而言。因为在科幻的世界里，每当需要以巨大的能源支持不断远离地球的文明时，他们通常就会求助于“戴森球”。

戴森球是由理论物理学家及数学家弗里曼·戴森（Freeman Dyson）设想的一种假设结构。[一]正如诸多科幻小说中常见的描述，一个巨大的外壳把恒星包裹起来，这个球形的直径通常会有上百万英里，这样，这颗恒星的全部能量将被这个球体所捕获和使用。遗憾的是，这样的结构在现实中不可能存在，而且也不是戴森最初设想的。这个假想球体所需要的材料数量不可估量。如果让这种假想的结构从地球向外延伸一个天文单位——相当于地球与太阳的平均距离 9300 万英里，那么，它的表面积就相当于地球表面积的 6 亿倍左右。[二]从有利的方面看，如此巨大的空间可以为人类提供足够的扩展空间。但这需要打碎太阳系中的所有石质行星，并把它们重新利用，当然也包括我们自己的星球。假设我们对这个计算持乐观态度，那么，1～2 米的球体壳壁厚度即可满足要求。但壳体屈曲、引力不稳定性、小行星和彗星碰撞、太阳辐射屏蔽和过热等问题，可能会导致这个设想难以实现，甚至完全不可能。但这并非戴森球理论所设想的思路。

后来命名的戴森群由数百万个轨道收集器构成，这些收集器相互之间以及与太阳均保持固定的相对位置，收集和传输各自捕获的能量，这不免让我们回想起本章开始时的场景。但创建这个结构所需要的材料显然更少，并且可以逐步实现网络部署和链接。与此稍有不同的设想是戴森泡（Dyson bubble），它由使用太阳帆的收集器组成，太阳帆的作用在于平衡收集器与太阳引力之间的关系。这些被昵称为静星（statite）的发电机环绕太阳轨道运行，其间不需要发动机或燃料来调整位置。另一方面，当一颗静星遮住另一颗静星时，就会对后者形成干扰，这不仅会减少被遮蔽静星所捕获的能量，还会改变这颗静星太阳帆所承受的日光

[一] 这个观点的灵感实际上源于奥拉夫·斯塔普顿（Olaf Stapledon）出版于 1937 年的科幻小说《造星者》（*The Star Maker*）。

[二] Anders Sandberg, et al., "Dyson Sphere FAQ," https://www.aleph.se/Nada/dysonFAQ.html。

压力，从而影响到相对于其他所有静星的轨道和位置。这就需要仔细规划，确保群体行为规则不会导致意外的相互作用，并最终导致一连串的碰撞或灾难性故障。静星收集到的能量通过格状网络中的相邻节点中继传输到一个中心位置，然后，再把集中起来的能量传回地球及太阳系的其他位置。由于采用了枝形的 3D 分形结构，因此，这个系统可以用最少的资源最大限度地收集能量。这就像植物的水分维管系统或动物的血液循环系统，可以最大限度提高整个系统的效率。

由于卡尔达舍夫等级考察的是整个社会所控制的能源数量，因此，我们获取的能量未必全部来自太阳。按照有些研究人员的测算，对应于Ⅰ型、Ⅱ型和Ⅲ型社会的能量级次分别相当于 10^{16} 瓦、4×10^{26} 瓦和 4×10^{37} 瓦。如果一个文明能利用足够数量微星㊀规模的聚变发生器维持能量需求，那么，这个文明最终就有可能进入Ⅱ型状态。

但所有这些设想都需要一个假设条件：我们的文明拥有足够长的生存时间，从而能开发出如此惊世骇俗的超级技术。如前所述，接下来的 100 到 1000 年对我们能否成功可能至关重要。如果我们真的实现了这些技术，无疑将大大提升人类持续生存的概率。既然我们能控制如此巨大的能量，当然就可以改变大型小行星的方向，避免与地球发生相撞的厄运。同样，我们可以重塑任何行星或卫星的环境，使之成为人们的宜居地。只要愿意，我们甚至可以改变行星本身的轨道。或许，我们还可以改造像金星这样的行星，让它从现在地狱般的炽热条件转变为与我们地球环境更相似的行星。但所有这一切都需要一个前提——我们需要有足够长的寿命。

Ⅲ型文明的强大似乎已超乎我们的想象。尽管这样的文明依旧维持有形的存在，但巨大的能源消耗显然需要以无法想象的神奇技术为支

㊀ 微星是一种引力束缚的天体，尺寸相当于行星的一小部分——直径通常至少为 1 千米。

撑。事实上，我们已经设想到的几种理论技术，就可以创造或利用这个层面的能量。

其中之一就是以可控方式从类星体收集能量。类星体通常位于超大质量黑洞所在星系的中心位置。当气体被引力吸引到这个中心时，就会形成一个吸积盘，环绕黑洞旋转，并为黑洞提供补给，这个过程类似于洗手池中的水，它首先会绕着排水管口旋转，而后逐渐进入水管，最终从我们的视线中消失。

这个吸积盘的尺寸比黑洞本身大无数倍，而且旋转的速度非常快（这符合角动量守恒定律），有时甚至会达到光速的一半左右！因此，旋转的吸积盘会因巨大的自重应力和摩擦而快速升温。吸积盘中心的温度甚至会达到数十亿甚至数万亿度（可以想象，我们自己的太阳表面温度不到6000 开尔文，相当于 10,000 华氏度），由于温度太高，以至于在电磁波谱范围内释放能量——无论是无线电波、X 射线还是高能伽马射线，无一不成为能量之源。此外，很多类星体会发射出两股方向相反、按相对论速度飞行的等离子体喷流。这些等离子体喷流可能来自于在类星体周围形成的磁场。[㊀]等离子体喷流可以把电离物质加速到接近于光速，然后把它们投射到数百万光年之外，脱离创造它的星系。

越来越多的证据表明，星系中心通常会存在超大质量的黑洞，但它们形成的确切机制仍不确定。比如说，位于我们银河系中心的超大质量黑洞人马座 A＊，质量估计是我们太阳的 410 万倍。但黑洞不是通过简单吞噬周围物质而生长。实际上，它们是彻头彻尾的杂食食客，被它们扔掉的食物远远多于它们真正消耗的食物。因此，计算结果显示，在我们的银河系中，根本就不存在足够物质可以形成这个超大质量的黑洞。

㊀ Yigit Dallilar, et al.,"A Precise Measurement of the Magnetic Field in the Corona of the Black Hole Binary V404 Cygni," *Science* 358, issue 6368, 1, 299 - 1, 302, December 8, 2017, doi: 10.1126/science.aan0249。

如果是这样的话，那么，这么多的物质到底是如何积累起来的，它们又是从何而来的呢？按照推测，当两个星系碰撞时，它们中心的大质量黑洞可以相互结合，形成一个规模更大的超大质量黑洞。此外，碰撞导致这些星系中的气体和其他物质出现扰动，也加速了对黑洞的进一步“喂养”。大量物质的涌入，产生了黑洞吸积盘形成所需要的巨大能量，并最终形成类星体。这其实就对应于我们的一个常见推测：在整个存在历程中，我们自己的银河系必将和某个甚至多个其他星系发生碰撞，根据天文学家预测，在 45 亿年后，银河系将与仙女座星系 M31 发生碰撞。

但是在努力避开这些庞然大物之前，我们或许可以学会某些可以接受的事情。微型类星体（microquasar）的尺寸较位于银河系中心的类星体小若干个数量级。微型类星体源于相对很小的旋转黑洞，其质量相当于 5 ~8 个太阳，通常被一个恒星环绕，形成双星伴飞的形态。随着时间的推移，伴星将被黑洞空间吸入，使之进入与超高密度物质更近的轨道。但恒星并不是一次性全部进入黑洞，恒星的气体逐渐被黑洞吸引而脱离，并在黑洞周围形成一个吸积盘。部分物质被黑洞吸收，其余物质加速进入太空。这个过程类似于星际气体被吸入位于星系中心的黑洞，此时，吸积盘会因为承受的巨大应力而被加热到数十亿开尔文。被拉入的物质越多，黑洞的质量就越大，旋转的速度也越快。最终，恒星的全部气体被剥离拉出，于是，这个宇宙发电机的大部分输出被关闭。但这个过程可能需要 1000 万年，这样，一旦某个先进文明能设计出利用这些能量的方法，它就可以在很长时间内为这个文明提供燃料。以天文学家研究较多的微型类星体 SS433 为例，它会产生两个方向相反且按相对论速度运行的等离子体喷流，它们的运行速度为光速的 1/4（0. 26 倍光速），并在各自方向上延伸 130 光年。这个微型类星体每 10 分钟输出的能量约为 10^{33} 焦耳，或者说，相当于我们太阳每年产生的能量总额。

利用银河系中心释放的能量会带来更多的好处。据估计，银河系人马座 A＊ 产生的能量为 10^{37} ~10^{39} 瓦特，这个数字相当于 100 个银河系中所有恒星所产生的能量，或者说，相当于太阳能量的 1 万亿倍左右。当然，如此巨大的能量输出并非毫无代价。最大的类星体每分钟要消耗掉相当于600 个地球的物质！同样，试图控制和利用这些能量射流也是一项艰巨的任务。甚至微型类星体的能量输出，也远远超过我们目前的控制能力。

可以想象，肯定还会有其他方法利用黑洞的相对论效应。众所周知，当光线穿越事界（event horizon）的时候，如果距离黑洞太近，就无法从黑洞逃逸，从而被黑洞所吸收。此外，由于黑洞具有巨大的质量和引力，因而会造成时空扭曲。如果恒星坍缩变成黑洞——也就是所谓的引力奇点（gravitational singularity），那么，由于形成黑洞的恒星已经在旋转，按照角动量守恒定律，黑洞会以极快的速度旋转。当恒星坍缩时，旋转速度会越来越快，就像一个优秀的花样滑冰选手将四肢收拢于躯体时，会获得更快的旋转速度。黑洞吸入的巨大质量导致旋转速度快得难以想象，在某些极端情况下，旋转速度甚至会超过光速的 3/4。在讨论黑洞时，我们通常会强调“事界”这个概念，它是指一种时空范围，尤其是黑洞的边界，即便是光也无法逃脱这个边界，因此，在事界以外的观察者永远无法侦测到事界以内的任何讯息。但也有些人提出，在事界之外可能还存在一个过渡区域，尽管它会扭曲空间，但物质仍有可能逃脱这个区域。这个区域被称为“能层”（ergosphere），来自希腊语中的“ergon”，意思是工作。旋转的黑洞通过巨大引力拖动这个空间区域一并旋转。由于它位于事界之外，因此，物质在进入能层之后可以再次离开，当然，逃逸能层的引力也需要消耗巨大的能量。幸运的是，黑洞及其能层有足够的能量可以试验。由于黑洞不仅会拖动时空，而且能以相对论速度（即可以和光速相比的速度）运动，因此，我们或许可以通过某些新奇的方式窃取它的部分能量。

其中的一种方法就是彭罗斯过程（Penrose process），它由数学物理学家罗杰·彭罗斯（Roger Penrose）提出并命名。按照他设想的过程，将一个物体或火箭沿黑洞旋转方向发射到黑洞的能层中。在这里，由于它所在的时空区域快速旋转，因此，火箭也被拖动并加速旋转。火箭将一半质量射入黑洞，另一半则通过反向加速逃离黑洞，在这个过程中，火箭通过与黑洞进行的交换取得动量。由于黑洞吸引火箭的一半需要消耗能量，而落入黑洞的另一半则拥有负的质量能，因此，在不破坏动量守恒定律的前提下，逃逸部分携带的能量应是上述两部分的能量之和！这相当于变相窃取了黑洞的能量。通过这种方式，火箭通过逃逸部分从黑洞中带走了能量。

另一种可以从黑洞中提取能量的方法似乎更强大，也就是所谓的超辐射散射效应（super adiant scattering）。按这种方法，把旋转的黑洞包裹在一个内表面由反射材料构成的巨大外壳中。然后，以适当的角度向外壳发射激光，使之穿过黑洞的能层。光束离开能层后，能量获得大幅提升。而后，这个壳的内壁把光束反射回能层，光束再次获得能量提升。这个循环不断重复，形成一个能量的正反馈过程，光束在这个正能量循环中不断获得新的能量，直到最终被释放。因此，如果能以可控方式完成这个操作，就可以从能层中提取巨大的能量。当然，这里也存在问题：提取的时间太久，而且很容易制造出所谓的黑洞炸弹（black hole bomb），从而在理论上消灭整个恒星系，甚至带来更可怕的结局。

那么，这些能量可以驱动哪些计算机、智能或文明呢？可以肯定地说，在那个时代所存在的任何生命和思想，对我们来说都有可能高深莫测。就像南方古猿永远不可能写出莎士比亚的十四行诗，或是绘制Excel 电子表格，在面对这些高级思维的作品时，我们注定会茫然而不知所措。

但我们依旧可以对某些事情做出推测。我们已经在思考，技术进步如何会导致我们环境中的一切事物都具有计算能力。此外，我们还讨论过，如何通过界面内化以及使用神经假肢增强人类现有的生物能力。因此，我们没有理由认为，以技术增强人类智能的千年趋势会戛然而止。

技术让我们能对越来越多的复杂功能进行抽象化和理论化，实际上，这也是对累积能量和处理能力的自然应用过程。在过去的几十年中，计算机的能力实现了指数级增长，再加上处理能力、内存和存储成本的大幅下降，已形成了巨大的资源储备，因此，我们完全有足够的资源和能力去使用更复杂、更人性化的用户界面。那么，如果沿着这条路径继续走下去，我们希望自己的思维拥有哪些功能？并以怎样的方式去利用现有资源呢？

今天的物联网足以让所有现存设备与互联网实现无缝对接——从冰箱和恒温器，到汽车和供应链，几乎无一例外。但如果这还不够，我们该如何应对呢？某些未来文明或许会认为，他们有必要访问和控制自己星球上的每一个物体，甚至是每一个分子。

这些假设的文明仍局限于行星范畴。一个由数字思维组成的社会可能会认为，他们的最优选择是迁徙到太空或小行星，这样，他们就可以更靠近自己的能量源泉。或者说，他们可能希望靠近当下时代的通信“主干线”，以减少信息传递的损耗或延迟，就像今天高频交易员必须将工作地点设置在证券交易所附近一样。因此，我们当然无法知悉他们优先考虑的具体事情是什么；我们唯一知道的，就是在长期内推动我们沿着某个具体方向前进的具体趋势。某些文明希望让一切事物都掌握计算能力，进而唤醒宇宙智能，从而让一切皆成为智能载体，未来是否真的会有这样一天？如果是这样的话，把所有可用资源投入这个目的，是否真的有意义呢？或许真的会有这么一天，尽管某些物理定律和现实似乎并不支持这些假设。毕竟，信号的传播速度不会超过光速。这其中就可能包含这样一个目标：让一切都具有可寻址性和可计算性，尤其是需要数小时、数年乃至数个世纪才能把信号从一地传输到另一地的情况下，这种寻址性和计算性的重要性可想而知。

当然，换一个角度看，这其实也是人类社会一直在做的事情。只不过今天的情境不像过去那么明显——以前，我们往往要等待数周或是数个月时间才能收到一封期待已久的邮件；而今天，电子邮件的传递不过是眨眼之间的事情。

再次回到之前的话题，如果某个高度发达的社会找到超越这个速度上限的方法，会出现怎样的情景呢？如果不打破宇宙法则，只是通过加深理解，能否做到这一点呢？长期以来，物理学家始终在思考翘曲空间的概念，即，创造出一个所谓的虫洞（wormhole），这样，我们就可以无视光速限制在宇宙的两个区域之间快速移动。条件似乎显而易见，要实现这个目标，注定需要消耗巨大的能量。但或许可以期待意外的惊喜，毕竟，通过虫洞传送信息远比传送生物更节约能量，而且风险也更小，更重要的是，后者甚至根本就无可能。

寻找地外智能的一种基本策略，就是寻找某种被动发出的能量信号。这项任务被称为“戴森式搜寻地外文明计划”（Dysonian SETI）。其中最有代表性的就是被命名为“窥探外星技术释放的热量”（Glimpsing Heat from Alien Technologies，G-HAT）的 SETI 项目。[一]尽管出于各种各样的原因，外星文明可能不会选择主动与我们发生联系，但是按照 G-HAT 及其他项目的推断，人类有可能检测到先进文明发出的某些被动迹象（如废热），这就促使人们想到，在光谱的红外范围寻找热点的思路。但这个想法需要一个前提性假设，即，某个先进文明愿意释放出能被我们所探测到的能量强度。但是，任何有能力创建戴森球和俄罗斯套娃大脑（Matrioshka brains，见下文）[二]的文明，都有可能拥有高效处理废弃能源

㊀ Roger L. Griffith, et al., “The Ĝ Infrared Search For Extraterrestrial Civilizations With Large Energy Supplies. The Reddest Extended Sources In WISE,” The Astrophysical Journal Supplement Series 217, no. 2, 2015, https://iopscience.iop.org/article/10.1088/0067-0049/217/2/25。

㊁ Robert J. Bradbury, “Matrioshka Brains,” 1997-2000, https://www.gwern.net/docs/ai/1999-bradbury-matrioshkabrains.pdf。

的技术。尽管必须要遵循热力学守恒定律，但回收废红外线以用作其他能源的想法显然不可忽视，无论是这个文明自身，还是这个生态系统中的其他文明，都不会轻易放弃这个能源。同样可以想象的是，他们可能会刻意选择，不让自己变成宇宙中的灯塔，以“隐身”方式不被其他文明所发现。综合这些因素，红外搜索策略的成功概率微乎其微。同样意料之中的是，还有一篇论文专门讨论了对卡尔达舍夫Ⅲ型文明进行红外探测的话题，并得出如下结论：这些文明“要么非常罕见，要么在邻近的局部宇宙中根本不存在”。㊀

另一方面，考虑我们目前对宇宙的理解，识别和跟踪有悖于传统宇宙自然规律的现象，或许可以帮助我们找到远超我们自身的技术文明。无论是运动速度快于光速的物体，还是远超预期标准的恒星光谱，都可能是我们希望进一步研究的危险信号。

沿着“外来技术”（exotic technology）这个维度继续前进，我们进入了所谓的“计算物质”时代（computronium），也就是麻省理工学院教授塞思·劳埃德（Seth Lloyd）所说的“终极笔记本电脑”。我们或许还记得，计算物质从形成第一代拥有 1 万亿虚拟思维的外星计算机和文明开始，到最终发生爆炸，并摧毁整个恒星系。作为一种极其复杂的假设材料，计算物质可以充分利用每个粒子、原子和夸克，并以物理上可能实现的最快速度进行计算。按照设想，它将成为宇宙中密度最大、计算能力最强的奇点。它受贝肯斯坦上限（Bekenstein bound）的约束，它不仅是对有限空间区域中可包含信息量的理论物理上限，也是计算速度、能量消耗水平以及存储热力学所面对的其他基本上限。这种计算机的计算速度相当于目前最快超级计算机的 10^{30} 倍，也就是说，这是一种

㊀ M. A. Garrett, “Application of the Mid-IR Radio Correlation to the Ĝ Sample and the Search for Advanced Extraterrestrial Civilisations,” *Astronomy & Astrophysics*, 581, 2015, doi: 10.1051/0004-6361/201526687。

超越百万亿亿亿倍的优势!

计算物质的密度非常之大，以至于它本身就已接近于黑洞。正因为如此，有人猜测，黑洞是否有可能成为一台拥有超级密度的超级计算机——作为家园，承载某些超级先进的虚拟社会；抑或作为一种工具，为某些高级存在物揭开生存的秘密。在今天的我们看来，这似乎永远是一个谜，但有谁知道有朝一日我们是否能亲自解锁这个谜团呢?

当然，在遥远的未来技术世界，构建超密度计算机只是我们可能需要开发的一门课程。我们也可能会选择更大、非常大的超级计算机。有些学者推测，有一天，我们或许可以建造如行星一般大小的计算机。[㊀]如此庞大的计算机自然拥有同样巨大的容量，而计算量则取决于处理器的尺寸，因为处理器尺寸的缩小会带来速度的增加，这种逆向关系在很大程度上源于延迟及损耗的减少，换句话说，信号从一点传播到另一点的时间相应缩短，损耗减少。如果一台木星大小的计算机按2/3光速发送光波通信（使用介质会减缓传递速度），那么，从计算机中央处理器到外围的延迟仅为1/8秒，即125毫秒。这在我们今天的信息传递中或许还可以容忍，但对技术更成熟的人类后代来说，几乎不太可能接受这样的延迟时间。虽然延迟会严重限制这个“木星大脑”概念可以实现的扩展程度，但行星大小的计算机显然可以提供巨大的综合处理能力。

如果忽略延迟，或者说至少考虑靠减少延迟，就会引申出另一种新颖的计算架构，从而大幅提升计算能力、内存及存储能力。俄罗斯套娃大脑以戴森球的概念为理论基础，旨在最大限度利用来自一个恒星的全

㊀ Anders Sandberg, “The Physics of Information Processing Superobjects: Daily Life Among the Jupiter Brains,” *Journal of Evolution and Technology*, 5 (1), 1 – 34, December 22, 1999。

部可用能量，并把这些能量转化为计算能力。从包裹这颗恒星的球体内壳开始，覆盖全光谱（从无线电波到X射线）的太阳能被第一个戴森球的内壳所捕获，转而用于计算。由于计算会产生热量，导致这个过程产生出巨大热量，这就需要释放多余热量，确保计算机始终处于足够适宜的温度环境。即便一个系统能承受数百万度的温度，但热量损失也会成为不可避免的副产品。随后，这些废热被第二个戴森球所捕获，这个球壳覆盖在第一个球壳的外部，并与之保持一定距离；它把捕获的热量转化为可用形式的能量，很可能是电能。根据建造者的意图，还可以在第二个戴森球壳体之外覆盖第三个壳体，以此类推，重复废弃能量的捕获和转化过程。据此，我们可以推断，无论一个文明有多么先进，总会存在一个临界点，一旦超过该临界点，无论是在财务、能源还是建造这种巨型结构所需要的物质资源等方面，都将被成本效益分析所否定。

但如果最先进的处理器根本不需要消耗任何材质，会如何呢？有一天，我们或宇宙中的其他智慧，能否把自己转变为仅由光等纯能量构成的存在物呢？这确实难以想象，这毕竟不是光的传统运行方式。由于光子没有质量，因此，按照传统思维，光不可能以任何明显的方式发生互动。但有线索表明，某些机制或将让这成为可能。

在过去几年里，科学家已开始探索一种被称为光子分子（photonic molecule）的新型能量物质。它由通过强相互作用结合起来的光子构成，互动导致这些光子的属性相互协调，并最终趋于一致，以至于相互之间没有任何区别。[㊀]尽管由两个或多个通常无质量的基本粒子构成，但最终

㊀ Q. Y. Liang, et al., "Observation of Three - Photon Bound States in a Quantum Nonlinear Medium," *Science* 359, no. 6377, 2018, 783 - 786, doi: 10.1126/science.aao7293。

结合而成的“分子”与有质量的分子不存在任何区别。因此，结合光子的移动速度比光速慢（差距有 100,000 倍）。这种介于物质和能量之间的状态，很容易让人联想到《星球大战》中光剑所利用的光。

一种不完全符合“纯能量”概念的现象被称为光子对生成（photon pair production）。当高能光子通过原子核附近时，会产生一对亚原子粒子——具体而言，就是一个基本粒子及其反粒子（与基本粒子质量相同，但电荷相反）。它们可能是一个负电子和一个正电子，也可能是一个 μ 子（轻子的一种）和一个反 μ 子，或是一个质子和一个反质子。由于能量和质量是等价的，因此，这就有可能产生物质。能量能创造物质，而物质又能变成能量，这恰恰体现了爱因斯坦的质能方程，即，$E=MC^2$（能量等于质量乘以 C 即光速的平方）。也就是说，质量和能量之间直接相关，正因为这样，物质在发生链式核反应时，可以释放出巨大的能量。反之，新物质的创造来源于高耗能的相互作用。

尽管这项研究的主要内容是讨论它们在量子计算及通信中的运用前景和最终用途，但也涉及未来可能出现的其他技术。随着我们以一种能量操纵另一种能量的能力不断发展，最终能否创造出可实现自我维持的“能量结构”呢？由于新物质完全由光子或是能量产生的过渡性物质创建而来，因而可以执行计算任务，而计算就有可能引发智能，并最终带来思维。但即便是目前最基本的实验，也需要以非常高的能量造就必要的条件，因此，不妨想象一下，要创造一种“能量思维”（energy mind）要消耗多少能量呢？

未来的思想和文明极可能不同于我们当下所体验的任何事物。因此，要预测它们在未来几个世纪、几千年或亿万年可能采取的形式或是可拥有的价值，显然是难以逾越的挑战。但我们可以回顾和感悟过去与当下的趋势，在此基础上对未来的某些领域，尤其是能源方面做出评判。

能量始终是驱动我们宇宙的原动力。早在物质、化学、信息或智能出现之前，能量就已经存在。而且从宇宙诞生的第一刻起，能量就一直在不断地扰动流逝，变得越来越无序、越来越混沌。这样的趋势依然如故，没有丝毫改变方向的意味，迟早有一天，它会带来万物的终结。让我们拭目以待吧。

第十九章 宇宙尽头的生命

“熵的持续增加是宇宙的基本规律，同样，生命的基本规律就是越来越趋于结构化，以抵御熵增的压力。”

——瓦茨拉夫·哈维尔（Václav Havel），捷克政治家和作家

在接近超大质量黑洞的外围时，我们的飞船开始减速。在我们的周围，行星、环形世界、戴森球、空间站和各式各样的小型飞行器，布满了整个空域，它们所占据的空间体积足以让旧地球的太阳系相形见绌。

我们穿越来到100万亿年后的未来，宇宙中的所有恒星早已消失在视野中，而且已经泯灭消亡。宇宙中只剩下数量未知的超大质量黑洞，㊀成为所有宇宙的终极能量源泉。我们的目的地是“超远城”，这是一个地域广大的太空港，围绕我们所在光锥内的唯一黑洞运行，它是我们可以观测到而且可以访问的地方。

我们在一个巨大纺锤形空间站附近找到一个位置，牵引光束把我们吸引到一个候机码头。在离开我们的飞船时，立即有一个身形高大的雌雄同体人形生物接待我，他的脚在距离地面几英寸的空中盘旋。

看到久违的老朋友，我高兴地大喊：“弗雷德！很高兴见到你。”

弗雷德用悦耳沉稳的男中音回答：“我也是，理查德。是哪股风把你带到宇宙的尽头？”

㊀ 具体情况完全不可知，因为此时宇宙的直径远远超过100万亿光年，以至于来自宇宙大部分区域的信息永远都不可能触达我们。

我向弗雷德说明了这次旅行的原因，我首先提到的就是对“大爆炸”那次激动人心的访问。但弗雷德早就听说过这些事情。这么说丝毫不夸张。在数万亿年的时间里，弗雷德可能已经接待了数十亿游客。

不过，我还得补充一点，“弗雷德”显然不是这位主人的真实名字。他所在的物种都没有名称。所以，我只是按自己的想法姑且称他们为“弗雷德”。[一]数万亿年以来，他们始终是这条航线终点站的事实主人，而且始终以最小限度的精力迎接和招待来自各个时空的客人。[二]有些人来这里是为了旅游，有些是为了寻找绿洲，但不管出于何种原因，超远城是对抗熵增的大本营。

弗雷德既不是真正意义上的雌雄同体类人生物，也不是其他任何形态的物质性存在。相反，他们只是一种全新的能量智能，其复杂性已远远超过我们这个物种。而且我们之所以能与之互动并进行这种对话，完全是因为他们认为有必要反复现身；换句话说，他们始终在自降身价，不仅让我能理解他们，而且让我有机会看到他们并与之互动。

这个被我称为“弗雷德”的能量物种之所以这样选择，不只是出于利他原因，还有好奇心的推动。凭借对这个黑洞周围物理条件的掌控，来自已知世界的智能物种已移居此地，并把这里当作生存之地。很多物种是我们的直系后代，但其他物种可能完全属于外来血统，当然，还有很多物种来源不明。归根到底，这取决于站在你对面的是谁。

至于好奇心，我觉得弗雷德已经把我们当作活化石或博物馆藏品。超远城让他们有无穷的机会去观察宇宙演化的诸多智能。他们到底是研究者还是收藏家呢？或许两者兼而有之吧。但我怀疑，他们的真正动机已远远超出我们的理解范围，以至于任何探究钻研都毫无意义。在我和

㊀ 天体物理学家尼尔·德格拉斯·泰森有时会开玩笑似地把暗物质称为“弗雷德”，因为我们确实不知道它到底为何物。

㊁ 诚然，时间旅行的很多秘密如今早已拨云见日；我只是没有具体提到哪些秘密而已。

弗雷德抵达目的地时，他点点头；然后，在我打开门进入费米的酒吧间时，弗雷德已悬停在远处。酒吧间里熙熙攘攘，挤满我们可以想象到的各类外星生命与智慧。㊀在酒吧台，我看到几位老朋友——他们是身形高大、举止优雅的天仓五人。我走过去，很快，我们就开始热火朝天地聊了起来，似乎我们昨天才刚刚相识。你可能已经猜到，这并不是我第一次造访宇宙尽头的这家酒吧。

我转向酒吧的老板，这个年龄不确定、闪闪发光的肯特龙也是这家酒吧的调酒师。我向他喊道："很高兴见到你，费米。和以前一样！"

感觉我们似乎已经整整绕了一圈，是吧？我们的唯一起点就是一个超密奇点，但这里恰恰也是我们这个故事结束的地方。换一个角度说：这是以一声巨响为开端的故事，而这个故事的结尾很可能是最漫长的哭泣。

从这个最早的"大爆炸"开始，宇宙就一直在膨胀、冷却，每经过一秒，它都会变得更松散、更无序。这个过程从未停止，也永远不会停止。假设物理定律和我们对宇宙质量的理解是正确的，那么，宇宙将永久地膨胀下去。诚然，也有其他理论认为这种扩张会自行逆转，从而导致一切事物在"大收缩"（Big Crunch）中崩溃。此外，也有人认为，这可能只是一个振荡周期中的一部分，宇宙总是而且注定会从一种状态反弹到另一种状态，这种观点被称为"大反弹"（Big Bounce）。总而言之，针对宇宙未来趋势的看法众说纷纭。但我更愿意接受的观点是，大量迹象表明，我们还会沿着一条越来越热的道路走下去，直到过热的环境让人们无法生存；有一天，宇宙中将空无一物，甚至质子这样的亚原子粒子都不复存在。

㊀ 再次向广播剧作家道格拉斯·罗宾逊（Douglas Robinson）、斯拜德·罗宾逊（Spider Robinson）和大导演乔治·卢卡斯（George Lucas）致谢。

但这个过程中最有代表性的一个词就是“慢”。这里是存在于虚幻世界中的超远城，也是迄今为止，我们所能看到的最后一个物质集中地，从起点来到这个目的地，我们已经走过一条无比漫长的道路。太空膨胀的触角如此之遥远，速度如此之迅猛，以至于每个银河系都遥不可及，即便是星系的光都难以到来。不妨想想，这意味着什么呢？在“大爆炸”后 100 万亿年后的此时此地，每个银河系与我们的距离都超过 100 万亿光年！实际上还远不止于此，因为随着光的传播，空间本身也在继续延展扩大。

回到读完本书之后的 3 万亿年。那个时候，地球上可见的恒星都在我们自己的银河系中。但地球届时也将不复存在。因为我们的星球此时早已被太阳所吞噬，在大约 75 亿年后，继续膨胀的太阳将变成一颗红色的巨星。那时，尽管我们的银河系仍将受到相对引力的束缚，但这并不意味着它会平安无事。它将一次一次地撞击仙女座星系 M31，并与全部星系中数十亿颗恒星发生碰撞后不断改变相对位置。但是在我们来到超远城的时候，也就是 100 万亿年之后，所有星系中的所有恒星都早已被燃烧殆尽。更重要的是，在宇宙中的任何一个角落，都不存在能以自然方式形成任何新物质的物质。

至于我们所设想的超大质量黑洞，它的存在时间将远远超过其他所有天体。在 21 世纪初，人类已知最大的超大质量黑洞位于类星体 TON 618 的中心，其质量相当于太阳的 660 亿倍。这就形成了一个半径约为 1300 个天文单位（AU）的事界，在这里，即便是光也无法逃脱它的吸引。一个天文单位即接近 9300 万英里——这也是地球轨道的半径。这个边界距离黑洞中心超过 1000 亿英里。本章开头的黑洞质量远远大于这个怪物，因此，要想探讨它们的事界可能会延伸到多远，唯有依靠我们的想象力了。

但无论大小，黑洞不可能永远存在。随着时间的推移，物理学家斯蒂芬·霍金提出的所谓“霍金辐射”（Hawking radiation）现象会导致这些黑洞不断蒸发，并逐渐减少质量，直到彻底消失。但这显然是一个极其漫长的过程。据估计，宇宙中的最后一个黑洞将在 10^{100} 年后彻底蒸发消失。（而虚构的超远城距离我们当前时代却仅有 10^{14} 年。）

因此，尽管恒星可能早已不复存在，我们的大部分家园也将化为灰烬，但新的涌现和新的智能仍有可能出现，而且它们的寿命可能是宇宙已存在时间的很多很多倍。

迸发于这个遥远未来的涌现现象必将与今天截然不同。正如我们之前所看到的，只要获得足够的阳光照射或是海底热液喷泉带来足够的热量，就可以让最简单的分子逐渐形成氨基酸，并通过自动催化形成聚合物。仅仅在几亿年后，生命或许会再次出现，而且在瞬息间的几十亿年之后，或许就能再次看到一个极富太空旅行价值的科技文明社会。

但是，在一个能调动黑洞力量作为自然界仅存能量来源的文明时代，情况会大不相同。当然，我们无法预测未来智能的行为方式和行为动机，但正如我们都喜欢研究自身的起源一样，明天的某些思维或许也会有这样的嗜好。利用他们所掌握的巨大能量，创造或模拟涌现行为，为了解我们的共同本性提供洞见。更值得期待的是，或许会出现一门可以称作“应用涌现学”的新学科，专门研究和指导新的涌现行为和智能发展。虽然这个想法似乎更适合早期思维——包括生活在 21 世纪的人类，但可以肯定地说，迟早有一天，未来的某些物种或许比我们有更多的时间和精力去做这件事！

为什么要选择以此作为太空旅行的终点呢？正如我们在第十四章开头场景中所看到的，足够先进的物种可能会选择利用计算机模拟新世界。这样，他们就能以实时方式或高度可控的速度探索各种宏观及微观现象。

当然，他们也可能会重建或培育一个全新的现实世界，面对面观察不同物种的行为和反应。即便是在超远城这个虚构情景所处的遥远未来，某些被烧毁恒星的外壳也会设法逃避被黑洞彻底吞噬的命运，这就为建造新行星提供了必要材料。这些恒星被拆解成一块块碎片甚至是一个个原子，然后，再被重新组合起来，创造出新的“地球”。因此，这就促使某些人推测，21 世纪人类的地球或许只是这场变迁的一次尝试。但这种猜测显然没有任何证据，而且我们人类在宇宙生命周期中还处于非常早的阶段，因此，这个逻辑似乎不太可能成立。

在形形色色的猜测和设想中，有一种观点尤其令人不安——即，我们始终生活在某种宇宙级计算机模拟的世界里。经过电影《黑客帝国》的渲染，这个想法在理论界颇为流行，甚至已得到某些知名科学家的支持。[㊀]如果真是这样，那么，针对我们所称现实的大量理论与哲学都将丧失意义。虽然似乎有点怪异，但不妨回想一下，虚拟环境早已被用于“培育”和测试目前正在开发的 AI。[㊁]既然 AI 可以是我们的研究对象，那么，难道我们就没有可能也是某种更先进文明的试验对象吗？

其实，学术界早已开始认真对待这种模拟宇宙的观点，相关学术论文和实验屡见不鲜，结论也各不相同，既有支持者，也有反对者。例如，在 2012 年的一篇论文中，康奈尔大学的研究团队认为，如果我们是某个模拟实验的一部分，那么，我们所生存的现实必须拥有一个基础矩阵或结构，在这个结构的基础上铺设实验架构，[㊂]基于这个基础结构存在的前提，他们设计的方法就是使用宇宙射线揭示宇宙中的这个基础结构或网格矩阵。根据我们这个宇宙的数学及物理定律，这个晶格矩阵存在一个可能的最小尺寸，而且可使用宇宙射线揭示它存在与否。

㊀ 包括理论物理学家詹姆斯·盖茨（James Gates）、天体物理学家尼尔·德格拉斯·泰森、哲学家尼克·博斯特罗姆、物理学家马克斯·泰格马克和企业家埃隆·马斯克。

㊁ “How Facebook Researchers’ Realistic Simulations Help Advance AI and AR.” Facebook Technology, June 14, 2019, tech. fb. com/facebook-reality-labs-replica-simulations-help-advance-ai-and-ar。

㊂ Silas R. Beane, et al., “Constraints on the Universe as a Numerical Simulation,” *The European Physical Journal* A 50, no. 9, 2014, doi: 10. 1140/epja/i2014-14148-0。

然后，在2017年，来自英国牛津大学的理论物理学研究人员发表论文指出，[㊀]在现实中，传统计算机根本就不可能模拟某些量子效应。因为随着被模拟粒子数量的增加，计算的复杂性会呈指数性增长，以至于计算机很快就会无能为力。有些人认为，这个结论彻底否定了我们生活于模拟世界中的想法。

当然，这还不是故事的结局。除论文作者并没有真正对模拟假设进行研究之外，他们的工作几乎完全集中于对传统计算机的使用。显然，他们根本就没有考虑到使用量子计算机的想法，从理论上说，迟早有一天，人类的计算能力完全有能力满足模拟系统复杂性的指数性增长。而更有力的反对观点是，我们不能强求模拟者必须采纳和我们一样的宇宙法则。显然，这个谜似乎永远都不可能被证实或证伪，除非有朝一日我们有机会看到幕后的真相。但在此之前，这个话题还只能停留于信仰层面，任何逻辑都无法解读真相。

当未来物种致力于创造前所未有的新智能以及新生态环境时，另一种观点或许可以带来我们非常“熟悉”的结果：创造一个全新宇宙。自20世纪70年代以来，物理学家就一直在探索如何创造新宇宙的想法，并据此去理解我们自己的宇宙以及“大爆炸”理论。从理论上说，最有可能获得认同的一种观点，就是根据粒子物理学标准模型预测的粒子说，也就是说所谓的磁单极粒子（magnetic monopol）。英国物理学家保罗·狄拉克（Paul Dirac）于1931年利用数学公式预言了磁单极粒子的存在，以后虽经数次研究，但始终没有任何定论。

为便于理解，我们不妨看看这个概念的基本理论，标准磁铁，或者说我们在宇宙中真正制造或发现的每一块磁铁，都属于偶极磁铁，也就

㊀ Zohar Ringel and Dmitry L. Kovrizhin. “Quantized Gravitational Responses, the Sign Problem, and Quantum Complexity,” *Science Advances* 3, no. 9, 2017, doi: 10.1126/sciadv.1701758。

是说，它必然会有一个北极和一个南极。缺少其中任何一极，也不可能存在另一极。即便把一块磁铁切成两半，每一块也都会有自己的北极和南极。但单极粒子则截然不同。这是一种超重粒子，最好的比喻就是把它描述为空间结构中的球形结。至于为什么始终未能检测到单极粒子的存在，科学界也众说纷纭，当然也包括根本就不存在这种事物的可能性。但是，假如我们有一天真的发现并捕获到磁单极粒子，那么，我们或许就拥有了一种创造新宇宙的基本元素。即使我们无法找到单极粒子，但或许还有可能通过粒子加速器制造出一颗这样的粒子。或是展开想象的翅膀去推测，我们或许可以创造出某些具有类似特性的其他奇异物质。

如果找到单极粒子，那么，从理论上说，我们就可以用高能亚原子粒子轰击单极粒子，从而创造出一个微小的虫洞。但是，由于我们只能看到这个虫洞的嘴，因此，我们所能看到的更像一个微型黑洞。而虫洞的另一端则是一番完全不同的景象：一个全新的宇宙正在萌发形成，并开始不断扩张，很可能就像我们在“大爆炸”那一刻所看到的景象。但是，为避免这个新的宇宙侵入、破坏甚至摧毁我们自己的宇宙，我们随即便开始另辟蹊径。从理论出发，在膨胀过程中，这个单极粒子的内部属于它自己的空间，它和属于我们的宇宙空间完全隔离，两个空间基本上互不相通，[㊀]唯一的例外就是面对我们一侧的微小虫洞，它为我们的宇宙和这个新创建宇宙提供了一条临时隧道。遗憾的是（但也可能是幸运），在这个新宇宙形成后不久，这个虫洞会逐渐关闭并最终消失。

尽管我们确实尚未真正找到这种假设的单极粒子，而且我们始终未能制造新的婴宇宙，但是，假如我们作为一个物种还能延续数个世纪，那么，我们或许还有很多时间和空间去探索它。未来千年，高能粒子物

㊀ Nobuyuki Sakai, et al., “Is It Possible to Create a Universe out of a Monopole in the Laboratory?” *Physical Review* D 74, no. 2, 2006, doi: 10.1103/physrevd.74.024026

理学必将日渐强大，而我们关于宇宙法则的知识和理论，也将随之而变得更加全面和深刻。

所有这些观点或设想似乎还算不上令人费解，但科学界的研究显然并未止步于此。根据某些大统一理论，㊀宇宙中应充满单极粒子。至于事实为什么并非如此，人们也给出若干可能的解释，有一种观点认为，在温度冷却到足以形成单极粒子之前，我们的宇宙便已进入大膨胀时期。在这种情况下，即便单极粒子有可能存在，数量也会远远低于以往的理论预测。但假如所有可能存在的婴宇宙都漂浮在我们的宇宙中，而它们都拥有自己的单极粒子种群，㊁那么，我们的宇宙或许会成为无数宇宙中的一员；这些成员之间相互隔离，我们完全没有能力与之进行沟通或互动。

多元宇宙概念早已出现在物理学的其他领域，譬如弦理论和 M 理论。尽管多元宇宙概念确实令人称道，但是从定义上看，它们无一能在我们的宇宙中得到验证，更不用说与之互动；因此，按照科学界的一个基本标准，它们在实证方面依旧不可证伪。也就是说，迄今为止，还没有任何实验能证明它们并不存在，因此，把这些观点置于信仰层面或许更容易接受。而且现实也的确如此。除我们自己的宇宙之外，我们永远都不会对其他宇宙获得足够的理解，毕竟，那已经超越想象的范畴。

很多人质疑，我们是否有权创造一个全新的宇宙，我们是否应该掌握这样的能力。当然，我们有一天可以扮演上帝的想法，或许会引发有神论者和宗教界的恐慌，但这种论点并不罕见，伽利略就是最好的例证，而且这种情况甚至还可以追溯到更久之前。于是，有人会发出质疑，我们是否有权引发一系列或将导致智慧和生灵涂炭的事件。但仔细

㊀ “大统一理论”（Grand Unified Theory，GUT）是一个高能粒子物理模型，旨在把强作用力、弱作用力和电磁力统一为单一的作用力。这很可能是宇宙在“大爆炸”最早阶段的状态。

㊁ 按照这些假设的某些版本推测，单极粒子宇宙中服从我们宇宙的物理定律。

想想，这和我们决定让一个孩子降临在这个世界上，并没有本质区别。诚然，不管是我们自己还是新生儿，都会体验到磨难和幸福，快乐与悲伤。但这些状态难道不正是存在的本质吗！

人类未来研究院研究员安德斯·桑德伯格（Anders Sandberg）认为，创造新的生命、新的智能和新的宇宙，这本身就应该成为人类的道德义务。对此，桑德伯格给出的理由是，所有生命都要致力于为自己创造更好的生存环境，而这自然而然地造就一种趋势——让整个宇宙变得更美好。

但我还想补充的是，没有生命和智慧的宇宙，自然也没有存在的意义。这并不是虚无主义的说法，而是真实存在的主观判断问题，如果不能对宇宙的方方面面做出主观判断，人类的存在还有意义吗？

为了让其他智能拥有我们所有智能都具备的近乎无限的机会和空间，未来的智能完全有可能把创造自己的新宇宙，当作在道义上必须去做的事情。他们能做到这一点的唯一原因，当然也是我们人类得以生存的唯一条件，就是拥有自己的宇宙。既然如此，我们有什么资格否决数万亿其他未知宇宙、世界和文明享有这个权力呢？

假设弗雷德或是超远城周围的其他文明也得出类似结论，那么，他们极有可能利用从超大质量黑洞中汲取的巨大能量，去产生自己的新宇宙。他们会因此而感到某种形式的歉意吗？几乎不存在这样的可能性，因此，这不会给他们带来任何形式的道德困境。对他们来说，这种宇宙演化才是最有价值的事业，而且注定是一种造福于其他文明的无私行为，即便是那些一直与世隔绝的未知文明，也会得益于此。这或许是宇宙互惠论的终极版本——“像你希望别人对待自己那样去对待他人。”

从很多角度看，这都是大自然始终赖以生存的基本规律。由于所有激进式涌现都会增加未来行动的自由度，因此，它也会加快宇宙再次恢复平衡的速度。当一种智能无法在原有宇宙中继续推进时，至少它还可以在与之交替的宇宙中延续这个过程——其实，这也是涌现在一个系统中的终极阶段，由此开始，它将熵增规律引入另一个难以理解的复杂性循环网络。

不妨重新看看熵与均衡的本质，这与简森对能量率密度的解释有关，因此，我们有必要再次强调这个概念：当自然界复杂性的增加带来更高水平的涌现时，如果这种涌现以更高的速率消耗能量，那么，几乎可以肯定的是，这最终会加快我们宇宙走向消亡的脚步。但需要明确的是，如果未来涌现继续以被动方式获取由宇宙现象生成的能量，就不会增加宇宙的整体衰退速度。因此，如果先进的未来文明能以某种方式主动加快能源的生成速度——无论是来自恒星、类星体还是黑洞的能量，那么，他们就会把这种可能变成现实。至于加速熵的生成速度最终会对宇宙均衡带来多大影响，只有时间才能证明。

站在目前对我们有利的立场看，加速这个原本无法阻挡的过程似乎有悖常理，但事实未必一贯如此。简森在一次谈话中指出："如果某个先进文明有一天能提高一颗恒星的亮度，这个文明难道不是我们这个自然界的一部分吗？既然我们都是这个自然的一部分，而不能脱离这个自然，因此，我认为，即便是某些未来主义或梦幻主义模式的能源使用方法，也必须服从于宇宙使用能源的自然率，而不是超然物外、自行其是。"

当然，我们并不知道自然界创造能量的"自然率"，并且考虑到宇宙不断演变的特性，这个速率可能并不固定。如果一个先进文明为满足其能源需求而加快这些过程，那么，这不就是对这种现有长期模式的延续吗？

对我们这个生活在小星球上的小物种来说，仅仅是学着摆脱地心引力或是影响宇宙能量平衡（更不用说减缓宇宙的终结）就让人感到不太可能了；同样，对我们在一个世纪之前的祖先来说，影响地球的气候和生态也是不可想象的。但假如我们的后代能在未来数百万甚至数十亿年后以更大、更快的方式使用和处理能量，这些事情或许易如反掌。

尽管这一切或许会令人感到沮丧，但事实并非如此。这其实不过是常态而已，总而言之，它们是宇宙的自然秩序。我们人类之所以会出现在这里，完全是因为过去发生过无数不太可能发生的事件，让我们得以从没那么复杂、也没那么费力的过程中进化出来。未来，由我们人类和人类文明而来的新兴事物也必将如此。这是从“大爆炸”那一刻便开始的宇宙进化循环。很显然，只要能从某个来源获得能量，它就会一直延续下去，不断抵御熵增规律的挤压。

宏大与浩瀚或许是描写宇宙最优美但也是最贴切的语言。毕竟，相比之下，我们这个星球及其所承载的人类确实微不足道，以至于无法与之比较。比起宇宙，人类似乎与亚原子粒子更有可比性[㊀]。难怪我们凝视夜空时，在思考这一切的奇妙和宏伟时，我们常常会感到如此卑微和渺小。

但我们绝非微不足道，因为我们代表的是相当程度的复杂性和智能，这让我们在已知宇宙的一切事物中显得出类拔萃。不管我们的智慧在宇宙中独一无二，还是另有其他我们所未知的智能形态，都不能贬低人类的宇宙地位。我们绝对是宇宙中最顶级俱乐部的高级会员。

尽管我们偶尔也会感觉到，在这无穷无尽的烟波浩渺中，所有非个人力量让生命失去意义，但我们毕竟还在思考，宇宙间瞬息万变，但思想永在。宇宙固然有其存在的意义和目的，但它们毕竟源自外力使然，而非发自内心。尽管类星体似乎拥有无限能量，但依旧无法思考自己的真实本质。尽管也会沐浴在和煦明亮的阳光中，但一个自催化分子永远无法感悟日出的喜悦与日落的怅然。尽管单细胞生物偎依在亲缘细胞的中间，但它永远不可能与其中的任何一个相爱相依。但这些都是我们人类日常生活的基本要素，以至于我们很少会意识到，对自然界中的其他所有事物来说，这些体验是多么与众不同、超然非凡。

㊀ 若干个数量级。

这恰恰就是让我们人类真正与众不同的原因。是人类赋予宇宙存在的内涵和意义。是我们人类见证了宇宙的诞生。虽然在时空中的其他某个角落，也许还有不为我们所知道的同道者，和我们一道欣赏宇宙；但至少到目前为止，我们只知道，这项使命，这份义务，完全属于我们人类。这既是我们所追寻的目标，也必将成为我们的遗产。用智慧填满宇宙，赋予它内涵，不要让它失去存在的意义。

而超人类、技术人类或最终某种形态的人类，会如何思考这一切呢？他们是否会以我们做不到的方式去把握宇宙的方向？他们将如何看待我们这个存在于宇宙历史中的物种呢？——是把我们的探寻归结为最原始的好奇心，还是值得尊敬的祖先，抑或是介于两者之间的某种存在呢？

未来几乎没有什么是确定的，但我们唯一可以肯定的是，自然界的物理定律将恒久不变。随着熵的增加，宇宙仍将继续崩塌分裂。概率必将继续推动复杂性不断提高，反过来，它们又带来新的、不可预见的涌现。某些涌现注定会成为物质与能量的新组织，通过未来行动自由的最大化，会更好地实现自我扩展，从而进一步引发更新的涌现。未来无限，一切皆有可能。所有这一切，无非是为了延续一个神奇、优雅、永无止境的过程——这就是我们的智能未来。

致 谢

众所周知，没有很多不同形式智慧的汇聚，就没有我们所知道的世界；同样，如果没有那些才华横溢的天才与专业人士的慷慨相助、悉心指导和无私帮助，就不可能有本书的面世。虽然写作往往被视为一个孤独的过程，但是创造这样一本跨学科书籍，显然是很多人共同劳动的成果。因此，我要感谢帮助完成这项使命的每一个人。不过，这里难免会遗漏很多人，因此还望谅解我的疏忽。

针对本书的研究分为多阶段进行，前后历时数年。我始终认为，一个鲜被关注而且很少得到足够赞誉的群体，就是科学家和学者，但正是他们的工作，引导和启发我们认识世界，为我们提供了无穷的洞见和启迪。大量科学研究远离世间喧嚣，但它们所耗费的时间和资源却远非我们所能想象，更重要的是，它们是创造和增添人类文明与知识的源泉。为此，笔者将这些研究人员及其成果记录于本书的注释，以感谢他们所付出的辛勤劳动和重大贡献。

很多科学家和理论家为本书的出版慷慨相助，通过面谈和信件等方式与我交流通信，耐心解答我的问题，帮助我理解他们关于各种领域的研究和成果。首先在人工智能方面，要感谢 2018 年图灵奖得主、蒙特利尔大学的约书亚・本吉奥、麻省理工学院媒体实验室机器人设计团队主管辛西娅・布雷齐尔（Cynthia Breazeal）、巴斯大学计算机系副教授乔安娜・布赖森（Joanna Bryson）、艾伦人工智能研究院及美国华盛顿大学计算机科学家奥伦·埃奇奥尼（Oren Etzioni）、美国国防部高级研究计划局（DARPA）项目经理大卫·甘宁（David Gunning）和纽约大学AI科学家加里·马库斯（Gary Marcus）的倾力支持。此外，还要感谢哈佛－史密森尼天体物理学中心的埃里克·简森（Eric Chaisson）、“大历史”项目负责人大卫·克里斯蒂安（David Christian）、圣塔菲研究所所长大卫·克拉考尔（David Krakauer）以及哈佛大学数学家亚历山大·威斯纳－格罗斯（Alexander Wissner-Gross）在宇宙学和复杂系统思维等领域提供的帮助。在情绪计算领域，尤其感谢麻省理工学院媒体实验室的拉纳·埃尔·卡利乌比（Rana el Kaliouby）和Affectiva公司市场总监加比·泽杰德维尔德（Gabi Zijderveld）和麻省理工学院媒体实验室教授罗莎琳德·皮卡德（Rosalind Picard）的真知灼见和鼎力支持。

此外，我还要感谢Novamente人工智能软件公司的本·戈策尔（Ben Goertzel）、瓦伦西亚科技大学的何塞·赫尔南迪斯－奥莱罗（José Hernández-Orallo）、亚利桑那大学的保罗·尼尔森（Paul Nelson）和乔安娜·马赛尔（Joanna Masel）、哈佛大学的史蒂芬·平克（Steven Pinker）以及让奇点技术大行其道的计算机科学家和科幻小说作家弗诺·文奇（Vernor Vinge）。此外，与亚马逊的凯特·布兰德（Kate Bland）和奈特·米切尔（Nate Michel）以及Xandra公司的扎克·约翰逊（Zach Johnson）的讨论，让我对聊天机器人有了新的认识。当然，还要感谢中国科学院武汉物理与数学研究所的蔡庆宇博士，我们就宇宙如何从无到有自发形成的数学证明过程进行了有趣的讨论，我认为大多数人都会对这个令人费解的观点点头称是。

感谢所有让这本书呈现在读者面前的幕后英雄，首先是我的经纪人唐·费尔（Don Fehr）和三叉戟媒体集团（Trident Media Group）的出版团队。唐为我与Skyhorse出版公司的合作发挥了重要的纽带作用，而Skyhorse出版公司的每一个人，都为本书的面世殚精竭虑。在这里，我尤其要感谢我的编辑考·巴克斯代尔（Cal Barksdale），凭借严谨的工作态度以及对细节的关注力，他让这本书显得脉络清晰、精彩纷呈。在我们的合作中，我觉得自己还算是一个不错的作家，但我的重要使命就是努力把他传授给我的东西变成文字。封面设计师 Erin Seaward-Hiatt 和文案编辑 Katherine Kiger 更让这部作品大放异彩，对此，我深表感谢。

当然，我同样非常感激我的忠实读者，包括 Cindy Frewen、Glen Hiemstra、Alexandra Levit 和 Gideon Rosenblatt。最后，如果没有家人的支持和理解，所有这一切注定无法实现，尤其是我的妻子亚历克斯，她的善良和体贴令人感动，甚至令人难以置信，她经常提醒我的是，我们可以通过很多方法和视角，去观察、体验和欣赏我们所生活的这个美丽世界。这就是宇宙之美吧。